高等职业教育建设工程管理类专业系列教材

建设工程定额编制原理与实务

主　编　欧阳洋　张佳顺　娄南羽
副主编　伍娇娇　曹　灿　徐晓芳
主　审　刘　霁

机械工业出版社

本书是根据高等职业教育工程造价专业国家教学标准体系及专业技能考核的要求而编写的，同时参考了一级、二级造价工程师及相关专业中级工程师职业资格考试大纲，吸收了行业的新技术、新工艺、新标准和新规范，融入了思政元素及"1+X"工程造价数字化应用职业技能等级证书考核内容，并通过校企合作的方式，广泛征求了行业企业专家的意见。

本书以工程造价专业岗位实际工作任务为导向，将教材内容按照建设工程定额的编制与应用及市场化组价原理划分为 6 个模块，分别是：定额编制的基本知识，人工、材料、机械台班消耗量的确定，人工、材料、机械台班单价的确定，定额的编制，定额的应用，工程计价信息的确定。每个模块下设有建设工程定额原理和市场化组价的内容，共有 18 个学习任务。

本书可作为高等职业教育工程造价专业及相关专业课程的教材，也可作为相关行业从业人员的学习、参考用书。

图书在版编目（CIP）数据

建设工程定额编制原理与实务 / 欧阳洋, 张佳顺, 娄南羽主编. -- 北京 : 机械工业出版社, 2025.1. (高等职业教育建设工程管理类专业系列教材). -- ISBN 978-7-111-77193-7

I. TU723.34

中国国家版本馆 CIP 数据核字第 2025MW2249 号

机械工业出版社（北京市百万庄大街22号　邮政编码100037）
策划编辑：马军平　　　　　责任编辑：马军平　李宣敏
责任校对：张爱妮　王　延　封面设计：马若濛
责任印制：刘　媛
涿州市京南印刷厂印刷
2025年2月第1版第1次印刷
184mm×260mm・16印张・396千字
标准书号：ISBN 978-7-111-77193-7
定价：59.00元

电话服务　　　　　　　　　网络服务
客服电话：010-88361066　　机 工 官 网：www.cmpbook.com
　　　　　010-88379833　　机 工 官 博：weibo.com/cmp1952
　　　　　010-68326294　　金 书 网：www.golden-book.com
封底无防伪标均为盗版　机工教育服务网：www.cmpedu.com

前 言

"建设工程定额编制原理与实务"是高等职业教育工程造价专业的核心专业课程，其教学目的是培养学生熟悉建设工程定额编制及市场化组价基本原理，以及熟练应用定额的能力。本书以工程造价从业人员岗位标准为依据，融入一、二级造价工程师和相关专业中级工程师考试大纲，以及工程造价数字化应用职业技能等级证书考核内容，对接国家《高等职业教育工程造价专业教学标准》和《湖南省高等职业院校学生专业技能考核标准（工程造价专业）》，将建筑工程造价员岗位的典型工程任务合理地嵌入教材中。

在编写过程中，本书充分吸收了现行工程造价管理的法规、规章、政策，力求体现行业的发展水平和高职工程造价专业人才培养的特点。本书按照建设工程定额的编制与应用及市场化组价原理分为6个模块，均以工作任务的形式呈现，全面分析建设工程定额编制与应用具体工作任务的解决过程。

教材编写团队积极贯彻落实国务院颁布的《国家职业教育改革实施方案》和教育部颁布的《职业院校教材管理办法》等关于"三教"改革的文件。同时，全面贯彻"德技并修、工学结合"的教育理念，课程思政融入有载体，课证融通有路径，以润物细无声的方式实现专业人才培养目标。

本书在筛选大量典型工程案例的基础上，以探究式的学习方式呈现，让学生通过"动手做，学中做、做中学"的方式，主动发现问题并解决问题，以培养学生的创新精神和实践能力。同时，教材在任务分析中，提供了二维码集成的数字化资源，让学生对于任务解决的重点和难点有更直观的了解和更好的学习体验。

本书由湖南城建职业技术学院欧阳洋、张佳顺、娄南羽担任主编，湖南城建职业技术学院伍娇娇、曹灿、徐晓芳担任副主编，湖南城建职业技术学院刘霁担任主审。具体编写分工如下：模块1由湖南城建职业技术学院娄南羽、姜安民编写；模块2由湖南城建职业技术学院伍娇娇、曹灿编写；模块3由湖南城建职业技术学院张佳顺、欧阳洋、曹灿编写；模块4由湖南城建职业技术学院欧阳洋、邹品增，以及湖南中天建设集团股份有限公司卢灿编写；模块5由湖南城建职业技术学院徐晓芳、欧阳洋、文雅、贾亮，以及金地（集团）股份有限公司胡芳编写；模块6由湖南城建职业技术学院张佳顺、吴志超、曹灿、姚静编写。

因编写时间仓促，加之编者的水平有限，书中难免存在不足之处，敬请读者提出宝贵意见，以便教材进一步修改、完善。

编 者

目 录

前 言
模块 1　定额编制的基本知识 ·· **1**
　任务 1.1　认识定额 ·· 1
　任务 1.2　施工过程和工作时间研究 ·· 14
　任务 1.3　测定时间消耗的基本方法——计时观察法 ··· 25
模块 2　人工、材料、机械台班消耗量的确定 ·· **39**
　任务 2.1　人工消耗量的确定 ··· 39
　任务 2.2　材料消耗量的确定 ··· 50
　任务 2.3　机械台班消耗量的确定 ·· 60
模块 3　人工、材料、机械台班单价的确定 ·· **67**
　任务 3.1　人工单价的组成及确定 ·· 67
　任务 3.2　材料单价的组成及确定 ·· 73
　任务 3.3　机械台班单价的组成及确定 ··· 81
模块 4　定额的编制 ·· **92**
　任务 4.1　预算定额的编制 ··· 92
　任务 4.2　企业定额的编制 ··· 106
模块 5　定额的应用 ·· **129**
　任务 5.1　预算消耗量标准的应用 ·· 129
　任务 5.2　企业定额的应用 ··· 164
　任务 5.3　概算定额、概算指标、投资估算指标的应用 ·· 174
　任务 5.4　工期定额的应用 ··· 194
模块 6　工程计价信息的确定 ·· **216**
　任务 6.1　认识工程计价信息 ··· 216
　任务 6.2　工程造价指标的确定 ·· 227
　任务 6.3　工程造价指数的确定 ·· 243
参考文献 ·· **252**

模块 1

定额编制的基本知识

素养目标

1. 在收集资料的任务中培养学生的信息素养；在对收集的资料进行分类处理的任务中，培养学生的辩证观。
2. 在观察施工过程的任务中培养学生耐心细致的工作作风。
3. 测定工作时间的任务需要多人紧密配合完成，通过小组分工合作，培养团队合作精神。

任务 1.1　认 识 定 额

知识目标

1. 了解定额的起源与发展历程。
2. 掌握工程建设定额的含义。
3. 掌握工程建设定额的分类和特点。（重点）
4. 了解工程建设定额的作用。

能力目标

1. 具备工程建设定额分类的能力。
2. 具备在工程建设不同阶段选择匹配定额的能力。
3. 具备收集、挖掘信息和处理信息的能力。

任务导入

良好的信息素养及收集能力是当今社会大学生必备的基本技能。通过各种方便快捷的途径找到需要的信息资源，如利用学校图书馆和网络资源，收集工程建设中可能用到的定额资料，并对收集到的定额资料进行分类。

1.1.1　定额的产生

定额产生于 19 世纪末资本主义企业管理科学发展的初期。当时，高速的工业发展与低水平的劳动生产率产生了矛盾，虽然科学技术发展很快，机器设备很先进，但在管理上仍然沿用传统的经验、方法，生产效率低，生产能力得不到充分发挥，阻碍了社会经济的进一步发展和繁荣。因此，改善管理成了生产发展的迫切要求。在这种背景下，著名的美国工程师泰勒（F. W. Taylor，1856—1915）提出了"工时定额"的概念，以提高工人的劳动效率。为减少工时消耗，他研究、改进生产工具与设备，并提出了一整套科学管理的方法，这就是著名的"泰勒制"。

泰勒提倡的科学管理，主要着眼于提高劳动生产率。他突破了当时传统管理科学方法的羁绊，通过科学试验，对工作时间的利用进行了细致的研究，制定了标准的操作方法。通过对工人进行训练，要求工人改变原来习惯的操作方法，取消不必要的操作程序，并且在此基础上制定出较高的工时定额，用工时定额评价工人工作的好坏。为了使工人能达到定额，又制定了工具、机器、材料和作业环境的"标准化原理"；为了鼓励工人努力完成定额，还制定了一种有差别的计件工资制。如果工人能完成定额，就采用较高的工资率；如果工人完不成定额，则采用较低的工资率，以鼓励工人努力完成工作，并适应标准化操作方法的要求。

"泰勒制"以科学方法来研究、分析工人劳动中的操作和动作，从而制定最高效的工作方法——工时定额。"泰勒制"给资本主义企业管理带来了根本性改革，对提高劳动效率做出了显著的贡献。

1.1.2　工程建设定额的含义

1. 定额

"定"就是规定，"额"就是额度，即规定在生产中各种社会必要劳动的消耗量（包括活劳动和物化劳动）的标准尺度。生产任何一种合格产品都必须消耗一定数量的人工、材料、机械台班，而生产同一产品所消耗的劳动量常随着生产因素和生产条件的变化而不同。一般来说，在生产同一产品时，所消耗的劳动量越大，则产品的成本越高，企业盈利就会降低，对社会贡献就会降低；反之，所消耗的劳动量越小，则产品的成本越低，企业盈利就会增加，对社会贡献就会增加。但这时消耗的劳动量不可能无限地降低或增加，它在一定的生产因素和生产条件下，在相同的质量与安全要求下，必有一个合理的数额。作为衡量标准，这种数额标准还受到不同社会的制约。

在数值上，定额表现为生产成果与生产消耗之间一系列对应的比值常数，用公式表示则是

$$T_z = \frac{Z_{1,2,3,\cdots,n}}{H_{0\,1,2,3,\cdots,m}} \tag{1-1}$$

式中　T_z——产量定额；

　　　H_0——单位劳动消耗量（如每一工日、每一机械台班等）；

　　　Z——与单位劳动消耗相对应的产量。

或

$$T_h = \frac{H_{1,2,3,\cdots,n}}{Z_{0\,1,2,3,\cdots,m}} \tag{1-2}$$

式中　T_h——时间定额；

　　　Z_0——单位产品数量（如 1m³ 混凝土、1m² 抹灰、1t 钢筋等）；

　　　H——与单位产品相对应的劳动消耗量。

产量定额与时间定额是定额的两种表现形式，在数值上互为倒数，即

$$T_z = \frac{1}{T_h} \text{或 } T_h = \frac{1}{T_z}$$

即
$$T_z \times T_h = 1 \tag{1-3}$$

定额的数值表明生产单位新产品所需的消耗越小，则单位消耗获得的生产成果越大；反之，生产单位新产品所需的消耗越大，则单位消耗获得的生产成果越小。它反映了经济效果的提高或降低。

2. 工程建设定额

工程建设定额是指在正常的施工条件和合理的劳动组织，以及合理使用材料及机械的条件下，完成单位合格建设产品所必需的人工、材料、机械台班的数量标准。它反映了在一定的社会生产力水平条件下的建设产品生产与生产消耗的数量关系。

在工程建设定额中，产品是一个广义的概念，它可以指工程建设的最终产品——建设项目，也可以是独立发挥功能和作用的某些完整产品——单项工程，也可以是完整产品中能单独组织施工的部分——单位工程，还可以是单位工程中的基本组成部分——分部工程或分项工程。工程建设定额中产品的概念范围之所以广泛，是因为工程建设产品具有构造复杂、产品形体庞大、种类繁多、生产周期长等技术特点。

3. 定额水平

定额水平是指完成单位产品所需的人工、材料、机械台班消耗标准的高低程度，是在一定施工组织条件和生产技术条件下规定的施工生产中活劳动和物化劳动的消耗水平。

定额水平的高低，反映了一定时期社会生产力水平的高低，以及操作人员的技术水平。机械化程度、新材料、新工艺、新技术的发展与应用有关，与企业的管理水平和社会成员的劳动积极性有关。定额水平高是指单位总产量提高，活劳动和物化劳动的消耗降低，反映为单位新产品造价低；反之，定额水平低是指单位产量降低，消耗提高，反映为单位新产品造价高。

产品的价值量取决于消耗于产品中的必要劳动消耗量，定额作为单位产品经济的基础，必须反映价值规律的客观要求。它的水平根据社会必要劳动时间来决定。社会必要劳动时间是指在现有的社会正常生产条件下，在社会的平均劳动熟练程度和劳动强度下，完成产品所需的劳动量。社会正常生产条件下是指大多数施工企业所能达到的生产条件。

1.1.3　工程建设定额的分类和特点

1. 工程建设定额的分类

（1）按生产要素分类　工程建设定额可分为劳动消耗定额、材料消耗定额和机械消耗定额三种，具体如下：

1）劳动消耗定额。劳动消耗定额简称劳动定额（也称为人工定额），是指完成一定数量的合格产品（工程实体或劳务）所规定的活劳动消耗的数量标准。为了便于综合和核算，劳动消耗定额大多采用工作时间消耗量来计算劳动消耗的数量。

2）材料消耗定额。材料消耗定额简称材料定额，是指完成一定数量的合格产品（工程实体或劳务）所需消耗材料的数量标准。

材料是指工程建设中使用的原材料、成品、半成品、构配件、燃料及水、电等动力资源的统称。材料作为劳动对象构成工程的实体，需用数量很大，种类很多。因此，材料消耗量的多少、消耗是否合理，不仅关系到资源的有效利用，影响市场供求状况，而且对建设工程的项目投资和建筑产品的成本控制都起到决定性的作用。

3）机械消耗定额。机械消耗定额是以一台机械一个工作班为计量单位，故又称为机械台班定额。机械消耗定额是指为完成一定数量的合格产品（工程实体或劳务）所规定的施工机械消耗的数量标准。

以上三种定额是制定其他各种定额的基础，故又称基础定额。

（2）按编制单位和执行范围分类

1）全国统一定额。它是由国家建设行政主管部门综合我国工程建设中技术和施工组织条件的情况编制，并在全国范围内执行的定额。如全国统一的劳动定额、全国统一的建筑工程基础定额等。

2）行业统一定额。它由各行业行政主管部门充分考虑本行业专业特点、施工生产和管理水平而编制，一般只在本行业和相同专业性质的范围内使用的定额，这种定额往往是为专业性较强的工业建筑安装工程制定的。如铁路建筑工程定额、水利建筑工程定额、矿井建设工程定额等。

3）地区统一定额。它是由各省、市、自治区在考虑地区特点和统一定额水平的条件下编制的，只在规定的地区范围内使用的定额。如一般地区适用的建筑工程预算定额、概算定额、园林定额等。

4）企业定额。它是由施工企业根据本企业具体情况，参照国家、部门和地区定额编制方法制定的定额。企业定额只在本企业内部执行，是衡量企业生产力水平的一个标志，企业定额水平一般应高于国家现行定额，才能满足生产技术发展、企业管理和市场竞争的需要。

5）补充定额。它是指随着设计、施工技术的发展，在现行定额不能满足需要的情况下，为补充现行定额中漏项或缺项而制定的。补充定额是只能在指定的范围内使用的指标。

（3）按照专业分类　工程建设定额可分为建筑工程定额、装饰工程定额、安装工程定额、仿古建筑及园林工程定额、公路工程定额、铁路工程定额、水利工程定额等。

（4）按照投资费用分类　工程建设定额可分为直接工程费定额、措施费定额、利润和税金定额、间接费定额、设备及工器具定额、工程建设其他费定额。

（5）按定额编制程序和用途分类　工程建设定额可分为施工定额、预算定额、概算定额、概算指标及投资估算指标五种，具体如下：

1）施工定额。施工定额是以同一性质的施工过程——工序作为研究对象，表示生产产品数量与生产要素消耗综合关系编制的定额。施工定额是施工企业（建筑安装企业）为组织生产和加强管理在企业内部使用的一种定额，属于企业定额的性质。为了适应组织生产和管理的需要，施工定额的项目划分很细，是工程建设定额中分项最细、定额子目最多的一种定额，也是工程建设定额中的基础定额。施工定额主要用于工程的直接施工管理，以及作为编制工程施工设计、施工预算、施工作业计划、签发施工任务单、限额领料单及结算计件工资或计量奖励工资的依据，它同时是编制预算定额的基础（表1-1）。

表 1-1 某企业现浇混凝土柱施工定额

定额编号	项目			单位	人工 机拌机捣		材料（半成品）		机械		
					时间定额	每工产量	混凝土 m^3	其他材料费 元	搅拌机（400L）台班	翻斗车（2t）台班	振捣器 台班
26	矩形柱	周长在	1.6m 以内	m^3	1.822	0.549	1.013	18.60	0.081	0.116	0.132
27	矩形柱	周长在	1.6m 以外	m^3	1.633	0.612	1.013	10.07	0.081	0.116	0.132
28	圆形柱	直径在	0.5m 以内	m^3	1.855	0.539	1.013	18.26	0.081	0.116	0.132
29	圆形柱	直径在	0.5m 以外	m^3	1.689	0.592	1.013	13.88	0.081	0.116	0.132
30	叠合柱			m^3	2.178	0.460	1.013	9.98	0.101	0.129	0.151

2）预算定额。预算定额是以分项工程和结构构件为对象编制的定额，是一种计价性定额。从编制程序上看，预算定额是以施工定额为基础综合扩大编制的，同时也是编制概算定额的基础。预算定额是在编制施工图预算阶段，计算工程造价和计算工程中的劳动、材料和机械台班需要量时使用，它是调整工程预算和工程造价的重要基础，也可以作为编制施工组织设计、施工技术财务计划的参考（表 1-2）。

表 1-2 某地区建筑工程防水卷材预算定额

工作内容：清理基层，涂刷基层处理剂、大面满铺卷材、收头顶压条等细部处理　　　　计量单位：$100m^2$

	编号			A8-13	A8-14	A8-15	A8-16
	项目			改性沥青防水卷材单层			
				热熔法施工		自粘法施工	
				大面满铺	每增加一层	大面满铺	每增加一层
	基价/元			5227.10	4209.04	5860.45	4676.02
其中	人工费			1200.00	600.00	1200.00	600.00
	材料费			3957.40	3553.64	4513.45	3985.22
	机械费			69.70	55.40	147.00	90.80
	名称		单位	单价	数量		
材料	SBS 改性沥青聚酯胎防水卷材 3mm		m^2	28.00	115.600	115.600	—	—
	改性沥青聚酯胎防水自粘卷材 3mm		m^2	32.00	—	—	115.600	115.600
	基层处理剂		kg	8.00	49.000	—	49.000	—
	液化气		kg	9.04	23.600	23.600	15.000	18.800
	素水泥浆 1∶0.42		m^3	775.95	—	—	0.200	—
	其他材料费		元	1.00	115.260	103.500	131.460	116.070
机械	其他机械费		元	1.00	69.700	55.400	147.000	90.800

3）概算定额。概算定额是以扩大分项工程或扩大结构构件为对象编制的，是计算和确定劳动、材料及机械台班消耗量所使用的一种计价性定额。概算定额是编制扩大初步设计概算、确定建设项目投资额的依据。概算定额的项目划分粗略，与扩大初步设计的深度相适

应，一般是在预算定额的基础上综合扩大而得的，每一综合分项概算定额都包括了数项预算定额（表1-3）。

表1-3 某地区建筑工程砖基础概算定额

定额编号				02-001	02-002	02-003	02-004
项目				砖基础		带形基础	
				不带地圈梁	带地圈梁	毛石	混凝土
基价/元				2538.51	2760.14	2583.59	3119.92
其中	人工费			662.25	746.22	786.82	851.90
	材料费			1804.75	1916.23	1696.63	2064.60
	机械费			71.51	97.69	100.15	203.42
定额代码	综合项目	单位	单价	数量			
01001	人工挖土方 深度2.0m内 普通土	100m³	459.01	0.162	0.162	0.160	0.160
01002	人工挖土方 深度2.0m内 坚土	100m³	959.39	0.128	0.128	0.201	0.201
01005	人力或胶轮车运土 运距30m内	100m³	377.06	0.109	0.109	0.114	0.114
01006	人力或胶轮车运土 运距每增20m	100m³	89.83	0.109	0.109	0.114	0.114
01011	回填土 人工夯填	100m³	772.70	0.181	0.181	0.247	0.247
04001	砖基础（水泥砂浆 M10）	10m³	1752.05	1.000	0.934	—	—
04028	毛石条形基础（混合砂浆，M5）	10m³	1565.92	—	—	1.000	—
05001	带形基础 毛石混凝土（现浇C20 砾40mm）	10m³	2199.15	—	—	—	0.250
05002	带形基础 无筋混凝土（现浇C20 砾40mm）	10m³	2328.33	—	—	—	0.250

4）概算指标。概算指标是概算定额的扩大和合并，它是以整个建筑物和构筑物为对象，以更为扩大的计量为单位编制的，是一种计价性定额。概算指标一般是在概算定额和预算定额的基础上编制的，比概算定额更加综合扩大，它是设计单位编制工程概算或建设单位编制年度任务计划、施工准备期间编制材料和机械设备供应计划的依据，也可供国家编制年度建设计划参考（表1-4）。

表1-4 某地区工业厂房概算指标表

序号	分部名称	元/m²	指标（%）	序号	分部名称	元/m²	指标（%）
1	基础	22.00	13.33	7	门窗	17.88	10.83
	其中：混凝土桩			8	装饰	2.04	1.24
2	柱子	25.77	15.61	9	其他	11.02	6.68
3	吊车梁	14.85	9.00				
4	墙体及隔断	11.46	6.94		小计	165.07	100
5	楼地面	2.08	1.25		综合取费	63.65	
6	屋盖	57.97	35.12		合计	228.72	
	其中：屋架	(9.99)	(6.05)				
	天窗	(10.34)	(6.26)				

5) 投资估算指标。投资估算指标是项目建议书和可行性研究阶段编制投资估算、计算投资需要量时使用的一种定额。它非常概略，往往以独立的单项工程或完整的工程项目为设计对象，编制内容是所有项目费用之和，它的概略程度与可行性研究阶段相适应。投资估算指标往往根据历史的预、决算资料和价格变动等资料编制，但其编制基础仍然离不开预算定额和概算定额（表1-5）。

表1-5 某地区住宅工程造价估算指标及费用构成

名称	指标值/(元/m²)	造价比例（%）	费用比例（%）						
			直接费					独立费	其他各项费用
			定额直接费	材料差价	人工调整	机械调整	安装设备主材		
土建	646.67	90.28	72.90	-0.50		-0.78		10.27	18.11
给水排水	20.05	2.80	12.70	6.18	10.82	0.90	47.08		22.32
电气	21.61	3.02	10.20	5.72	16.48	1.08	34.30		32.22
通风空调采暖	5.87	0.82	7.20	0.80	12.05	2.07	56.88		21.00
智能	22.08	3.08							
总计	716.28	100							

上述各种定额间关系的比较见表1-6。

表1-6 各种定额间关系的比较

	施工定额	预算定额	概算定额	概算指标	投资估算指标
对象	施工过程或基本工序	分项工程或结构构件	扩大的分项工程或扩大的结构构件	单位工程	建设项目、单项工程、单位工程
用途	编制施工预算	编制施工图预算	编制扩大初步设计概算	编制初步设计概算	编制投资估算
项目划分	最细	细	较粗	粗	很粗
定额水平	平均先进	平均			
定额性质	生产性定额	计价性定额			

2. 工程建设定额的特点

（1）**科学性** 定额的科学性表现在：①用科学的态度制定定额，尊重客观实际，定额水平合理；②定额制定是利用现代科学管理的成就，形成的一套系统的、完整的、在工程实践中行之有效的方法；③定额的制定和贯彻一体化，制定是为了提供贯彻的依据，贯彻是为了实现管理的目标，也是对定额的信息反馈。

（2）**系统性** 定额的系统性是由各种内容组合而成的有机整体，有鲜明的层次和明确的目标。定额的系统性是由工程建设的特点决定的。工程建设本身的多种类、多层次就决定了服务于它的定额的多种类、多层次。

（3）**统一性** 工程建设定额的统一性，主要由国家对经济发展的有计划的宏观调控职能决定的。工程建设定额的统一性按照其影响力和执行范围来看，有全国统一定额、行业统一定额和地区统一定额等。按照定额的制定、颁布和贯彻使用来看，有统一的程序、统一的原则、统一的要求和统一的用途。

（4）指导性　工程建设定额是由国家或其授权机关组织编制和颁发的一种综合消耗指标，它是根据客观规律的要求，用科学的方法编制而成的，因此在企业定额尚未普及的今天，工程造价的确定和控制仍是十分重要的指导性依据。另外，企业编制企业定额时，它也是重要的参考依据。同时政府投资工程的造价确定与控制仍离不开定额。

应当指出，在社会主义市场经济不断深化的今天，对定额的权威性标准应逐步弱化，因为定额毕竟是主观对客观的反映，定额的科学性会受到人们知识的局限，随着多元化投资格局的逐渐形成，业主可自主地调整自己的决策行为，定额的指导性会逐渐减弱。

（5）相对稳定和时效性　工程建设定额中的任何一种都是一定时期技术发展和管理水平的反映，因而在一段时期内都表现出稳定的状态。稳定的时间有长有短，一般为5～10年。社会生产力的发展有一个由量变到质变的变动周期，当生产力向前发展了，原有定额不能适应生产需要时，就要根据新的情况对定额进行修订、补充或重新编制。

随着社会主义市场经济不断深化，定额的某些特点也会随着建筑体制的改革发展而变化，如强制性内容会逐渐减少，指导性、参考性内容会更加突出。

1.1.4　工程建设定额的作用

工程建设定额是固定资产再生产过程中的生产消耗定额，反映为工程建设中消耗在单位产品上的人工、材料、机械台班的规定额度。这种量的规定反映了在一定社会生产力发展水平和正常生产条件下，完成建设工程中某项产品与各种生产消费之间的特定数量关系。

定额与市场经济的共融性是与生俱来的。可以这样说，工程建设定额在不同社会制度的国家都需要，并将在社会和经济发展中不断地发展和完善，从而更适应生产力发展的需要，进一步推动社会和经济进步。定额管理的双重性决定了它在市场经济中具有重要的地位和作用。

（1）是劳动生产率提高的保证　在工程建设中，定额通过对工时消耗的研究、机械设备的选择、劳动组织的优化、材料合理节约使用等方面的分析和研究，使各生产要素得到最合理的配合，最大限度地节约劳动力和减少材料的消耗，不断地挖掘潜力，从而提高劳动生产率和降低成本。通过工程建设定额的使用，把提高劳动生产率的任务落实到各项工作和每个劳动者，使每个劳动者都能明确各自目标、加快工作进度，更合理有效地利用和节约社会劳动。

（2）是国家对工程建设进行宏观调控和管理的手段　利用定额对工程建设进行宏观调控和管理主要表现在以下三个方面：

1）对工程造价进行宏观管理的调控。

2）对资源进行合理配置。

3）对经济结构进行合理的调控，包括对企业结构、技术结构和产品结构进行合理调控。

（3）有利于市场公平竞争　市场经济规律作用下的商品交易，特别强调等价交换的原则。等价交换就是要求商品按价值量进行交换，建筑产品的价值量是由社会必要劳动时间决定的，而定额消耗量标准是建筑产品市场公平竞争、等价交换的基础。

（4）有利于规范市场行为　建筑产品的生产过程是以消耗大量的生产资料和生活资料等物质资源为基础的。工程建设定额制定出以资源消耗量的合理配置为基础的定额消耗量标准，这样一方面制约了建筑产品的价格，另一方面企业在投标报价中必须充分考虑定额的要求。可见定额在上述两方面规范了市场主体的经济行为，所以定额对完善我国建筑招标投标市场起到了十分重要的作用。

（5）有利于完善市场的信息系统　信息是建筑市场体系中不可缺少的要素，信息的可靠性、完备性和灵活性是市场成熟和市场效率的标志。在建筑产品的交易过程中，定额能为市场需求主体和供给主体提供较准确的信息，并能反映出不同时期生产力水平与市场实际的适应程度。

一、单选题

1. （　　）是以扩大分项工程或扩大结构构件为对象编制的，计算和确定劳动、材料及机械台班消耗量所使用的定额，是一种计价性定额。
   A. 概算定额　　　B. 预算定额　　　C. 投资估算指标　　　D. 概算指标

2. 概算定额与预算定额的差异主要表现在（　　）的不同。
   A. 项目划分　　　B. 主要工程内容　　　C. 主要表达方式　　　D. 基本使用方法

3. （　　）是指完成单位产品所需的人工、材料、机械台班消耗标准的高低程度，是在一定施工组织条件和生产技术条件下规定的施工生产中活劳动和物化劳动的消耗定额。
   A. 流通价格　　　B. 使用价值　　　C. 工程建设定额　　　D. 工程造价

4. 建筑产品的生产工程是以消耗大量的生产资料和生活资料等物质资源为基础的。工程建设定额制定出以资源消耗量的合理配置为基础的定额消耗量标准，这样一方面制约了建筑产品的价格，另一方面企业在投标报价中必须充分考虑定额的要求。这说明定额（　　）。
   A. 有利于市场公平竞争　　　B. 有利于规范市场行为
   C. 是劳动生产率提高的保证　　　D. 有利于完善市场的信息系统

5. （　　）也称为人工定额，是指完成一定数量的合格产品（工程实体或劳务）规定活劳动消耗的数量标准。
   A. 劳动消耗定额　　　B. 材料消耗定额
   C. 机械台消耗定额　　　D. 时间定额

6. （　　）是施工企业根据本企业具体情况，参照国家、部门和地区定额编制方法制定的定额，只在本企业内部执行，是衡量企业生产力水平的一个标志。
   A. 预算定额　　　B. 企业定额　　　C. 投资估算指标　　　D. 概算指标

7. （　　）是指为完成一定数量的合格产品（工程实体或劳务）所规定的施工机械消耗的数量标准。
   A. 劳动消耗定额　　　B. 材料消耗定额
   C. 机械台班消耗定额　　　D. 时间定额

二、多选题

1. 以下属于定额的特点的有（　　）。
   A. 科学性　　　　B. 系统性　　　　C. 指导性　　　　D. 公开性
2. 工程建设定额按生产要素分类可分为（　　）。
   A. 劳动消耗定额　　　　　　　　B. 材料消耗定额
   C. 机械台班消耗定额　　　　　　D. 时间定额

任务1.1　工作任务单

1. 学生任务分配表

班级		组号		指导教师	
组长		学号			
组员 （姓名、学号）					
任务分工					

2. 定额资料的收集与分类

组号		姓名		学号	
工作目标		利用图书馆和网络资源，收集工程建设中可能用到的定额资料，并对收集到的定额资料进行分类			

3. 评价表

姓名：　　　　　　　组号：　　　　　　　任务：

评价内容	评价标准	自评	小组互评	教师评价
职业素养 （20分）	（1）学习态度积极，能主动思考问题，能有计划地组织小组成员完成工作任务，有良好的团队合作意识，遵章守纪，计20分 （2）学习态度较积极，能主动思考问题，能配合小组成员完成工作任务，遵章守纪，计15分 （3）学习态度端正，主动思考能力欠缺，能配合小组成员完成工作任务，遵章守纪，计10分 （4）学习态度不端正，不参与团队任务，计0分			
成果 （80分）	定额资料收集完整丰富，分类正确，字迹工整，计80分。如有错误按以下标准扣分，扣完为止： （1）定额资料收集不足，每少一类扣5分 （2）分类不正确，每错分一类扣5分 （3）字迹不工整，酌情扣分，最多扣10分			
综合得分				
备注：综合得分＝自评分×30%+小组互评分×40%+教师评价分×30%				

任务1.2 施工过程和工作时间研究

知识目标

1. 了解施工过程的概念和分类。
2. 了解施工过程的影响因素。
3. 掌握工人工作时间消耗的分类。(重点)
4. 掌握机械工作时间消耗的分类。

能力目标

1. 具备分解施工过程的能力。
2. 具备判断具体工人工作时间的能力。
3. 具备判断具体机械工作时间的能力。

任务导入

为响应国家政策号召,适应工程造价市场竞争的需求,各企业需编制自身的企业定额。观察施工过程是研究编制定额的第一步,请观察砌砖墙的施工,对该施工过程进行分解,并分析哪些时间是必须消耗时间。

1.2.1 施工过程的概念

施工过程就是在建设工地范围内所进行的生产过程。其最终目的是要建造、恢复、改建、移动或拆除工业、民用建筑物和构筑物的全部或一部分。

伴随每个施工过程的结束,会获得一定的产品,这种产品或者是改变了劳动对象的外表形态、内部结构或性质(由于制作和加工的结果),或者是改变了劳动对象在空间的位置(由于运输和安装的结果)。

每一个施工过程的完成,必须具备以下条件:

1)具有完成施工过程的劳动者(不同工种、不同技术等级的工人)、劳动对象(建筑材料、半成品、成品、构配件等)和劳动工具(手动工具、小型机具和机械等)。也就是说,施工过程是由不同工种、不同技术等级的建造安装工人完成的,并且必须有一定的劳动对象——建造材料、半成品、成品、构配件等,使用一定的劳动工具——手动工具、小型机具和机械等。

2)具有完成施工过程的工作地点,即施工过程所在地点和活动空间。

3)具有准备完成施工过程的条件,即施工现场范围内的"三通一平",材料和工器具的存放等空间位置布置。

4)具有完成施工过程的组织工作,即施工过程的指挥、协调及管理,以及工作地点的选择等。

1.2.2 施工过程的分类

研究施工过程,首先是对施工过程进行分类。对施工过程进行分类的目的是通过对施工过程的组成部分进行分解，并按不同的完成方法、劳动分工、组织复杂程度、施工工艺性质来区分和认识施工过程的性质与包含的全部内容。施工过程的分类如图 1-1 所示。

（1）按施工过程的完成方法分类（图 1-2）

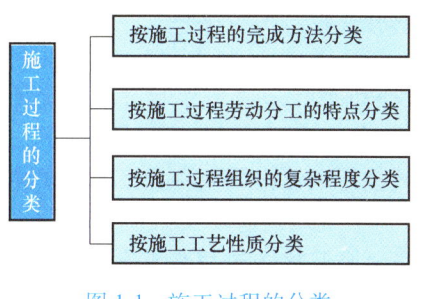

图 1-1 施工过程的分类

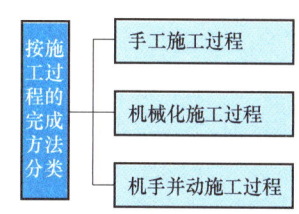

图 1-2 按施工过程的完成方法分类

（2）按施工过程劳动分工的特点分类（图 1-3）

（3）按施工过程组织的复杂程度分类　施工过程可以分解为工序、工作过程和综合工作过程。

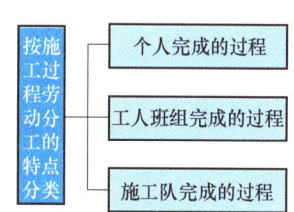

图 1-3 按施工过程劳动分工的特点分类

1）工序是在组织上不可分割的，在技术上不属于同类的施工过程。工序的特征是工作者不变，劳动对象、劳动工具和工作地点也不变。在工作中如有一项改变，那就说明已经由一项工序转入另一项工序了。如钢筋制作，它由平直钢筋、钢筋除锈、切断钢筋、弯曲钢筋等工序组成。

从施工的技术操作和组织观点看，工序是工艺方面最简单的施工过程。但是如果从劳动过程的观点看，工序又可以分解为更小的组成部分——操作和动作。例如，弯曲钢筋的工序可以分为下列操作：把钢筋放在工作台上，将旋钮旋紧，弯曲钢筋，放松旋钮，将弯曲好的钢筋搁在一旁。操作本身又包括了最小的组成部分——动作。如"把钢筋放在工作台上"这个操作，可以分解为以下"动作"：走向钢筋堆放处，拿起钢筋，返回工作台，将钢筋移动到支座前面。而动作又是由许多动素组成的。动素是人体动作的分解。每一个操作和动作都是完成施工工序的一部分。施工过程、工序、操作和动作间的关系如图 1-4 所示。

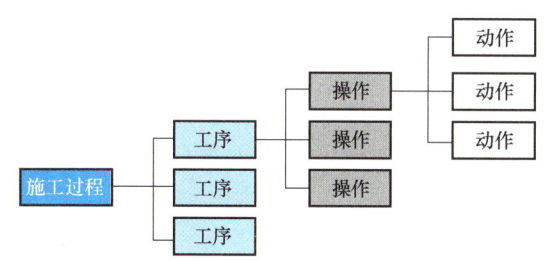

图 1-4 施工过程、工序、操作和动作间的关系

在编制施工定额时，工序是基本的施工过程，是主要的研究对象。测定定额时只需要分解和标定到工序为止。如果进行某项先进技术或新技术的工时研究，就要分解到操作甚至动作为止，以便从中研究可加以改进的操作或节约工时。

工序可以由一个人来完成，也可以由小组或施工队内的几名工人协同完成；可以手动完成，也可以由机械操作完成。在机械化的施工工序中，还可以包括由工人自己完成的各项操作和由机器完成的工作两部分。

2）工作过程是指由同一工人或同一小组所完成的在技术操作上相互有机联系的工序的总和体。其特点是人员编制不变，工作地点不变，而材料和工具可以变换。例如，砌墙和勾缝，抹灰和粉刷。

3）综合工作过程是指同时进行的，在组织上有机地联系在一起的，并且最终能够获得一种产品的施工过程的总和。例如，砌砖墙这一综合工作过程，由调制砂浆、运砂浆、运砖、砌墙等工作过程构成，它们在不同的空间同时进行，在组织上有直接联系，并最终形成的共同产品是一定数量的砖墙。

（4）按施工工艺性质分类　施工过程可以分为 循环施工过程 和 非循环施工过程 两类。凡各个组成部分按照一定顺序依次循环进行，并且每经过一次重复都可以产生出同一种产品的施工过程，称为循环施工过程；反之，若施工过程的工序或其组成部分不是以同样的次序重复，或者生产出来的产品各不相同，这种施工过程则称为非循环施工过程。

综上所述，研究施工过程及其分类，其目的是便于在测定和制定定额时采用不同的技术测定方法；通过对施工过程的分析，进一步掌握其各组成部分中必需的工作时间，研究各项工作、操作及动作的组成是否合理，能否简化和改进，为实现动作优化，制定标准的操作方法，取得必要的资料、数据，为在科学分类的基础上制定定额提供条件。

1.2.3　影响施工过程的主要因素

施工过程中各个工序工时的消耗数值，即使在同一工地、同一工作环境条件下，也常常会由于施工组织、劳动组织、施工方法和工人劳动素质、情绪、技术水平的不同而有很大的差别。对单位建筑产品工时消耗产生影响的各种因素，称为施工过程的影响因素。对施工过程的影响因素进行分析，有助于在测定和整理定额数据时更合理地确定单位产品的劳动消耗量。

根据施工过程影响因素的产生和特点，施工过程的影响因素可分为 技术因素、组织因素 和 自然因素 三类。

（1）技术因素　主要包括：

1）产品类别和质量要求。

2）所用材料、半成品、构配件的类别、规格、性能。

3）所用工具和机械设备类别、型号、性能及完好情况。

例如，砖墙砌筑施工过程的技术因素包括墙的垂直度、砂浆饱满度、砂浆厚度、门窗洞口的尺寸，原材料的种类、规格、质量，以及砌墙的种类等。

（2）组织因素　主要包括：

1）施工组织、施工工艺要求及施工方法。

2）合理的劳动组织。

3）工人技术水平、操作熟练程度、劳动态度、劳动纪律、工人自身身体状况和智力状况。

4）定额考核制度、劳动报酬、工资奖励分配形式。

5）原材料和构配件的质量与供应组织。

(3) 自然因素 主要包括气候条件、地址情况、劳动强度、粉尘、有害气体及人为障碍等。

研究施工过程中各种不同因素对于时间消耗的影响，是定额工作的基本任务之一。因为一项活动延续时间的长短，取决于施工过程的组成及影响施工过程各组成部分时间消耗的因素。只有详细了解了这些因素，才能发现与消除不利因素，进一步促进各因素之间的有利结合，减少完成施工活动的时间消耗量。

1.2.4 工作时间分类

研究施工中工作时间的主要目的是确定施工的时间定额和产量定额，其前提是对工作时间按其消耗性质进行分类，以便研究工时消耗的数量及其特点。

工作时间是指工作班延续时间。例如，8h 工作制的工作时间就是 8h，午休时间不包括在内。对工作时间消耗的研究，可以分为两个系统进行，即工人工作时间消耗和工人所使用的机器工作时间消耗。

1. 工人工作时间消耗的分类

工人在工作班内消耗的工作时间，按其消耗的性质，基本可以分为两大类：**必需消耗的时间**和**损失时间**。工人工作时间消耗的分类如图1-5所示。

（1）必需消耗的时间 是指工人在正常施工条件下，为完成一定的合格产品（工作任务）所消耗掉的时间，是制定定额的主要依据，包括有效工作时间、休息时间和不可避免的中断时间的消耗。

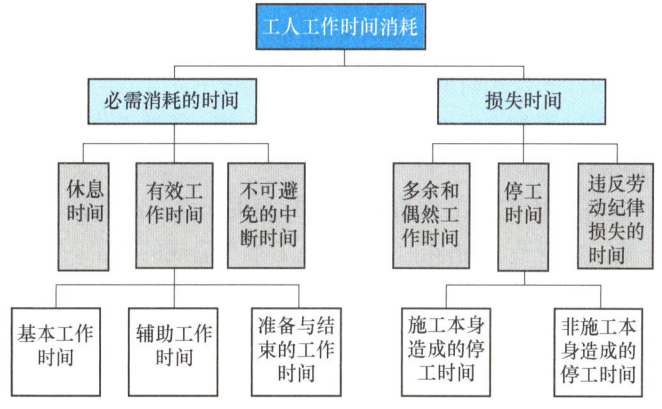

图 1-5 工人工作时间消耗的分类

1) 有效工作时间是从生产效果来看，与产品生产直接有关的时间消耗，包括基本工作时间、辅助工作时间、准备与结束工作时间的消耗。

① 基本工作时间是工人完成一定产品的施工工艺过程所消耗的时间。通过这些工艺过程可以使材料改变外形，如钢筋撇弯等；可以改变材料的结构与性质，如混凝土制品的养护、干燥等；可以使预制构配件安装组合成型；也可以改变产品外部及表面的性质，如粉刷、油漆等。基本工作时间所包括的内容因工作性质各不同。基本工作时间的长短和工作量大小成正比。

② 辅助工作时间是为保证基本工作能顺利完成所消耗的时间。在辅助工作时间里，不能

使产品的形状大小、性质或位置发生变化。辅助工作时间的结束，往往就是基本工作时间的开始。辅助工作一般是手工操作。但如果在机手并动的情况下，辅助工作是在机械运转过程中进行的，为避免重复则不应再计算辅助工作时间的消耗。辅助工作时间的长短与工作量大小有关。

③ 准备与结束的工作时间是执行任务前或任务完成后所消耗的工作时间。如工作地点、劳动工具和劳动对象的准备工作时间；工作结束后的整理工作时间等。准备和结束的工作时间的长短与所担负的工作量大小无关，但往往和工作内容有关。这项时间消耗可以分为班内的准备与结束的工作时间和任务的准备与结束的工作时间。其中，任务的准备和结束的工作时间是在一批任务的开始与结束时产生的，如熟悉图样、准备相应的工具、事后清理场地等，通常不反映在每一个工作班里。

2) 休息时间是工人在工作过程中为恢复体力所必需的短暂休息和生理需要的时间消耗。这种时间是为了保证工人精力充沛地进行工作，所以在定额时间中必须进行计算。休息时间的长短和劳动条件、劳动强度有关，劳动越繁重紧张、劳动条件越差（如高温），则休息时间越长。

3) 不可避免的中断时间是由于施工工艺特点引起的工作中断所必需的时间。与施工过程工艺特点有关的工作中断时间，应包括在定额时间内，但应尽量缩短此项时间消耗。

（2）损失时间 是指与产品生产无关，而与施工组织和技术上的缺点有关，与工人在施工过程中的个人过失或某些偶然因素有关的时间消耗。损失时间包括多余和偶然工作、停工、违反劳动纪律所引起的工时损失。

① 多余和偶然工作时间。多余工作是指工人进行的任务以外但又不能增加产品数量的工作，如重砌质量不合格的墙体。多余工作的工时损失，一般都是由于工程技术人员和工人的差错而引起的，因此，不应计入定额时间中。偶然工作也是工人在任务外进行的工作，但能够获得一定产品。如抹灰工不得不补上偶然遗留的墙洞等。由于偶然工作能获得一定产品，拟定定额时要适当考虑它的影响。

② 停工时间是指工作班内停止工作造成的工时损失。停工时间按其性质可分为施工本身造成的停工时间和非施工本身造成的停工时间。施工本身造成的停工时间，是由于施工组织不善、材料供应不及时、工作准备工作做得不好、工作地点组织不良等情况引起的停工时间。非施工本身造成的停工时间，是由于水源、电源中断引起的停工时间。前一种情况在拟定定额时不应该计算，后一种情况在拟定定额时应给予合理考虑。

③ 违反劳动纪律造成的工作时间损失，是指工人在工作班开始和午休后的迟到、午饭前和工作班结束前的早退、擅自离开工作岗位、工作时间内聊天或办私事等造成的工时损失。由于个别工人违背劳动纪律而影响其他工人无法工作时间损失，也包括在内。

2. 机械工作时间消耗的分类

在机械化施工过程中，对工作时间消耗的分析和研究，除了要对工人工作时间的消耗进行分类研究之外，还需要分类研究机械工作时间的消耗。

机械工作时间的消耗，按其性质也分为必需消耗的工作时间和损失的工作时间两大类，如图1-6所示。

（1）必需消耗的工作时间 包括有效工作、不可避免的无负荷工作和不可避免的中断三项时间消耗。

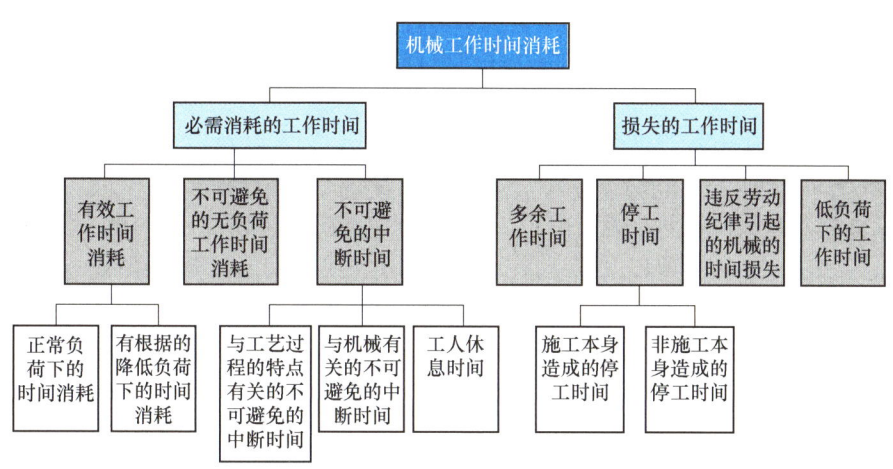

图 1-6　机械工作时间消耗的分类

1）有效工作的时间消耗包括正常负荷下、有根据的降低负荷下的工时消耗。

① 正常负荷下的时间消耗，是指机械在以机械说明书规定的额定负荷相符的情况下进行工作的时间。

② 有根据的降低负荷下的时间消耗，是指在个别情况下由于技术的原因，机械在低于其计算负荷下工作的时间。例如，汽车运输重量轻而体积大的货物时，不能充分利用汽车的载重吨位因而不得不降低其计算负荷。

2）不可避免的无负荷工作时间消耗，是指由施工过程的特点和机械结构的特点造成的机械无负荷工作时间。例如，筑路机在工作区末端调头等，就属于此项工作时间的消耗。

3）不可避免的中断工作时间，是指与工艺过程的特点、机械的使用和保养、工人休息有关的中断时间。

① 与工艺过程的特点有关的不可避免的中断时间，分为循环的和定期的两种。循环的不可避免的中断，是指在机械工作的每一个循环中重复一次。如汽车装货和卸货时的停车。定期的不可避免的中断，是指经过一定时期重复一次。例如，把灰浆泵由一个工作地点转移到另一个工作地点时的工作中断。

② 与机械有关的不可避免的中断时间，是指由于工人进行准备与结束工作或辅助工作时，机械停止工作而引起的中断工作时间。它是与机械的使用与保养有关的不可避免的中断时间。

③ 工人休息时间，前面已经做了说明。这里要注意，应尽量利用与工艺过程有关的和与机械有关的不可避免的中断时间进行休息，以充分利用工作时间。

（2）损失的工作时间　包括多余工作时间、停工时间、违反劳动纪律引起的机械的时间损失和低负荷下的工作时间。

1）机械的多余工作时间主要指两种情况。一是机械进行任务内和工艺过程内未包括的工作延续的时间。如工人没有及时供料而使机械空运转的时间。二是机械在负荷下所做的多余工作，如混凝土搅拌机搅拌混凝土时超过规定搅拌时间，即属于多余工作时间。

2）机械的停工时间，按其性质可分为施工本身造成的和非施工本身造成的。前者是由于施工组织不良而引起的停工现象，如由于未及时供给机械燃料而引起的停工。后者是由于气候条件所引起的停工现象，如暴雨时压路机的停工。上述停工中延续的时间，均为机械的停工时间。

3) 违反劳动纪律引起的机械的时间损失，是指由于工人迟到、早退或擅离岗位等原因引起的机械停工时间。

4) 低负荷下的工作时间，是指由于工人或技术人员的过错所造成的施工机械在降低负荷的情况下工作的时间。例如，因工人装车的砂石量不足引起的汽车在降低负荷的情况下工作所延续的时间。此项工作时间不能作为计算时间定额的基础。

课证融通小测

一、单选题

1. 关于工序特征的描述，下列说法中正确的是（   ）。
   A. 劳动者不变，劳动工具、劳动对象可变
   B. 劳动对象、劳动工具不变，劳动者可变
   C. 劳动对象不变，劳动工具、劳动者可变
   D. 劳动者、劳动对象、劳动工具均不变

2. 下列因素中，影响施工过程的技术因素是（   ）。
   A. 工人技术水平   B. 操作方法   C. 机械设备性能   D. 劳动组织

3. 根据施工过程工时研究结果，与工人所担负的工作量大小无关的必需消耗时间是（   ）。
   A. 基本工作时间   B. 辅助工作时间
   C. 准备与结束的工作时间   D. 多余工作时间

4. 下列工人工作时间消耗中，属于有效工作时间的是（   ）。
   A. 因混凝土养护引起的停工时间   B. 偶然停工（停水、停电）增加的时间
   C. 产品质量不合格返工的工作时间 D. 准备施工工具花费的时间

5. 工人的工作时间中，熟悉施工图所消耗的时间属于（   ）。
   A. 基本工作时间   B. 辅助工作时间
   C. 准备与结束的工作时间   D. 不可避免的中断时间

6. 下列机械工作时间中，属于有效工作时间的是（   ）。
   A. 筑路机在工作区末端的调头时间
   B. 体积大而未达到载重吨位的货物汽车的运输时间
   C. 机械在工作地点之间的转移时间
   D. 因装车数量不足引起的在低负荷下工作的时间

7. 下列施工机械消耗时间中，属于机械必需消耗时间的是（   ）。
   A. 未及时供料引起的机械停工时间   B. 由于气候条件引起的机械停工时间
   C. 装料不足时的机械运转时间   D. 因机械保养而中断使用的时间

二、多选题

1. 劳动定额时间的组成内容包括（   ）。
   A. 基本工作时间   B. 辅助工作时间

C. 准备与结束的工作时间　　　　　　D. 不可避免的浪费时间
2. 劳动定额的表现形式有（　　）。
A. 工期定额　　　B. 时间定额　　　C. 产量定额　　　D. 施工定额
3. 机械纯工作时间包括（　　）。
A. 有效工作时间　　　　　　　　　　B. 不可避免的无负荷工作时间
C. 不可避免的中断时间　　　　　　　D. 循环时间
4. 机械的有效工作时间消耗包括（　　）。
A. 基本工作时间　　　　　　　　　　B. 辅助工作时间
C. 正常负荷下的时间消耗　　　　　　D. 有根据的降低负荷下的时间消耗
5. 在正常的施工条件下，预算定额中的人工工日消耗量是由（　　）组成的。
A. 基本用工　　　B. 人工幅度差　　　C. 辅助用工　　　D. 其他用工
6. 下列施工工作时间中，属于工人有效工作时间的有（　　）。
A. 基本工作时间　　　　　　　　　　B. 休息时间
C. 辅助工作时间　　　　　　　　　　D. 准备与结束的工作时间
E. 不可避免的中断时间

任务1.2　工作任务单

1. 学生任务分配表

班级		组号		指导教师	
组长		学号			
组员 （姓名、学号）					
任务分工					

2. 施工时间的分解

组号		姓名		学号	
工作目标		观察砌砖墙的施工，对该施工过程进行分解，并分析哪些时间是必须消耗时间			

3. 评价表

姓名：	组号：		任务：	
评价内容	评价标准	自评	小组互评	教师评价
职业素养（20分）	（1）学习态度积极，能主动思考问题，能有计划地组织小组成员完成工作任务，有良好的团队合作意识，遵章守纪，计20分 （2）学习态度较积极，能主动思考问题，能配合小组成员完成工作任务，遵章守纪，计15分 （3）学习态度端正，主动思考能力欠缺，能配合小组成员完成工作任务，遵章守纪，计10分 （4）学习态度不端正，不参与团队任务，计0分			
成果（80分）	砖墙砌筑施工过程分解正确，必须消耗时间判断正确，字迹工整，计80分，如有错误按以下标准扣分，扣完为止： （1）施工过程分解错误，每错一个扣5分 （2）必须消耗时间判断不正确，每错一个扣5分 （3）字迹不工整，酌情扣分，最多扣10分			
综合得分				
备注：综合得分＝自评分×30%＋小组互评分×40%＋教师评价分×30%				

任务1.3 测定时间消耗的基本方法——计时观察法

知识目标

1. 了解计时观察法的含义、用途和特点。
2. 掌握计时观察法的准备工作。
3. 掌握主要测时方法。(重点)

能力目标

1. 具备能正确区分各种计时观察法的特点与适用范围的能力。
2. 具备利用计时观察法测定工作时间消耗的能力。

任务导入

在定额的编制过程中,正确的测定各观测对象的时间消耗、进行数据分析整理从而获得定额编制的基本数据是至关重要的工作,这会决定定额数据的准确性与科学性。

通过任务1.2,已经了解了砖墙砌筑的施工过程,请在此基础上确定测时的定时点,再次观察砌砖墙施工,并运用计时观察法测定工作时间。

定额测定是制定定额的一个主要步骤。测定定额是用科学的方法观察、记录、整理和分析施工过程,为制定建筑工程定额提供可靠依据。测定定额通常使用计时观察法,它是测定时间消耗的基本方法。

1.3.1 计时观察法的含义、用途和特点

计时观察法是研究工作时间消耗的一种技术测定方法。它以研究工时消耗为对象,以观察测时为手段,通过密集抽样和粗放抽样等方式进行直接的时间研究。计时观察法用于建筑施工中时以现场观察为主要技术手段,所以也称为现场观察法。

计时观察法的具体用途:

1)取得编制施工的劳动定额和机械定额所需要的基础资料和技术根据。

2)研究先进工作法和先进技术操作对提高劳动生产率的具体影响,并应用和推广先进工作法和先进技术操作。

3)研究减少工时消耗的可能性。

4)研究定额执行情况,包括研究大面积、大幅度超额和达不到定额的原因,积累资料、反馈信息。

计时观察法能够把现场工时消耗情况和施工组织技术条件联系起来加以考察,它不仅能为制定定额提供基础数据,也能为改善施工组织管理、改善工艺过程和操作方法、消除不合理的工时损失和进一步挖掘生产潜力提供技术根据。计时观察法的局限性是没有充分考虑人的因素的影响。

1.3.2 计时观察法的准备工作

（1）确定需要进行计时观察的施工过程　计时观察之前的第一个准备工作是研究并确定有哪些施工过程需要进行计时观察。对于需要进行计时观察的施工过程要编出详细的目录，拟订工作进度计划，制定组织技术措施，并组织编制定额的专业技术队伍，按计划认真开展工作。在选择观察对象时，必须注意所选择的施工过程要完全符合正常施工条件。正常施工条件是指绝大多数企业和施工队、组在合理组织施工的条件下所处的施工条件。与此同时，还需要调查影响施工过程的技术因素、组织因素和自然因素。

（2）对施工过程进行预研究　对于已确定的施工过程的性质应进行充分的研究，目的是能够正确地安排计时观察和收集可靠的原始资料。研究的方法是全面地对各个施工过程及其所处的技术组织条件进行实际调查和分析，以便设计正常的（标准的）施工条件和分析研究测时数据。

1）熟悉与该施工过程有关的现行技术规范和技术标准等文件和资料。

2）了解新采用的工作方法的先进程度，了解已经得到推广的先进施工技术和操作，了解施工过程存在的技术组织方面的缺点和由于某些原因造成的混乱现象。

3）系统地收集完成定额的统计资料和经验资料，以便与计时观察所得的资料进行对比分析。

4）把施工过程划分为若干个组成部分（一般划分到工序）。施工过程划分的目的是便于计时观察。如果计时观察法的目的是研究先进工作法，或是分析影响劳动生产率提高或降低的因素，则必须将施工过程划分到操作甚至是动作。

5）确定定时点和施工过程产品的计量单位。定时点是指上下两个相衔接的组成部分之间的分界点。确定定时点，对于保证计时观察的精确性是不容忽略的因素。确定的产品计量单位，要能具体地反映产品的数量，并具有最大限度的稳定性。

（3）选择观察对象　观察对象是指被进行计时观察完成该施工过程的工人。所选择的建筑安装工人，应具有能够完成或超额完成现行的施工劳动定额。

（4）其他准备工作　其他准备工作是指准备好必要的用具和表格。如测时用的秒表或电子计时器，测量产品数量的工器具，记录和整理测时资料用的各种表格等。如果有条件且有必要，还可配备电子记录设备。

1.3.3 计时观察法的主要测时方法

对施工过程进行观察、测时，计算实物和劳务产量，记录施工过程所处的施工条件和确定影响工时消耗的因素，是计时观察法的三项主要内容和要求。据此，计时观察法种类很多，最主要的有以下三种，如图1-7所示。

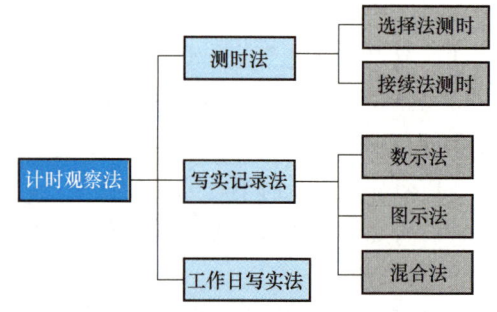

图1-7　计时观察法的种类

1. 测时法

（1）测时法的分类　根据具体的测时手段不同，可将测时法分为选择法和接续法两种。

1）选择法测时（表1-7）。它是间隔选择施工过程中非紧连接的组成部分（工序或操作）测定工时，精确度达0.5s。

表 1-7 选择法测时记录

观察对象: 大型屋面板吊装	施工单位:				工地:					日期:		开始	终止	延续
时间精度: 1s	施工过程名称: 轮胎式起重机(QL3-6) 吊装大型屋面板											9:00	11:00	2h

号次	组成部分名称	定时点	每次循环的工时消耗 单位: s/块										正常延续时间总和 /(s/块)	正常循环次数	算术平均值 /(s/块)	号次	附注
			1	2	3	4	5	6	7	8	9	10					
1	挂钩	挂钩后松手离开吊钩	31	32	33	32	43	30	33	33	33	32	289	9	32.1		产品数量 每循环一次吊装大型屋面板一块
2	上升回转	回转结束后停止	84	83	82	86	83	84	85	82	82	86	837	10	83.7		挂了两次钩; 吊钩下降高度不够
3	下落就位	就位后停止	56	54	55	57	57	69	56	57	56	54	502	9	55.8		
4	脱钩	脱钩后开始回升	41	43	40	41	39	42	42	38	41	41	408	10	40.8		
5	空钩回转	空钩回至构件堆放处	50	49	48	49	51	50	50	48	49	48	492	10	49.2		
合计																261.6		

选择法测时也称为间隔法测时，当被观察的某一循环工作的组成部分开始，观察者立即启动秒表，当该组成部分终止，则立即停止秒表。然后把秒表上显示的延续时间记录到选择法测时记录（循环整理）表上，并将秒表归零。下一组成部分开始时，再启动秒表，如此依次观察，并依次记录下延续时间。

采用选择法测时，应特别注意定时点的设置。记录时间时仍在进行的工作组成部分，应不予观察。当所测定的各工序或操作的延续时间较短时，连续测定比较困难，用选择法测时比较方便且简单。

2）接续法测时（表1-8）。它是用于连续测定一个施工过程各工序或操作的延续时间的方法。接续法测时每次要记录各工序或操作的终止时间，并计算出本工序的延续时间。

接续法测时也称作连续法测时。它比选择法测时准确、完善，但观察技术也较之复杂。它的特点是在工作进行中和非循环组成部分出现之前一直不停止秒表，秒针走动过程中，观察者根据各组成部分之间的定时点，记录它的终止时间，再用定时点终止时间之间的差表示各组成部分的延续时间。

（2）测时法的观察次数　由于测时法是属于抽样调查的方法，因此为了保证选取样本的数据可靠，需要对同一施工过程进行重复测时。一般来说，观察的次数越多，资料的准确性越高，但要花费较多的时间和人力，这样既不经济，也不现实。确定观察次数较为科学的方法，应该是采用误差理论和经验数据相结合的方法。表1-9给出了测时法下观察次数的确定方法。很显然，需要的观察次数与要求的算数平均值精确度及数列的稳定系数有关。

2. 写实记录法

写实记录法是一种研究各种性质的工作时间消耗的方法，包括基本工作时间、辅助工作时间、不可避免中断时间、准备与结束时间及各种损失时间。采用这种方法，可以获得分析工作时间消耗和制定定额所必需的全部资料。这种测定方法比较简便、易于掌握，并能保证必要的精度。因此，写实记录法在实际中得到了广泛应用。

写实记录法的观察对象，可以是一位工人，也可以是一个工人小组。当观察对象为一个人单独操作或产品数量可单独计算时，采用个人写实记录。当观察对象为工人小组的集体操作，而产品数量又无法单独计算时，可采用集体写实记录。

（1）写实记录法的种类　写实记录法按记录时间的方法不同，分为数示法、图示法和混合法三种，计时一般采用有秒针的普通计时表即可。

1）数示法写实记录（表1-10）。数示法的特征是用数字记录工时消耗，是三种写实记录法中精度较高的一种，精度达5s，可以同时对两位工人进行观察，适用于组成部分较少而且比较稳定的施工过程。数示法用来对整个工作班或半个工作班进行长时间观察，因此能反映工人或机械工作日全部情况。

2）图示法写实记录（表1-11）。图示法是在规定格式的图标上用时间进度线条表示工时消耗量的一种记录方式，精度可达30s，可同时对3位以内的工人进行观察。这种方法的主要优点是记录简单，时间一目了然，原始记录整理方便。

3）混合法写实记录（表1-12）。混合法同时具有数示法和图示法的优点，以图示法中的时间进度线条表示工序的延续时间，在进度线的上部加写数字表示各时间区段的工人数。混合法适用于3位以上工人工作时间的集体写实记录。

模块1 定额编制的基本知识

表1-8 接续法测时记录

观察：人力双轮车		施工单位：		工地		日期		开始时间 8:00		终止时间 10:14		延续时间 2h14min		观察号次		页次	
对象：运标准砖						施工过程名称：人力双轮车运标准砖（运距25m）								产品数量：每车运100块标准砖		备注	
时间精度：1s																	

号次	组成部分名称	时间	观察次数										时间整理		
			1	2	3	4	5	6	7	8	9	10	时间总和/s	观察次数	算术平均值/s
			min s	min s	min s	min s	min s	min s	min s	min s	min s	min s			
1	装车	终止时间	5 50	19 25	32 43	46 18	59 44	12 57	26 13	39 29	53 03	6 22			
		延续时间	350	360	345	353	348	347	351	340	355	352	3501	10	350.1
2	运走	终止时间	6 50	20 26	33 41	47 19	0 43	13 55	27 15	40 29	54 02	7 24			
		延续时间	60	61	58	61	59	58	65	60	59	62	603	10	60.3
3	卸车	终止时间	12 30	26 01	39 29	53 00	6 15	19 28	32 46	46 12	59 33	12 58			
		延续时间	340	335	348	341	332	333	339	343	331	334	3376	10	337.6
4	空回	终止时间	13 25	26 26	40 25	53 56	7 10	20 22	33 49	47 08	0 30	13 53			
		延续时间	55	57	56	56	55	54	55	56	57	55	556	10	55.6
												合计			803.6

表1-9 测时法所必需的观察次数

稳定系数 $K_p = \dfrac{t_{max}}{t_{min}}$	要求的算数平均值精度 $E = \pm \dfrac{1}{\bar{X}}\sqrt{\dfrac{\sum \Delta^2}{n(n-1)}}$				
	5%以内	7%以内	10%以内	15%以内	25%以内
	观察次数				
1.5	9	6	5	5	5
2	16	11	7	5	5
2.5	23	15	10	6	5
3	30	18	12	8	6
4	39	25	15	10	7
5	47	31	19	11	8

注：t_{max}为最大观测值；t_{min}为最小观测值；$\bar{X}$为算术平均值；n为观察次数；Δ为每次观察值与算术平均值之差。

表 1-10 数示法写实记录

工程名称			开始时间		延续时间		调查号次	
施工单位			结束时间		记录时间		页次	
			施工过程：双轮车运土方（运距200m）				观察对象：李×	
号次	组成部分名称	组成部分号次	起止时间		延续时间	完成产量		附注
			时-分	秒		计量单位		
①	②	③	④	⑤	⑥	⑦	⑧	⑨
1	装土	×	8-20	0				
2	运输	1	22	50	2′50″	m^3	0.288	
3	卸土	2	26	0	3′10″	次	1	
4	空返	3	27	20	1′20″	m^3	0.288	
5	等候装土	4	30	0	2′40″	次	1	
6	喝水	5	31	40	1′40″			
		1	35	0	3′20″			每次产量：
		2	38	30	3′30″			V＝每次容量
		3	39	30	1′0″			＝1.2×0.6×0.4m^3
		4	42	0	2′30″			＝0.288m^3
		1	45	10	3′10″			0.288×4m^3＝1.152m^3
		2	47	30	2′20″			注：按松土计算
		3	48	45	1′15″			
		4	51	30	2′45″			
		1	55	0	3′30″			
		2	58	0	3′0″			
		3	59	10	1′10″			
		4	9-02	05	2′55″			
		6	03	40	1′35″			
	小计				43′40″			

表 1-11 图示法写实记录

工地名称	×××	开始时间	8:00	延续时间	1h	调查号次	
施工单位	×××	终止时间	9:00	记录日期	××年××月××日	页次	1
施工过程	砌1砖厚单面清水墙	观察对象		张××（四级工）、王××（三级工）			

号次	各组成部分名称	时间(min) 10 20 30 40 50 60 / 5 15 25 35 45 55	时间小计/(min)	产品数量	附注
1	挂线		12		
2	铲灰浆		22		
3	铺灰浆		27		
4	摆砖、砍砖		28		
5	砌砖		31	0.48m^3	
观察者：		合计	120		

模块1　定额编制的基本知识

表1-12　混合法写实记录

观察对象：砖工	施工单位名称											日期				开始时间				终止时间		延续时间		页次
六级工1人、四级工1人、三级工3人	×××											××年××月××日				8：00				9：00		1h		××
	工作过程名称：砌1砖厚标准砖墙																							
号次	各组成部分名称	时间(min)													时间小计/(min)		产品数量		附注					
		5	10	15	20	25	30	35	40	45	50	55	合计											
1	挂线	1	1	1	1	1	1		1					6		完成产品数量按半个工作班计算8.45m³		ⓐ因运灰浆耽误的停工时间					
2	铲灰浆	1	1	1	1	1						1		6									
3	铺灰浆	2	1	2	2	3	2	2 3	1	1	3	2 3		40				ⓑ小组工人迟到5min					
4	摆砖、砍砖		1	3	1 2	1	3 2	3 2 3 1 2	1	2 1 2		1	2	48									
5	砌砖													115									
6	工作转移				2				2	2			1	17									
7	休息													18									
8	施工本身停工		ⓐ											25									
9	违反劳动纪律	2 3 ⓑ												25									
													合计				300						

观察：　　　　　　　　　　　　　　　　复核：

（2）写实记录法的延续时间　与确定测时法的观察次数相同，为保证写实记录法的数据的可靠性，需要确定写实记录法的延续时间。延续时间的确定，是指在采用写实记录法的任何一种方法进行测定时，对每个被测施工过程或同时测定两个以上施工过程所需的总延续时间的确定。

延续时间的确定，应立足于既不能消耗过多的观察时间，又能得到比较可靠和准确的结果。同时还必须注意：所测施工过程的广泛性和经济价值；已经达到的功效水平的稳定程度；同时测定不同类型施工过程的数目；被测定的工人人数及测定完成产品的可能次数等。写实记录法所需的延续时间见表 1-13，如其中任一项达不到最低要求，应酌情增加延续时间。

表 1-13　写实记录法确定延续时间

序号	项目	同时测定施工过程的类型数	测定对象		
			单人的	集体的	
				2~3 人	4 人及以上
1	被测定的个人或小组的最低数	任一数	3 人	3 个小组	2 个小组
2	测定总延续时间的最小值/h	1	16	12	8
		2	23	18	12
		3	28	21	24
3	测定完成产品的最低次数	1	4	4	4
		2	6	6	6
		3	7	7	7

3. 工作日写实法

工作日写实法是一种研究整个工作班内的各种工时消耗的方法。

运用工作日写实法主要有两个目的，一是取得编制定额的基础资料；二是检查定额的执行情况，找出缺点，改进工作。当用于第一个目的时，采用工作日写实法的结果是要获得观察对象在工作班内工时消耗的全部情况，以及产品数量和影响工时消耗的影响因素。其中，工时消耗应该按工时消耗的性质分类记录。在这种情况下，通常需要测定 3~4 次。当用于第二个目的时，通过工作日写实法可以查明工时损失量和引起工时损失的原因，确定消除工时损失、改善劳动组织和工作地点组织的措施，查明熟练工人是否能发挥自己的专长，确定合理的小组制订和合理的小组分工；确定机器在时间利用和生产率方面的情况，找出使用不当的原因，拟定改善机器使用情况的技术组织措施，计算工人或机器完成定额的实际百分比和可能百分比。在这种情况下，通常需要测定 1~3 次。工作日写实法与测时法、写实记录法相比较，具有技术简便、应用面广和资料全面的优点，在我国是一种运用范围较广的编制定额的方法。工作日写实法的缺点有：由于有观察人员在场，即使在观察前做了充分准备，仍不免在工时利用上有一定的虚假性；工作日写实法的观察工作量较大，费时较多，费用也高。

工作日写实法利用写实记录表记录观察资料。记录时间时不需要将有效工作时间分为各个组成部分，只需划分为适合于技术水平和不适合于技术水平两类。但是工时消耗还需按性质分类记录。工作日写实法示例见表 1-14。

模块1 定额编制的基本知识

表 1-14 工作日写实法示例

施工单位名称		测定日期	延续时间		调查号次	页次
某公司		××年××月××日	8h30min			
施工过程名称			钢筋混凝土直形墙模板安装			
工时消耗表						
序号	工时消耗分类		时间消耗/(min)	百分比（%）	施工过程中的问题及建议	
一、定额时间						
1	基本工作时间：适于技术水平的		1.198	74.5		
2	不适于技术水平的				本资料造成非定额时间的原因主要是：	
3	辅助工作时间		53	3.3	1. 劳动组织不合理，开始由三人操作，中途又增加一人，在实际工作中经常出现"一人等工"的现象	
4	准备与结束时间		14	0.87		
5	休息时间		12	0.75		
6	不可避免中断时间		9	0.58	2. 等材料，上班后领材料时未找到材料员，而造成等工	
7	合计		1286	80	3. 产品不符合质量，要求返工，由于技术交底马虎，工人对产品规格要求也未真正弄清楚，结果造成返工	
二、非定额时间						
8	由于劳动组织的缺点而停工		19	1.18	4. 违反劳动纪律，主要是上班迟到和工作时间闲谈	
9	由于缺乏材料而停工		102	6.34	建议：	
10	由于工作地点未准备好而停工				切实加强施工管理工作，班前要认真做好技术交底，职能人员要坚守岗位，保证材料及时供应，并预先办好领料手续，提前领料，科学地按定额规定每工日应完成的产量结合工人实际工效安排劳动力，加强劳动纪律教育，按时上班，集中精力工作。经认真改善后，劳动效率可提高25%左右	
11	由于机具设备不正常而停工					
12	产品质量不符，返工		132	8.21		
13	偶然停工（停水、停电、暴风雨）					
14	违反劳动定额		69	4.27		
15	其他损失时间					
16	合计		32	20		
17	消耗时间总计		1608	100		
完成产品数量			52.15m²			
生产率：实际：1608 工日/(60×8×52.15)m² = 0.064 工日/m² 可能：1286 工日/(60×8×52.15)m² = 0.051 工日/m²					可以提高：(0.064/0.051−1)×100% = 25%	

课证融通小测

一、单选题

1. 下列对于测时法的特征描述中，正确的是（　　）。
A. 测时法既适用于测定重复的循环工作时间，也适用于测定非循环工作时间
B. 选择测时法比接续测时法准确、完善，但观察技术也较之复杂
C. 当所测定的各工序的延续时间较短时，接续测时法较选择测时法方便

D. 测时法的观测次数应该采用将误差理论和经验数据相结合的方法来确定
2. 下列关于测定时间消耗的工作日写实法的特点的说法中，不正确的是（   ）。
A. 工作日写实法用于检查定额执行情况时，需要测定1~3次
B. 能够获得整个工作班内各种工时的消耗量
C. 需要记录产品数量和影响工时消耗的各种因素
D. 是研究各种性质的工作时间消耗的方法
3. 在计时观察法测定时间消耗的诸多方法中，精度较高的方法是（   ）。
A. 数示法　　　　B. 图示法　　　　C. 接续法　　　　D. 选择法

二、多选题

为保证写实记录法数据的可靠性，写实记录延续时间的确定，应满足的要求有（   ）。
A. 算术平均值的精度　　　　　　B. 被测定个人或小组的最低数量
C. 测定的数列的稳定系数　　　　D. 测定总延续时间的最小值
E. 测定完成产品的最低次数

任务1.3 工作任务单

1. 学生任务分配表

班级		组号		指导教师	
组长		学号			
组员 （姓名、学号）					
任务分工					

2. 时间消耗的测定

组号		姓名		学号	
工作目标		观察砌砖墙的施工，并运用计时观察法测定工作时间			

3. 评价表

姓名：　　　　　　　　组号：　　　　　　　　任务：

评价内容	评价标准	自评	小组互评	教师评价
职业素养 （20分）	（1）学习态度积极，能主动思考问题，能有计划地组织小组成员完成工作任务，有良好的团队合作意识，遵章守纪，计20分 （2）学习态度较积极，能主动思考问题，能配合小组成员完成工作任务，遵章守纪，计15分 （3）学习态度端正，主动思考能力欠缺，能配合小组成员完成工作任务，遵章守纪，计10分 （4）学习态度不端正，不参与团队任务，计0分			
成果 （80分）	工作时间测定无误，无返工，计算表格规范，字迹工整，计80分，如有错误按以下标准扣分，扣完为止： （1）工作时间测定时间有误，每返工一次扣20分 （2）表格填写不规范，每处扣5分 （3）字迹不工整，酌情扣分，最多扣10分			
综合得分				
备注：综合得分＝自评分×30%＋小组互评分×40%＋教师评价分×30%				

【拓展阅读】

我国古代的工料定额

在我国古代工程中，也有许多对工料消耗研究的案例，如果说人们在长期生产中积累的丰富经验是定额产生的"土壤"，那么这些案例就可看作是工料定额的原始形态。

《孙子算经》是中国古代重要的数学著作，成书大约在四五世纪，也就是大约1500年前，作者不详，著名数学问题"鸡兔同笼"就出自该书。《孙子算经》记载了最早的工程量计算方法和用工数量计算方法，如"今有筑城，上广二丈，下广五丈四尺，高三丈八尺，长五千五百五十尺，秋程人功三百尺。问：须功几何？答曰：二万六千一十一功。"按题意得出：（20+54）×1/2×38平方尺=1406平方尺，1406×5550立方尺=7803300立方尺，7803300/300个=26011（个）。这就是古代计算工程量和所需人工的方法。古人通过编制人工定额来完成工程建设，彰显了我国古代劳动人民的聪明才智。

《大唐六典》中对土木工程的耗工耗量也有条文记载。当时按四季日照的长短，把劳动定额分为中工（春、秋）、长工（夏）、短工（冬）。工值以中工为准，长工、短工各增减10%。每一工种按照等级、大小和质量要求，以及运输距离远近来计算工值。

我国北宋著名的土木建筑家李诚编制的《营造法式》，刊行于公元1103年。北宋建国以后的百余年间，大兴土木，宫殿、衙署、庙宇、园囿的建造此起彼伏，造型豪华精美，负责工程的大小官吏贪污成风，致使国库无法应付浩大的开支。因而，建筑的各种设计标准、规范和有关材料、施工定额、指标亟待制定，以明确房屋建筑的等级制度、建筑的艺术形式及严格的"料例""功限"，以杜防贪污盗窃。《营造法式》是土木建筑工程技术方面的巨著，也是工料计算方面的巨著。《营造法式》共有三十四卷，分为释名、制度、功限、料例和图样五个部分。其中第十六卷至第二十五卷是各工种计算用工量的规定；第二十六卷至第二十八卷是各工种计算用料的规定。这些关于算工算料的规定，可以看作是古代的工料定额。清工部《工程做法则例》中，也有许多内容是说明工料计算方法的，甚至可以说它主要是一部算工算料的书，直至今天，仿古建筑及园林工程预算定额仍将这些技术文献作为编制依据之一。

模块 2

人工、材料、机械台班消耗量的确定

素养目标

1. 在完成材料消耗量确定任务的过程中，不同种类的建筑材料消耗量的确定方法略有不同，从中培养学生好学深思的探究态度。
2. 消耗量数据的准确性会影响到工程成本和建设效益，完成任务的过程中可以培养学生实事求是、精益求精的工匠精神。
3. 在完成任务的过程中，要求学生计算过程详细，表述清晰，培养学生养成良好的工作习惯。

任务 2.1　人工消耗量的确定

知识目标

1. 掌握人工消耗量的基本概念。
2. 掌握时间定额、产量定额的基本概念及两者之间关系。（重点）
3. 掌握人工消耗量的确定方法。（重点、难点）

能力目标

1. 具备确定工序作业时间的能力。
2. 具备确定规范时间的能力。
3. 具备确定人工消耗量的能力。

任务导入

实现乡村振兴一直是小张的理想，毕业后小张回到家乡创业办民宿，需要新盖客房，经计算，墙体工程量为 20.91m^3。

小张查到空心砌块墙的测定数据为：完成 1m^3 的墙体需基本工作时间 40min，辅助工作时间占工作延续时间的 7%，准备与结束时间占 5%，不可避免中断时间占 2%，休息时间占 3%。

试计算小张民宿客房墙体的砌筑需多少工日？

2.1.1 人工消耗量概述

定额中的人工消耗量也称人工消耗定额或劳动定额，它是在一定生产技术组织条件下，完成单位合格产品所必需的劳动消耗量的标准。这个标准是国家和企业对工人在单位时间内完成的产品数量、质量的综合要求，是表示建筑安装工人劳动生产率的一个先进合理指标。

建筑工程各类定额中，劳动定额都是重要的组成部分，是编制人工消耗指标的基础。为了便于综合和核算，劳动定额大多采用工作时间消耗量来表示和计算劳动消耗的数量。

劳动定额的表现形式有时间定额和产量定额两种。

1. 时间定额

时间定额是指在一定的生产技术和生产组织条件下，某工种、某技术等级的工人小组或个人，完成单位合格产品所必须消耗的工作时间。

时间定额以"工日"为计量单位，如工日/m³、工日/m²、工日/m、工日/t 等，每一个工日工作时间按 8 小时（h）计算。

时间定额计算公式为

$$单位产品的时间定额（工日）= \frac{1}{每工产量}$$

以小组计算时，则为

$$单位产品的时间定额（工日）= \frac{小组成员工日数总和}{小组每班产量}$$

【例 2-1】 某工程人工挖地槽，挖土深度 1.5m，槽底宽 0.8m，1 工日挖土方量 0.42m³，则时间定额（工日）= 1 工日/0.42m³ = 2.381 工日/m³。

【例 2-2】 某工程基础挖土方，由 6 名力工组成施工小组，1 工日挖土方 19.02m³，则时间定额（工日）= 6/19.02m³/工日 = 0.315 工日/m³。

2. 产量定额

产量定额是指在一定的生产技术和生产组织条件下，某工种、某技术等级的工人小组或个人，在单位时间（工日）内完成合格产品的数量，也称为每工日产量。

产量定额的计量单位以单位时间的产品计量单位表示，如 m³/工日、m²/工日、m/工日、t/工日等。

产量定额计算公式为

$$每工日的产量定额 = \frac{1}{单位产品的时间定额（工日）}$$

以小组计算时，则为

$$小组台班的产量定额 = \frac{小组成员工日数总和}{单位产品的时间定额（工日）}$$

【例 2-3】 某工程人工挖地槽，挖土深度 3m，槽底宽 1.2m，土壤类别为一类土，人工挖土时间定额为 0.292 工日/m³，则每工日的产量定额 = 1/0.292 工日/m³ = 3.425m³/工日。

3. 时间定额和产量定额的关系

时间定额与产量定额互为倒数关系，即

$$时间定额 \times 产量定额 = 1$$

或

$$时间定额 = \frac{1}{产量定额}$$

【例2-4】 水泥砂浆抹预制板天棚的时间定额为1.15工日/10m²，则产量定额=1/时间定额=1/1.15工日/10m²=0.87·10m²/工日=8.70（m²/工日）。

4. 劳动定额的作用

（1）是制定预算定额的依据　确定建筑工程预算定额中的各施工过程或单位建筑产品的劳动力消耗量，是以劳动定额为基础的。劳动定额是建筑工程定额中最基本和最重要的组成部分。

（2）是计划管理的依据　施工单位的计划管理需编制年、季、旬生产计划、作业计划、施工进度计划、劳动工资计划等，确定上述计划的基本数据的根据是劳动定额。应当指出，施工单位编制的所有计划，应以本企业平均先进的劳动定额为依据。

（3）是衡量劳动生产率的标准　劳动定额是衡量施工单位、施工班组及个人的劳动生产率的唯一标准。随着施工工艺、技术、工具、设备的改进和劳动生产率的提高，劳动定额也需相应调整，以表示建筑业生产率的不断提高。

（4）是按劳分配和推行经济责任制的依据　施工单位施行计件工资和计时奖励制，均应以劳动定额为结算依据。施工单位签发施工任务书，规定各施工队职责范围的依据也是劳动定额，以使生产、计划、成果及分配统一起来，也使国家、集体与个人利益相一致。

（5）是推广先进技术和劳动竞赛的基本条件　以劳动定额为基础，可测定本单位、本班组及个人的生产率，找出差距和影响因素。采用先进技术，改进操作方法，开展班组之间和个人之间的劳动竞赛，均以劳动定额为依据，促进劳动生产率的提高。

（6）是施工单位经济核算的依据　施工单位考核与分析建筑产品的劳动量消耗，是以劳动定额为依据进行核算，并用来控制劳动消耗和产品的工时消耗，降低建筑产品中的人工费用消耗。

2.1.2 人工消耗量的确定方法

在全面分析了各种影响因素的基础上，通过计时观察法，可以获得定额的各种必须消耗时间。将这些时间进行归纳，有的是经过换算，有的是根据不同的工时规范附加，最后把各种定额时间加以综合和类比就是整个工作过程的人工消耗量。

1. 技术测定法

技术测定法是指应用测时法、写实记录法、工作日写实法获得工作时间的消耗数据，进而制定人工消耗定额的方法。劳动定额的表现形式有时间定额和产量定额两种，它们之间互为倒数关系，则拟定出时间定额，即可以计算出产量定额。

时间定额是在确定工序作业时间和规范时间的基础上制定的。

（1）确定工序作业时间　根据计时观察资料的分析和选择，可以获得各种产品的基本工作时间和辅助工作时间，将这两种时间合并称为工序作业时间。它是产品主要的必须消耗的工作时间，是各种因素的集中反映，决定着整个产品的定额时间。

1）拟定基本工作时间。基本工作时间在必须消耗的工作时间中占的比重最大。在确定基本工作时间时，必须细致、精确。基本工作时间消耗一般应根据计时观察资料来确定。其做法是，首先确定工作过程每一组成部分的工时消耗，然后综合出工作过程的工时消耗。如果组成部分的产品计量单位和工作过程的产品计量单位不符，就需要先求出不同计量单位的换算系数，进行产品计量单位的换算，然后再相加，以此求得工作过程的工时消耗。

① 各组成部分单位与最终产品单位一致时的基本工作时间计算。此时，单位产品基本工作时间就是施工过程各个组成部分作业时间的总和，计算公式为

$$T_1 = \sum_{i=1}^{n} t_i$$

式中　T_1——单位产品基本工作时间；

　　　t_i——各组成部分的基本工作时间；

　　　n——各组成部分的个数。

② 各组成部分单位与最终产品单位不一致时的基本工作时间计算。此时，各组成部分基本工作时间应分别乘以相应的换算系数。计算公式为

$$T_1 = \sum_{i=1}^{n} k_i \times t_i$$

式中　k_i——对应于t_i的换算系数。

【例 2-5】 砌砖墙勾缝的计量单位是平方米，但若将勾缝作为砌砖墙施工过程的一个组成部分，即将勾缝时间按砌墙厚度的砌体体积计算，设每平方米墙面所需的勾缝时间为 10min，试求各种不同墙厚每立方米砌体所需的勾缝时间。

解：

1）一砖厚的砖墙，其每立方米砌体墙面面积的换算系数为 $1m^2/0.24 = 4.17m^2$，则每立方米砌体所需的勾缝时间为 $4.17m^2 \times 10min/m^2 = 41.7min$。

2）标准砖尺寸为 240mm×115mm×53mm，灰缝宽 10mm，故 1 砖半墙的厚度 = 0.24m + 0.115m + 0.01m = 0.365m。

3）1 砖半厚的砖墙，其每立方米砌体墙面面积的换算系数为 $1m^2/0.365 = 2.74m^2$，则每立方米砌体所需的勾缝时间为 $2.74m^2 \times 10min/m^2 = 27.4min$。

2）拟定辅助工作时间。辅助工作时间的确定方法与基本工作时间相同。如果在计时观察时不能取得足够的资料，也可采用工时规范或经验数据来确定。如可以直接利用工时规范中规定的辅助工作时间的百分比来计算（表 2-1）。

表 2-1　木作工程各类辅助工作时间的百分率参考

工作项目	占工序作业时间（%）	工作项目	占工序作业时间（%）
磨跑刀	12.3	磨线刨	8.3
磨槽刨	5.9	锉锯	8.2
磨凿子	3.4		

（2）确定规范时间　规范时间内容包括工序作业时间以外的准备与结束时间、不可避免的中断时间及休息时间。

1）确定准备与结束时间。准备与结束时间分为工作日和任务两种。任务的准备与结束

时间通常不能集中在某一个工作日中，而要采取分摊计算的方法，分摊在单位产品的时间定额里。如果在计时观察资料中不能取得足够的准备与结束时间的资料，也可根据工时规范或经验数据来确定。

2）确定不可避免的中断时间。在确定不可避免的中断时间的定额时，必须注意是由工艺特点所引起的不可避免的中断才可列入工作过程的时间定额。不可避免的中断时间可以根据测时资料通过整理分析获得，也可以根据经验数据或工时规范，以占工作日的百分比表示此项工时消耗的时间定额。

3）拟定休息时间。休息时间应根据工作班作息制度、经验资料、计时观察资料，以及对工作的疲劳程度做全面分析来确定。同时，应考虑尽可能利用不可避免的中断时间作为休息时间。

规范时间均可利用工时规范或经验数据确定，常用的参考数据见表2-2。

表2-2　准备与结束、休息、不可避免中断时间占工作班时间的百分率参考

序号	工种	准备与结束时间占工作时间（%）	不可避免的中断时间占工作时间（%）	休息时间占工作时间（%）
1	材料运输及材料加工	2	2	13~16
2	人力土方工程	3	2	13~16
3	架子工程	4	2	12~15
4	砖石工程	6	4	10~13
5	抹灰工程	6	3	10~13
6	手工木作工程	4	3	7~10
7	机械木作工程	3	3	4~7
8	模板工程	5	3	7~10
9	钢筋工程	4	4	7~10
10	现浇混凝土工程	6	3	10~13
11	预制混凝土工程	4	2	10~13
12	防水工程	5	3	25
13	油漆玻璃工程	3	2	4~7
14	钢制品制作及安装工程	4	2	4~7
15	机械土方工程	2	2	4~7
16	石方工程	4	2	13~16
17	机械打桩工程	6	3	10~13
18	构件运输及吊装工程	6	3	10~13
19	水暖电气工程	5	3	7~10

（3）拟定定额时间　确定的基本工作时间、辅助工作时间、准备与结束时间、不可避免的中断时间与休息时间之和，就是劳动定额的时间定额。根据时间定额可计算出产量定额，时间定额和产量定额互为倒数。利用工时规范，可以计算劳动定额的时间定额。计算公式如下：

工序作业时间＝基本工作时间＋辅助工作时间

规范时间=准备与结束时间+不可避免的中断时间+休息时间

时间定额=基本工作时间+辅助工作时间+准备与结束时间+

不可避免的中断时间+休息时间

工序作业时间=基本工作时间+辅助工作时间

=基本工作时间/(1-辅助工作时间百分比)

$$时间定额 = \frac{工序作业时间}{1-规范时间百分比}$$

【例2-6】 通过计时观察资料得知：人工挖二类土 $1m^3$ 的基本工作时间为6h，辅助工作时间占工序作业时间的2%。准备与结束时间、不可避免的中断时间、休息时间分别占工作日的3%、2%、18%。则该人工挖二类土的时间定额是多少？

解：

根据题意，人工挖二类土 $1m^3$ 的基本工作时间为6h，即为0.75工日/m^3。

工序作业时间=0.75工日/m^3/(1-2%)=0.765工日/m^3。

时间定额=0.765工日/m^3/(1-3%-2%-18%)=0.994工日/m^3。

【例2-7】 某型钢支架工作，测时资料表明，焊接每吨型钢支架需基本工作时间为50h，辅助工作时间、准备与结束时间、不可避免的中断时间、休息时间分别占工作延续时间的3%、2%、2%、16%。试确定焊接T型钢支架的人工时间定额和产量定额。

解：

基本工作时间按工日计算，所以50h转为按8h计算的工日就是50h/8h。

时间定额为：(50/8)工日/t/[1-(3%+2%+2%+16%)]=8.12工日/t。

产量定额为：1/8.12工日/t=0.12t/工日。

【例2-8】 已知人工连续挖 $1m^3$ 土方需基本工作时间90min，辅助工作时间、准备与结束时间、不可避免的中断时间、休息时间分别占工作班延续时间的2%、2%、1.5%、20.5%。则完成 $1m^3$ 土方需要的定额时间是多少？

解：

基本工作时间按工日计算，所以90min转为按8h计算的工日就是90min/60min/8h。

定额时间=(90/60/8)工日/m^3/[1-(2%+2%+1.5%+20.5%)]=0.25工日/m^3。

2. 比较类推法

比较类推法也称典型定额法，是以某同类型定额项目的水平或技术测定的实际消耗工时为依据，经过分析比较，类推出同一组定额中相邻项目时间定额的方法。例如：已知挖一类土地槽槽底宽和不同槽深的时间定额，根据各类土耗用工时的比例来推算挖二、三、四类土地槽的时间定额。

比较类推法的计算公式为

$$t = P \times t_o$$

式中 t——比较类推同类相邻定额项目的时间定额；

P——各同类相邻项目耗用工时的比例（以典型项目为1）；

t_o——典型项目的时间定额。

这种方法的优点是简便、工作量少，只要典型定额选择恰当，切合实际，具有代表性，类推出的定额水平一般比较合理；缺点是如果典型选择不当，整个系列定额都会有偏差，计算结果有的需要做一定调整。这种方法适用于定额测定比较困难，同类型项目产品品种多，批量少的施工过程。如现行的建设工程劳动定额中，挖地槽（沟）土方时间定额项目（表）就是利用这种方法编制的（表2-3）。

表2-3 挖地槽（沟）土方时间定额项目　　　　　　　　单位：工日/m³

定额编号	AB0009	AB0010	AB0011
项目	底宽≤1.5m		
	深度≤3m	深度≤4.5m	深度≤6m
一类土	0.255	0.331	0.407
二类土	0.353	0.429	0.505
三类土	0.536	0.612	0.688
四类土	0.780	0.856	0.932

【例2-9】 已知挖一类土地槽，槽底宽在1.5m以内且不同槽深的时间定额见表2-3，推算挖二、三、四类土地槽的时间定额（一类土与二、三、四类土的比例关系分别为1.384、2.102、3.06）。

解：

挖四类土槽底宽为1.5m以内，深度为3m以内的时间定额为

$$t_4 = P_4 \times t_0 = 3.06 \times 0.255 \text{ 工日/m}^3 = 0.780 \text{ 工日/m}^3$$

其余项目时间定额均如此计算，见表2-3。

3. 统计分析法

统计分析法是根据一定时期内生产同类建筑产品各工序的实际工时消耗统计资料，结合当前生产技术组织条件的变化因素，进行分析研究、整理和修正从而制定定额的方法。

采用统计分析法需要以准确的原始记录和统计工作为基础，并且选择正常的及一般水平的施工单位与班组，同时还要选择部分先进和落后的施工单位与班组进行分析和比较。

如果过去的统计数据中包括某些不合理的因素，水平可能偏于保守，为了使定额保持平均先进水平，可从统计资料中求出平均先进值，其计算步骤如下：

1）删除统计资料中特别偏高、偏低及明显不合理的数据。
2）计算出算术平均值。
3）在工时统计数组中，取小于上述算术平均值的数组，再计算其平均值，即所求的平均先进值。

【例2-10】 已知由统计得来的工时消耗资料统计数组：10、25、30、35、40、50、40、60、45、55、80，计算平均先进值。

解：

上组数据中10和80是明显偏低和偏高的数，应删除。

$$\text{算数平均值} = \frac{25+30+35+40+50+40+60+45+55}{9} = 42.2$$

从数组中选出小于算数平均值42.2的数，求平均先进值，则

$$\text{平均先进值} = \frac{25+30+35+40+40}{5} = 34$$

计算所得平均先进值，也就是定额水平的依据。

4. 经验估计法

经验估计法，一般是定额专业测定人员、工程技术人员和从事施工生产、施工管理丰富经验的工人代表，参照施工图样、施工验收规范等有关技术资料，通过座谈讨论、分析研究和计算而制定定额的方法。

这种方法的优点是定额制定较为简单，易于掌握，工作量小，时间短，不需要具备更多的技术条件；缺点是主观因素影响大，技术数据不足，准确性差。这种方法只适用于批量小，不易计算工作量的生产过程。

课证融通小测

一、单选题

1. 劳动定额的主要表现形式是时间定额，但同时也表现为产量定额，时间定额与产量定额的关系是（　　）。
   A. 独立关系　　　　B. 正比关系　　　　C. 互为相反关系　　　　D. 互为倒数

2. 已知每平方米砖墙的勾缝时间为 8min，则每立方米 1 砖半厚墙所需的勾缝时间为（　　）min。
   A. 12.00　　　　B. 21.92　　　　C. 22.22　　　　D. 33.33

3. 若完成 1m³ 墙体砌筑工作的基本工时为 0.5 工日，辅助工作时间占工序作业时间的 4%。准备与结束时间、不可避免的中断时间、休息时间分别占工作时间的 6%、3% 和 12%，该工程时间定额为（　　）工日/m³。
   A. 0.581　　　　B. 0.608　　　　C. 0.629　　　　D. 0.659

4. 通过计时观察，完成某工程的基本工时为 6h/m³，辅助工作时间为工序作业时间的 8%。规范时间占工作时间的 15%，则完成该工程的时间定额是（　　）工日/m³。
   A. 0.93　　　　B. 0.94　　　　C. 0.95　　　　D. 0.96

5. 据计时观测资料得知：每平方米标准砖墙勾缝时间为 10min，辅助工作时间占工序作业时间的比例为 5%，准备与结束时间、不可避免的中断时间、休息时间占工作班时间的比例分别为 3%、2%、15%。则砌体标准砖厚砖墙勾缝的产量定额为（　　）m³/工日。
   A. 8.621　　　　B. 8.772　　　　C. 9.174　　　　D. 14.493

6. 某瓦工班组 15 人，砌一砖半厚砖基础，需 6d 完成，砌筑砖基础的定额为 1.25 工日/m³，该班组完成的砌筑工程量是（　　）。
   A. 112.5m³　　　　B. 90m³/工日　　　　C. 80m³/工日　　　　D. 72m³

二、多选题

1. 劳动定额时间的组成内容包括（　　）。
   A. 基本工作时间　　　　　　　　B. 辅助工作时间
   C. 准备与结束时间　　　　　　　D. 不可避免的浪费时间

2. 劳动定额的表现形式有（　　）。
   A. 工期定额　　　　B. 时间定额　　　　C. 产量定额　　　　D. 施工定额

模块2 人工、材料、机械台班消耗量的确定

任务2.1 工作任务单

1. 学生任务分配表

班级		组号		指导教师	
组长		学号			
组员（姓名、学号）					
任务分工					

47

2. 人工消耗量计算

组号		姓名		学号	
工作目标		（1）根据计算方案和任务分工，完成人工消耗量计算 （2）讨论分析计算数据，并进行修正			

3. 评价表

姓名：	组号：		任务：	
评价内容	评价标准	自评	小组互评	教师评价
职业素养 (20分)	(1) 学习态度积极，能主动思考问题，能有计划地组织小组成员完成工作任务，有良好的团队合作意识，遵章守纪，计20分 (2) 学习态度较积极，能主动思考问题，能配合小组成员完成工作任务，遵章守纪，计15分 (3) 学习态度端正，主动思考能力欠缺，能配合小组成员完成工作任务，遵章守纪，计10分 (4) 学习态度不端正，不参与团队任务，计0分			
成果 (80分)	计算（校核、审核）无误，无返工，计算表格规范，字迹工整，计80分，如有错误按以下标准扣分，扣完为止： (1) 计算（校核、审核）有错误，每返工一次扣20分 (2) 字迹不工整，酌情扣分，最多扣15分			
综合得分				
备注：综合得分 = 自评分×30%＋小组互评分×40%＋教师评价分×30%				

任务2.2 材料消耗量的确定

知识目标

1. 了解材料的分类。
2. 掌握砌体材料消耗量的确定方法。（重点、难点）
3. 掌握块料面层消耗量的确定方法。（重点、难点）
4. 了解周转性材料消耗量的确定方法。

能力目标

1. 具备正确确定砌体材料消耗量的能力。
2. 具备正确确定块料面层消耗量的能力。

任务导入

某地为推进新农村建设，修建了住宅，其中墙体部分采用灰砂砖砌筑，部分采用混凝土空心砌块砌筑，地面装修采用大理石。为做好材料采购管理，现需要完成以下任务中关于材料的用量计算。

任务一：计算砌 $1m^3$ 1 砖厚灰砂砖墙（尺寸为 240mm×115mm×53mm）的砖和砂浆的净用量与消耗量，标准砖、砂浆的损耗率均为 1.5%。

任务二：用水泥砂浆贴 450mm×450mm×10mm 大理石地面，结合层厚 50mm，灰缝宽 1mm，大理石损耗率为 3%，砂浆损耗率为 1.7%，计算每 $100m^2$ 地面的大理石和砂浆的消耗量。

任务三：某框架结构填充墙采用混凝土空心砌块砌筑，砌块尺寸为 390×190×190mm，墙厚 190mm，砌块损耗率为 1%，砂浆灰缝宽为 10mm，砂浆损耗率为 1.5%。求每 $1m^3$ 厚度为 190mm 的墙体砌块净用量与消耗量，以及砂浆的消耗量。

2.2.1 材料的分类

合理确定材料消耗定额，必须研究和区别材料在施工过程中的类别。

1. 根据材料消耗的性质划分

施工中材料的消耗可分为必须的材料消耗和损失的材料消耗两类。

必须消耗的材料是指在合理使用材料的条件下，生产单位和各产品所必须消耗的材料数量。它包括直接用于建筑和工程的材料、不可避免的施工废料和不可避免的材料损耗。其中，直接构成建筑安装工程实体的材料用量称为材料净用量；不可避免的施工废料和材料损耗数量，称为材料损耗量。

材料的消耗量由材料净用量和材料损耗量组成，即

$$材料消耗量=材料净用量+材料损耗量$$

材料损耗量用材料损耗率（%）来表示，即材料损耗量与材料净用量的比值，即

$$材料损耗率 = \frac{材料损耗量}{材料净用量} \times 100\%$$

材料损耗率确定后，材料消耗定额就可用下式表示：

$$材料消耗量 = 材料净用量 \times (1+材料损耗率)$$

部分原材料、半成品、成品损耗率（%）详见表 2-4。

表 2-4 部分原材料、半成品、成品损耗率

材料名称	工程项目	损耗率（%）	材料名称	工程项目	损耗率（%）
普通黏土砖	地面、屋面、空花（斗）墙	1.5	水泥砂浆	抹灰及墙裙	2
普通黏土砖	基础	0.5	水泥砂浆	地面、屋面、构筑物	1
普通黏土砖	实砌墙体	1	混凝土（现浇）	二次灌浆	3
白瓷砖		3.5	混凝土（现浇）	地面	1
陶瓷锦砖		1.5	混凝土（现浇）	其余部分	1.5
面砖、缸砖		2.5	细石混凝土		1
水磨石板		1.5	钢筋（预应力）	后张吊车梁	13
大理石板		1.5	钢筋（预应力）	先张高强钢丝	9
水泥瓦、黏土瓦		3.5	钢材	其他部分	6
石棉波形瓦（板瓦）		4	铁件	成品	1
砂	混凝土、砂浆	3	小五金	成品	1
白石子		4	木材	窗扇、框（包括配料）	6
砾（碎）石		3	木材	屋面板平口制作	4.4
乱毛石	砌墙	2	木材	屋面板平口安装	3.3
方整石	砌体	3.5	木材	木栏杆及扶手	4.7
碎砖、炉（矿）渣		1.5	木材	封檐板	2.5
珍珠岩粉		4	模板制作	各种混凝土	5
生石膏		2	模板安装	工具式钢模式板	1
水泥		2	模板安装	支撑系统	1
砌筑砂浆	砖、毛方石砌体	1	胶合板、纤维板、吸声板	顶棚、间壁	5
砌筑砂浆	空斗墙	5	石油沥青		1
砌筑砂浆	多孔砖墙	1	玻璃	配制	15
砌筑砂浆	加气混凝土块	2	石灰砂浆	抹顶棚	1.5
混合砂浆	抹顶棚	3	石灰砂浆	抹墙及墙裙	1
混合砂浆	抹灰及墙裙	2	水泥砂浆	抹顶棚、梁、柱腰线、挑檐	2.5

2. 根据材料消耗与工程实体的关系划分

根据材料消耗与工程实体的关系划分，施工中的材料可分为实体材料和非实体材料两类。

实体材料是指直接构成工程实体的材料，包括工程直接性材料和辅助性材料。工程直接性材料主要是指一次性消耗、直接用于工程并构成建筑物或结构本体的材料，如钢筋混凝土柱中的钢筋、水泥、砂、碎石等；辅助性材料主要是指虽也是施工过程中被一次性消耗的，但却并不构成建筑物或结构本体的材料。如土石方爆破工程中所需的炸药、引信、雷管等。主要材料用量大，辅助材料用量少。

非实体材料是指在施工中必须使用但又不能构成工程实体的施工措施性材料。非实体材料主要是指周转性材料，如模板、脚手架、支撑等。

2.2.2 材料消耗量的确定方法

确定实体材料的净用量定额和材料损耗定额的计算数据，是通过现场技术测定法、实验室试验法、现场统计法和理论计算法等方法获得的。

1. 现场技术测定法

现场技术测定法又称为观测法，是根据对材料消耗过程的测定与观察，通过完成产品数量和材料消耗量的计算，从而确定各种材料消耗定额的一种方法。现场技术测定法主要适用于确定材料损耗量，因为该部分数值用统计法或其他方法较难得到。通过现场观察，还可以区别出哪些是可以避免的损耗，哪些是属于难以避免的损耗，明确定额中不应列入的可以避免的损耗。

2. 实验室试验法

实验室试验法主要用于编制材料净用量定额。通过试验，能够对材料的结构、化学成分和物理性能，以及按强度等级控制的混凝土、砂浆、沥青、油漆等配比做出科学的结论，给编制材料消耗定额提供有技术根据的、比较精确的计算数据。其缺点是无法估计施工现场某些因素对材料消耗量的影响。

3. 现场统计法

现场统计法是以施工现场积累的分部分项工程的使用材料数量、完成产品数量、完成工作原材料的剩余数量等统计资料为基础，经过整理、分析，获得材料消耗的数据。这种方法由于不能分清材料消耗的性质，因而不能作为确定材料净用量定额和材料损耗定额的依据，只能作为编制定额的辅助性方法使用。

上述三种方法的选择必须符合国家现行有关标准规范，即材料的产品标准，计量要使用标准容器和称量设备，质量符合现行施工验收规范要求，以保证获得可靠的定额编制依据。

4. 理论计算法

理论计算法是运用一定的数学公式计算材料消耗量。

（1）砌体材料用量的计算　如每立方米砖墙的用砖数量和砌筑砂浆的用量，可用下列理论计算公式计算各自的净用量：

用砖数
$$A = \frac{1}{墙厚 \times (砖长 + 灰缝) \times (砖厚 + 灰缝)} \times k$$

式中　k——墙厚的砖数×2（分母体积中砌块的数量）。

砂浆用量

$$B = 1 - 砖数 \times 砌块体积$$

材料的损耗一般以损耗率表示。材料损耗率可以通过现场技术测定法或现场统计法确定。材料损耗率及材料损耗量的计算通常采用以下公式：

$$损耗率 = \frac{损耗量}{净用量} \times 100\%$$

$$总损耗量 = 净用量 + 损耗量 = 净用量 \times (1+损耗率)$$

【例 2-11】 计算 $1m^3$ 标准砖 1 砖外墙砌体砖数和砂浆的消耗量。已知灰缝宽 10mm，砖损耗率为 1%，砂浆损耗率为 1%。

解：

1）标准砖的净用量：

$$每1m^3 砖墙标准砖净用量 = \frac{1}{0.24 \times (0.24+0.01) \times (0.053+0.01)} \times 1 \times 2 \text{ 块}$$

$$= 529.1 \text{ 块}$$

2）标准砖消耗量：

$$每1m^3 砖墙标准砖消耗量 = 529.1 \times (1+1\%) \text{ 块} = 534.4 \text{ 块}$$

3）砂浆净用量：

$$每1m^3 砖墙砂浆净用量 = 1m^3 - 529.1 \times (0.24 \times 0.115 \times 0.053) m^3 = 0.226 m^3$$

4）砂浆消耗量：

$$每1m^3 砖墙砂浆消耗量 = 0.226 \times (1+1\%) m^3 = 0.228 m^3$$

【例 2-12】 计算尺寸为 390mm×190mm×190mm 的 $1m^3$ 厚 190mm 混凝土空心砌块墙的砌块和砂浆的消耗量，已知灰缝宽为 10mm，砌块损耗率为 1.8%，砂浆损耗率为 1.8%。

解：

1）每 $1m^3$ 砌体空心砌块净用量 $= \dfrac{1}{0.19 \times (0.39+0.01) \times (0.19+0.01)} \times 1 \text{ 块}$

$$= \frac{1}{0.19 \times 0.40 \times 0.20} \text{ 块} = 65.8 \text{ 块}。$$

2）每 $1m^3$ 砌体空心砌块消耗量 $= 65.8 \times (1+1.8\%) \text{ 块} = 67.0 \text{ 块}$。

3）每 $1m^3$ 砌体砂浆净用量 $= 1m^3 - 65.8 \times 0.19 \times 0.19 \times 0.39 m^3 = 0.074 m^3$。

4）每 $1m^3$ 砌体砂浆消耗量 $= 0.074 \times (1+1.8\%) m^3 = 0.075 m^3$。

（2）块料面层的材料用量的计算 每 $100m^2$ 面层块料数量、灰缝及结合层材料用量计算公式如下：

$$100m^2 块料净用量(块) = \frac{100}{(块料长+灰缝宽) \times (块料宽+灰缝宽)}$$

$$100m^2 灰缝材料净用量 = [100 - (块料长 \times 块料宽 \times 100m^2 块料净用量)] \times 灰缝深$$

$$结合层材料用量 = 100m^2 \times 结合层厚度$$

【例 2-13】 用 1:1 水泥砂浆贴 150mm×150mm×5mm 瓷砖墙面，结合层厚度为 10mm，试计算每 $100m^2$ 瓷砖墙面中瓷砖和砂浆的消耗量（灰缝宽度为 2mm）。假设瓷砖损耗率为 1.5%，砂浆损耗率为 1%。

解：

1）每 $100m^2$ 瓷砖墙面中瓷砖的净用量 $= \dfrac{100}{(0.15+0.002) \times (0.15+0.002)} \text{ 块} = 4328.25 \text{ 块}$

2) 每100m² 瓷砖墙面中瓷砖的消耗量=4328.25×(1+1.5%)块=4393.17 块。

3) 每100m² 瓷砖墙面中结合层砂浆净用量=100×0.01m³=1m³。

4) 每100m² 瓷砖墙面中灰缝砂浆净用量=[100−(4328.25×0.15×0.15)]×0.005m³=0.013m³。

5) 每100m² 瓷砖墙面中水泥砂浆总消耗量=(1+0.013)×(1+1%)m³=1.02m³。

2.2.3 周转性材料消耗量的确定

周转性材料是指在施工过程中不是一次性消耗的材料，而是可多次周转使用，经过修理、补充才逐渐耗尽的材料，如模板、脚手架、挡土板等。

周转性材料消耗量的定额消耗量是指周转性材料每使用一次摊销的数量，其计算必须考虑一次使用量、周转次数、周转使用量、回收量和摊销量间的关系。

1. 现浇混凝土构件周转性材料（木模板）用量计算

（1）一次使用量　一次使用量是指周转性材料一次投入量。周转性材料的一次使用量根据施工图计算，其用量与各分部分项工程部位、施工工艺和施工方法有关。其计算公式为：

一次使用量=混凝土构件模板接触面积×每1m² 接触面积模板用量×(1+损耗率)

（2）周转次数　周转次数是指周转性材料在补损条件下可以重复使用的次数。

（3）周转使用量　周转使用量是指周转性材料在周转使用和补损条件下，每周转一次的平均需用量。周转性材料在周转过程中，其投入使用总量和周转使用量分别为：

投入使用总量=一次使用量+一次使用量×(周转次数−1)×损耗率

$$周转使用量=\frac{投入使用总量}{周转次数}$$

$$=\frac{一次使用量+一次使用量×(周转次数-1)×损耗率}{周转次数}$$

$$=\frac{一次使用量×[1+(周转次数-1)×损耗率]}{周转次数}$$

其中

$$损耗率=\frac{平均每次耗用量}{一次使用量}$$

若设

$$周转使用系数\ k_1=\frac{[1+(周转次数-1)]×损耗率}{周转次数}$$

则

周转使用量=一次使用量×k_1

（4）回收量　回收量是指周转性材料每周转一次后，可以平均回收的数量，计算公式为：

$$回收量=\frac{周转使用最终回收量}{周转次数}$$

$$=\frac{一次使用量-(一次使用量×损耗率)}{周转次数}$$

$$=\frac{一次使用量×(1-损耗率)}{周转次数}$$

（5）摊销量　摊销量是指为完成一定计量单位建筑产品，一次所需要摊销的周转性材料的数量。

$$摊销量 = 周转使用量 - 回收量 \times 回收折价率$$

$$= \frac{一次使用量 \times k_1 - 一次使用量 \times (1-损耗率)}{周转次数 \times 回收折价率}$$

$$= \frac{一次使用量 \times k_1 - (1-损耗率)}{周转次数 \times 回收折价率}$$

若设

$$摊销量系数\ k_2 = \frac{k_1 - (1-损耗率)}{周转次数 \times 回收折价率}$$

则

$$摊销量 = 一次使用量 \times k_2$$

损耗率是指周转性材料使用一次后，由于损坏需要补损的量与一次使用量之比。回收折价率是指周转性材料在最后一次使用完后，其回收的残余材料价值与原材料价值之比。

2. 现浇混凝土构件周转材料（组合钢模板、复合木模板）摊销量计算

组合钢模板、复合木模板属于周转使用材料，但其摊销量与现浇构件木模板计算方法不同，它不需要计算每次周转的损耗，根据一次使用量及周转次数即可计算出其摊销量。其计算公式如下：

$$周转材料摊销量 = [100\text{m}^2 一次使用量 \times (1+施工损耗率)] 周转次数$$

3. 预制构件模板摊销量计算

预制混凝土构件的模板虽属周转使用材料，但由于损耗很少，因此按照多次使用平均分摊的方法计算，即不需要计算每次周转的损耗，根据一次使用量及周转次数就可算出摊销量。其计算公式如下：

$$预制构件模板摊销量 = \frac{一次使用量}{周转次数}$$

【例2-14】　根据选定的预制过梁标准图集计算，每立方米构件的模板接触面积为 12.45m^2，模板木材一次使用量为 0.438m^3，模板周转次数为10次，试计算预制构件木模板的摊销量。

解：
预制过梁木模板摊销量 $= 0.438\text{m}^3/10 = 0.044\text{m}^3$。

单选题

1. 用水泥砂浆砌筑 2m^3 砖墙，标准砖（尺寸为240mm×115mm×53mm）的总耗用量为1113块。已知砖的损耗率为5%，则标准砖、砂浆的净用量分别为（　　）。

A. 1057块、0.372m^3　　　　　　　　B. 1057块、0.454m^3

C. 1060块、0.372m^3　　　　　　　　D. 1060块、0.449m^3

2. 在对材料消耗过程测定与观察的基础上，通过完成产品数量和材料消耗量的计算而确定各种材料消耗定额的方法是（　　）。

A. 实验室试验法 B. 现场技术测定法
C. 现场统计法 D. 理论计算法

3. 正常施工条件下，完成单位合格建筑产品所需某材料的不可避免损耗量为 0.90kg。已知该材料的损耗率为 7.20%，则其总消耗量为（　　）kg。

A. 13.50　　　　B. 13.40　　　　C. 12.50　　　　D. 11.60

4. 砌筑 1 砖厚砖墙，灰缝宽度为 10mm，砖的施工损耗率为 1.5%，场外运输损耗率为 1%。砖的规格为 240mm×115mm×53mm，则每立方米砖墙工程中砖的定额消耗量为（　　）块。

A. 515.56　　　B. 520.64　　　C. 537.04　　　D. 542.33

5. 在确定材料定额消耗量时，建筑工程必须消耗的材料不包括（　　）。

A. 直接用于建筑工程的材料　　　　B. 不可避免的施工废料
C. 不可避免的场外运输损耗材料　　D. 不可避免的场内堆放损耗材料

6. 地砖规格为 200mm×200mm，灰缝宽度为 1mm，其损耗率为 1.5%，则 100m² 地面地砖消耗量为（　　）。

A. 2475 块　　　B. 2513 块　　　C. 2500 块　　　D. 2462.5 块

任务2.2 工作任务单

1. 学生任务分配表

班级		组号		指导教师	
组长		学号			
组员 (姓名、学号)					
任务分工					

2. 材料消耗量计算

组号		姓名		学号	
工作目标		（1）根据计算方案和任务分工，完成材料消耗量计算 （2）讨论分析计算数据，并进行修正			

任务一：

任务二：

任务三：

案例详解

3. 评价表

姓名：		组号：		任务：
评价内容	评价标准	自评	小组互评	教师评价
职业素养（20分）	（1）学习态度积极，能主动思考问题，能有计划地组织小组成员完成工作任务，有良好的团队合作意识，遵章守纪，计20分 （2）学习态度较积极，能主动思考问题，能配合小组成员完成工作任务，遵章守纪，计15分 （3）学习态度端正，主动思考能力欠缺，能配合小组成员完成工作任务，遵章守纪，计10分 （4）学习态度不端正，不参与团队任务，计0分			
成果（80分）	计算（校核、审核）无误，无返工，计算表格规范，字迹工整，计80分，如有错误按以下标准扣分，扣完为止： （1）计算（校核、审核）有错误，每返工一次扣20分 （2）字迹不工整，酌情扣分，最多扣15分			
综合得分				
备注：综合得分=自评分×30%+小组互评分×40%+教师评价分×30%				

任务2.3　机械台班消耗量的确定

知识目标

1. 掌握施工机械台班消耗量的基本概念。
2. 掌握机械台班时间定额、产量定额的基本概念及两者之间关系。（重点）
3. 掌握施工机械台班消耗量的确定方法。（重点、难点）

能力目标

1. 具备确定机械 1h 纯工作正常生产率的能力。
2. 具备确定施工机械的正常利用系数的能力。
3. 具备确定施工机械台班消耗量的能力。

任务导入

实现乡村振兴一直是小张的理想，大学毕业后小张回到家乡创业办民宿，需要新盖客房。经计算，一间客房的混凝土柱梁板的体积为 14.76m^3。相关技术资料测定如下：搅拌机每一次搅拌的时间消耗分别为：装料时间消耗为 50s，运料时间消耗为 180s，卸料时间消耗为 40s，不可避免中断时间为 20s；此外，机械正常利用系数为 0.9，混凝土损耗率为 1.5%。试计算小张的民宿一间客房的混凝土用量及混凝土搅拌机台班用量。

2.3.1　施工机械台班消耗量概述

施工机械台班消耗定额，简称机械台班定额，是指施工机械在正常的施工条件下，合理、均衡地组织劳动和使用机械时，该机械在单位时间内的生产效率。施工机械台班定额按其表现形式不同，可以分为机械台班时间定额和机械台班产量定额两种。

1. 机械台班时间定额

机械台班时间定额是指在合理的劳动组织与合理使用机械的条件下，生产某一单位合格产品所必需消耗的机械台班数量，计算单位用"台班"或"台时"来表示。工人使用一台机械，工作一个工作班称为一个台班，它既包括机械本身的工作，又包括使用该机械的工人的工作。

所谓"台班"就是一台机械工作一个工作班，即工作 8h。

2. 机械台班产量定额

机械台班产量定额是指在合理的劳动组织与合理使用机械的条件下，规定某种机械设备在单位时间内必须完成合格产品的数量，其计量单位是以产品的计量单位来表示的。

机械台班时间定额与机械台班产量定额是互为倒数关系的，即

$$机械台班时间定额(台班) = \frac{1}{机械台班产量定额}$$

3. 机械台班人工配合定额

使用机械必须由工人小组配合，机械台班人工配合定额是指机械台班配合用工部分，即

机械和人工共同工作时的人工定额。用公式表示如下：

$$时间定额 = \frac{机械台班内工人的总工日数}{机械的台班产量}$$

$$机械台班产量定额 = \frac{机械台班内工人的总工日数}{机械时间定额}$$

【例 2-15】 用塔式起重机安装某混凝土构件，由 1 名起重机司机、6 名安装起重工、3 名电焊工组成的小组共同完成。已知机械台班产量定额为 50 根。试计算吊装每一根构件的机械台班时间定额、人工时间定额和台班产量定额（人工配合）。

解：

1) 吊装装配每一根混凝土构件的机械台班时间定额 = $\frac{1}{机械台班产量定额}$ = 1 台班/50 根 = 0.02 台班/根。

2) 吊装每一根构件的人工时间定额 = (1+6+3) 工日/50 根 = 0.2 工日/根。

3) 台班产量定额(人工配合) = 1/0.2 工日/根 = 5 根/工日。

2.3.2 机械台班消耗量的确定方法

1. 确定机械 1h 纯工作正常生产率

机械纯工作时间，就是指机械的必需消耗时间。机械 1h 纯工作正常生产率，就是在正常施工组织条件下，具有必需的知识和技能的技术工人操纵机械 1h 的生产率。

根据机械工作特点的不同，机械 1h 纯工作正常生产率的确定方法，也有所不同。

1) 对于循环动作机械，确定机械纯工作 1h 正常生产率的计算公式如下：

机械一次循环的正常延续时间 = ∑（循环各组成部分正常延续时间）-交叠时间

$$机械纯工作 1h 循环次数 = \frac{60 \times 60 s}{一次循环的正常延续时间}$$

机械纯工作 1h 正常生产率 = 机械纯工作 1h 正常循环次数 × 一次循环生产的产品数量

2) 对于连续动作机械，确定机械纯工作 1h 正常生产率要根据机械的类型和结构特征，以及工作过程的特点来进行。计算公式如下：

$$连续动作机械纯工作 1h 正常生产率 = \frac{工作时间内生产的产品数量}{工作时间}$$

工作时间内的产品数量和工作时间的消耗，要通过多次现场观察和机械说明书来取得数据。

2. 确定施工机械的正常利用系数

确定施工机械的正常利用系数，是指机械在工作班内对工作时间的利用率。机械的正常利用系数和机械在工作班内的工作状况有着密切的关系。所以，要确定机械的正常利用系数，首先要拟定机械工作班的正常工作状况，保证合理利用工时。机械正常利用系数的计算公式如下：

$$机械正常利用系数 = \frac{机械在一个工作班内纯工作时间}{一个工作班延续时间(8h)}$$

3. 计算施工机械台班

计算施工机械台班是编制机械消耗量工作的最后一步。在确定了机械工作正常条件、机械 1h 纯工作正常生产率和机械正常利用系数之后，采用下列公式计算施工机械的产量定额：

施工机械台班产量定额=机械1h纯工作正常生产率×工作班纯工作时间

施工机械台班产量定额=机械1h纯工作正常生产率×工作班延续时间×机械正常利用系数

$$施工机械时间定额 = \frac{1}{施工机械台班产量定额}$$

【例2-16】 某工厂现场采用出料容量为500L的混凝土搅拌机,每一次循环中,装料、搅拌、卸料、中断需要的时间分别为1min、3min、1min、1min,机械正常利用系数为0.9,求该机械的台班产量定额。

解:

该搅拌机一次循环的正常延续时间=1min+3min+1min+1min=6min=0.1h。

该搅拌机纯工作1h循环次数=1h/0.1h=10。

该搅拌机纯工作1h正常生产率=10×500L=5000L=5m³。

该搅拌机台班产量定额=5×8×0.9m³/台班=36m³/台班。

单选题

1. 某出料容量为750L的砂浆搅拌机,每一次循环工作中,运料、装料、搅拌、卸料、中断需要的时间分别为150s、40s、250s、50s、40s,运料和其他时间的交叠时间为50s,机械正常利用系数为0.8。该机械的台班产量定额为( )m³/台班。

   A. 29.79　　　　B. 32.60　　　　C. 36.00　　　　D. 39.27

2. 某出料容量为750L的混凝土搅拌机,每循环一次的正常延续时间为9min,机械正常利用系数为0.9。按8h工作制考虑,该机械的台班产量定额为( )。

   A. 36m³/台班　　B. 40m³/台班　　C. 0.28台班/m³　　D. 0.25台班/m³

3. 施工机械台班产量定额=( )。

   A. 机械纯工作1台班正常生产率×工作班延续时间×机械正常利用系数

   B. 机械纯工作1h正常生产率×工作班延续时间×机械正常利用系数

   C. 机械纯工作1d常生产率×工作班延续时间×机械正常利用系数

   D. 机械纯工作单位正常生产率×工作班延续时间×机械正常利用系数

4. 已知某挖土机挖土的一次正常循环工作时间是2min,每循环工作一次挖土0.5m³,工作班的延续时间为8h,机械正常利用系数为0.8,则其产量定额为( )m³/台班。

   A. 300　　　　　B. 150　　　　　C. 120　　　　　D. 96

模块2 人工、材料、机械台班消耗量的确定

任务2.3　工作任务单

1. 学生任务分配表

班级		组号		指导教师	
组长		学号			
组员 （姓名、学号）					
任务分工					

2. 施工机械台班消耗量计算

组号		姓名		学号	
工作目标		（1）根据计算方案和任务分工，完成施工机械台班消耗量计算 （2）讨论分析计算数据，并进行修正			

3. 评价表

姓名：		组号：		任务：
评价内容	评价标准	自评	小组互评	教师评价
职业素养 （20分）	（1）学习态度积极，能主动思考问题，能有计划地组织小组成员完成工作任务，有良好的团队合作意识，遵章守纪，计20分 （2）学习态度较积极，能主动思考问题，能配合小组成员完成工作任务，遵章守纪，计15分 （3）学习态度端正，主动思考能力欠缺，能配合小组成员完成工作任务，遵章守纪，计10分 （4）学习态度不端正，不参与团队任务，计0分			
成果 （80分）	计算（校核、审核）无误，无返工，计算表格规范，字迹工整，计80分，如有错误按以下标准扣分，扣完为止： （1）计算（校核、审核）有错误，每返工一次扣20分 （2）字迹不工整，酌情扣分，最多扣15分			
综合得分				
备注：综合得分＝自评分×30%＋小组互评分×40%＋教师评价分×30%				

【拓展阅读】

建筑施工现场模板材料降低损耗率的管理措施

1. 建筑施工现场模板材料损耗原因分析

（1）复合木板材本身质量不过关　常用的建筑模板材料其组成成分主要有木塑板、胶合板及竹胶板，整个模板系统通过背楞及板材构成。此类模板的加工性能非常优越，尤其在制作和组装异形结构时具有非常显著的优势。但目前建筑模板行业缺乏统一标准，市场中模板产品鱼龙混杂，很难有效分辨模板质量，使得施工单位出现购买回来的模板材料质量不过关，返工增加的情况，进而造成模板材料浪费问题严重，工程施工成本大大增加，对工程施工质量和周期造成影响。

（2）建筑模板制作、组装及拆除不规范　在建筑模板制作、组装及拆除过程中，引起其损耗的因素主要有三个方面，分别为人、施工设备及施工工艺。目前的施工设备已经较为完备，施工工艺也比较成熟，由于这两个方面引起的模板损耗已经非常低，因此人为因素是降低建筑施工现场模板材料损耗率的关键所在。

1) 施工方案原因。综合考虑工程具体特征，选用合适的模板种类，在此基础上合理设计模板施工方案，提升其可行性。在此环节，工程管理人员必须综合考虑各方面因素，根据相关理论来严格计算并校核建筑模板结构体系及其需要的数量，通过结构的优化尽可能降低模板使用量，以此来减小模板的损耗量。

2) 施工人员原因。对于不同的施工操作人员而言，即便是项目工程和方案相同，最终建筑模板的使用量及其损耗量差异也会非常大。基于此，有必要采取有效措施强化施工操作人员的技术水平及综合专业素养。

3) 管理人员原因。管理方式同样会显著影响建筑模板损耗情况，如果管理人员善于管理，则会选用切合实际的施工方案，同时认真贯彻落实相关规范标准进行施工，对施工操作人员进行有效监督，确保其制作、组装及拆除操作的合理性，实现建筑模板的综合利用，增加其循环利用次数。

2. 模板材料降低损耗率的管理措施

（1）对模板进行合理安装

（2）施工操作人员需要合理操作

1) 合理计算建筑模板用量。施工操作人员需要综合考虑现场具体情况来计算建筑模板用量，坚决禁止根据经验进行估算。如果建筑模板用量计算不科学，必然会使得建筑模板在购买与安装时出现人为损耗现象，进而影响建筑工程项目的施工质量与周期，但这些问题是本可以通过科学计算予以避免的。

2) 降低模板切割次数。模板具备多方面的优势，如切割方便、组合简便。但这也就导致了施工操作人员经常随意切割建筑模板，引起建筑模板的损耗。所以，操作人员需要结合实际情况并在相关管理人员的指导下对模板进行切割。在切割之前还需要做好理论计算工作，这样才可以确保切割工作的顺利进行。

3) 模板拆卸需谨慎。模板拆除过程中必须要小心谨慎，操作如果过于粗鲁，不但会严重影响混凝土本身质量，还会在一定程度上损耗建筑模板。另外，不同的建筑模板材料在拆卸时难易程度也存在差异，如某些模板材料与混凝土的黏结较为牢固，在拆卸时必然会损坏模板。

模块 3

人工、材料、机械台班单价的确定

素养目标

1. 在工作任务单的完成过程中，通过相互讨论、小组配合，培养团队合作精神。
2. 工作任务单设置评分标准，提高专业素养和解决问题的能力。
3. 在课证融通小测中，培养学生对未来执业资格的获取能力。
4. 在任务学习和拓展阅读中，培养学生认真严谨的学习态度和职业使命感。

任务 3.1　人工单价的组成及确定

知识目标

1. 了解人工日工资单价的概念。
2. 掌握人工日工资单价的组成。（重点）
3. 掌握人工日工资单价的确定方法。（重点、难点）
4. 熟悉人工日工资单价的影响因素。

能力目标

1. 具备计算人工日工资单价的能力。
2. 具备分析人工日工资单价组成的能力。

任务导入

湖南省某地区为响应新农村建设，当地政府部门准备对一些危房进行改造，积极吸纳当地建筑熟练工就业。经过市场测算，当地人工日工资标准如下：建筑企业生产工人计时工资为 55 元/工日，奖金为 5 元/工日，津贴补贴为 10 元/工日，加班工资为 5 元/工日，五险一金为 15 元/工日，特殊情况下支付的工资按 20% 的比例计提。试计算该地区的人工日工资单价。

3.1.1 人工日工资单价的概念及组成

人工日工资单价是指施工企业具备平均技术熟练程度的生产工人在每个工作日（国家法定工作时间内）按规定从事施工作业应得的日工资总额。

根据2020年《湖南省建设工程计价办法》（湘建价〔2020〕56号），人工日工资单价组成：

1) 计时工资或计件工资：是指按计时工资标准和工作时间或对已做工作按计件单价支付给个人的劳动报酬。

2) 奖金：是指对超额劳动和增收节支支付给个人的劳动报酬，如节约奖、劳动竞赛奖等。

3) 津贴补贴：是指为了补偿职工特殊或额外的劳动消耗和因其他特殊原因支付给个人的津贴，以及为了保证职工工资水平不受物价影响支付给个人的物价补贴。如流动施工津贴、特殊地区施工津贴、高温（寒）作业临时津贴、高空津贴等。

4) 加班加点工资：是指按规定支付的在法定节假日工作的加班工资和在法定日工作时间外延时工资的加点工资。

5) 特殊情况下支付的工资：是指根据国家法律、法规和政策规定，因病、工伤、产假、计划生育假、婚丧假、事假、探亲假、定期休假、停工学习、执行国家或社会义务等原因按计时工资标准或计时工资标准的一定比例支付的工资。

6) 五险一金：是指按规定支付的养老保险、失业保险、医疗保险、生育保险、工伤保险和住房公积金。

3.1.2 人工日工资单价确定方法

1. 年平均每月法定工作日

$$年平均每月法定工作日 = \frac{（全年日历日-法定假日）}{12} \quad (3\text{-}1)$$

式（3-1）中，法定假日指双休日和法定节日。

2. 日工资单价的计算

确定了年平均每月法定工作日后，将工资总额进行分摊，即形成了人工日工资单价。计算公式如下：

$$人工日工资单价 = \frac{生产工人平均月工资（计时、计件）+平均月（奖金+津贴补贴+加班加点工资+特殊情况下支付的工资+五险一金）}{年平均每月法定工作日}$$

$$(3\text{-}2)$$

3. 日工资单价的管理

虽然施工企业投标报价时可以自主确定人工费，但由于人工日工资单价在我国具有一定的政策性，因此工程造价管理机构确定日工资单价应根据工程项目的技术要求，通过市场调查并参考实物工程量人工单价综合分析确定，发布的普工、一般技工、高级技工的最低日工资单价分别不得低于工程所在地人力资源和社会保障部门所发布的最低工资标准的1.3倍、2倍、3倍。

【例3-1】已知某地区建筑企业生产工人计时工资80元/工日，奖金12元/工日，津贴补贴15元/工日，加班加点工资8元/工日，特殊情况下支付的工资按15%比例计提，五险一金 10 元/工日，试确定该地区人工日工资单价。

解：

人工日工资单价 = 80 元/工日 + 12 元/工日 + 15 元/工日 + 8 元/工日 + 80×0.15 元/工日 + 10 元/工日 = 137 元/工日。

3.1.3 影响人工日工资单价的因素

1）社会平均工资水平。建筑安装工人的人工日工资单价必然和社会平均工资水平趋同。社会平均工资水平取决于经济发展水平。由于经济的增长，社会平均工资也会增长，从而促进人工日工资单价的提高。

2）消费价格指数。消费价格指数的提高会影响人工日工资单价的提高，以缓解生活水平的下降，或维持原来的生活水平。消费价格指数的变动决定于物价的变动，尤其决定于消费品及服务价格水平的变动。

3）人工日工资单价的组成内容。2020年的《湖南省建设工程计价办法》（湘建价〔2020〕56号）将五险一金加入人工日工资单价中，这也必然影响人工日工资单价的变化。

4）劳动力市场供需变化。劳动力市场如果需求大于供给，人工日工资单价就会提高；供给大于需求，市场竞争激烈，人工日工资单价就会下降。

5）政府推行的社会保障和福利政策也会影响人工日工资单价的变动。

一、单选题

1. 根据国家相关法律、法规和政策规定，因停工学习、执行国家或社会义务等原因，按计时工资标准支付的工资属于人工日工资单价中的（　　）。

A. 基本工资　　　　　　　　　　B. 奖金
C. 津贴补贴　　　　　　　　　　D. 特殊情况下支付的工资

2. （　　）是指对超额劳动和增收节支支付给个人的劳动报酬。

A. 基本工资　　　　　　　　　　B. 奖金
C. 津贴补贴　　　　　　　　　　D. 特殊情况下支付的工资

3. 下列不属于人工日工资单价构成内容的是（　　）。

A. 计时工资或计件工资　　　　　B. 职工福利费
C. 奖金　　　　　　　　　　　　D. 津贴补贴

二、多选题

1. 影响定额中，人工日工资单价的因素包括（　　）。

A. 人工日工资单价的组成内容　　B. 社会工资差额
C. 劳动力市场供需变化　　　　　D. 社会最低工资水平
E. 政府推行的社会保障与福利政策

2. 下列费用项目中，应计入人工日工资单价的有（　　）。

A. 计件工资　　　　　　　　　　B. 劳动竞赛奖金
C. 劳动保护费　　　　　　　　　D. 流动施工津贴
E. 职工福利费

任务 3.1　工作任务单

1. 学生任务分配表

班级		组号		指导教师	
组长		学号			
组员 （姓名、学号）					
任务分工					

2. 人工日工资单价计算

组号		姓名		学号	
工作目标		（1）根据计算方案和任务分工，完成人工日工资单价的计算 （2）讨论分析计算数据，并进行修正			

3. 评价表

姓名：		组号：		任务：
评价内容	评价标准	自评	小组互评	教师评价
职业素养 （20分）	（1）学习态度积极，能主动思考问题，能有计划地组织小组成员完成工作任务，有良好的团队合作意识，遵章守纪，计20分 （2）学习态度较积极，能主动思考问题，能配合小组成员完成工作任务，遵章守纪，计15分 （3）学习态度端正，主动思考能力欠缺，能配合小组成员完成工作任务，遵章守纪，计10分 （4）学习态度不端正，不参与团队任务，计0分			
成果 （80分）	计算（校核、审核）无误，无返工，字迹工整，计80分，如有错误按以下标准扣分，扣完为止： （1）计算（校核、审核）有错误，每返工一次扣20分 （2）字迹不工整，酌情扣分，最多扣10分			
综合得分				
备注：综合得分=自评分×30%+小组互评分×40%+教师评价分×30%				

任务3.2 材料单价的组成及确定

1. 熟悉材料单价的概念。
2. 掌握材料单价的组成。(重点)
3. 掌握材料单价的确定方法。(重点、难点)
4. 熟悉材料单价变动的影响因素。

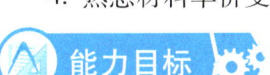

1. 具备计算材料单价的能力。
2. 具备分析材料单价组成的能力。

湖南省某地区为响应新农村建设,当地政府部门准备对一些危房进行改造。在改造过程中,打算将厕所原来的水泥地改造成防滑地面砖,该项目楼地面使用的陶瓷地面砖(200mm×200mm)购买数量及费用资料见表3-1,其运输损耗率为2%,采购保管费费率为2.5%,材料原价及运杂费均为不含税价格,计算陶瓷地面砖(200mm×200mm)每平方米的材料单价。

表3-1 陶瓷地面砖(200mm×200mm)购买数量及费用

货源地	数量/块	买价/(元/块)	运距/km	运输单价/(元/km·m²)	装卸费/(元/m²)	备注
甲地	18200	2.5	210	0.02	1.2	火车运输
乙地	9800	2.4	65	0.04	1.5	汽车运输
丙地	10000	2.3	70	0.03	1.4	汽车运输
合计	38000					

3.2.1 材料单价的概念

材料单价是指材料(包括构件、成品及半成品等)从其来源地(或交货地点、供应者仓库、提货地点)运到施工工地仓库(施工地点内存放材料的地点),直至出库形成的综合单价。

3.2.2 材料单价的确定

1. 材料原价

材料原价是指国内采购材料的出厂价格,国外采购材料抵达买方边境、港口或车站并交纳完各种手续费、税费(不含增值税)后形成的价格。在确定原价时,凡同一种材料因来源地、交货地、供货单位、生产厂家不同而有几种价格(原价)时,根据不同来源地供货数量比例，采取加权平均法确定其综合原价。计算公式如下：

$$加权平均原价 = \frac{K_1C_1 + K_2C_2 + \cdots + K_nC_n}{K_1 + K_2 + \cdots + K_n} \quad (3-3)$$

式中　K_1，K_2，…，K_n——各不同供应地点的供应量或各不同使用地点的需要量；

　　　C_1，C_2，…，C_n——各不同供应地点的原价。

若材料供货价格为含税价格，则材料原价应以购进货物适用的税率（13%或9%）或征收率（3%）扣减增值税进项税额。

【例3-2】　某建筑工程需要HRB400螺纹钢，由三家钢厂供应：A厂供应800t，出厂价4000元/t；B厂供应1600t，出厂价4100元/t；C厂供应700t，出厂价4150元/t，出厂价均为不含税价格。试求本工程螺纹钢的原价。

解：

$$加权平均原价 = \sum(各原料地原料价格 \times 相应单价)/\sum 各原料地数量$$
$$= \frac{(800 \times 4000 + 1600 \times 4100 + 700 \times 4150) 元}{(800 + 1600 + 700) t}$$
$$= 4085.5 \text{ 元}/t$$

2. 材料运杂费

材料运杂费是指国内采购材料自来源地、国外采购材料自到岸港运至工地仓库或指定堆放地点所发生的全部费用（不含增值税）。它包含中转运输过程中所发生的一切费用，包括调车和驳船费、装卸费、运输费及附加工作费等。

同一品种的材料有若干个来源地，应采用加权平均的方法计算材料运杂费。计算公式如下：

$$加权平均运杂费 = \frac{K_1T_1 + K_2T_2 + \cdots + K_nT_n}{K_1 + K_2 + \cdots + K_n} \quad (3-4)$$

式中　K_1，K_2，…，K_n——各不同供应点的供应量或各不同使用地点的需求量；

　　　T_1，T_2，…，T_n——各不同运距的运费。

若运输费用为含税价格，则需要按"两票制"和"一票制"两种支付方式分别调整。

（1）"两票制"支付方式　"两票制"材料是指材料供应商就收取的货物销售价款和运杂费向建筑业企业分别提供货物销售和交通运输两张发票的材料。在这种方式下，运杂费以接受交通运输与服务适用税率9%扣减增值税进项税额。

（2）"一票制"支付方式　"一票制"材料是指材料供应商就收取的货物销售价款和运杂费合计金额向建筑业企业仅提供一张货物销售发票的材料。在这种方式下，运杂费采用与材料原价相同的方式扣减增值税进项税额。

3. 运输损耗费

在材料的运输中应考虑一定的场外运输损耗费用，这是指材料在运输装卸过程中不可避免的损耗。运输损耗费的计算公式如下：

$$运输损耗费 = (材料原价 + 运杂费) \times 相应材料损耗率 \quad (3-5)$$

4. 采购及保管费

采购及保管费是指在组织采购、供应和保管材料的过程中所需的各项费用。包括采购费、仓储费、工地保管费、仓储损耗。

材料采购及保管费计算公式如下：

模块3　人工、材料、机械台班单价的确定

$$采购及保管费=材料运到工地仓库价格×采购及保管费率 \quad (3-6)$$

或

$$采购及保管费=(材料原价+运杂费+运输损耗费)×采购及保管费率 \quad (3-7)$$

综上所述，材料单价的一般计算公式为：

$$材料单价=[(材料原价+运杂费)×(1+运输损耗率)]×(1+采购及保管费率) \quad (3-8)$$

【例3-3】　某建设项目材料（适用13%增值税率）从两个地方采购，其采购量及有关费用见表3-2，求该工地水泥的单价（表3-2中的原价、运杂费均为含税价格，且材料采用"两票制"支付方式）。

表3-2　材料采购信息

采购处	采购量/t	原价/（元/t）	运杂费/（元/t）	运输损耗率（%）	采购及保管费率（%）
来源一	300	240	20	0.5	3.5
来源二	200	250	15	0.4	

解：
应将含税的原价和运杂费调整为不含税价格，具体过程见表3-3。

表3-3　材料价格信息不含税价格处理

采购处	采购量/t	原价（不含税）/（元/t）	运杂费（不含税）/（元/t）	运输损耗率（%）	采购及保管费率（%）
来源一	300	240/1.13=212.39	20/1.09=18.35	0.5	3.5
来源二	200	250/1.13=221.24	15/1.09=13.76	0.4	

加权平均原价 =（300×212.39+200×221.24）元/（300+200）t = 215.93 元/t

加权平均运杂费 =（300×18.35+200×13.76）元/（300+200）t = 16.51 元/t

来源一的运输损耗费 =（212.39+18.35）×0.5% 元/t = 1.15 元/t

来源二的运输损耗费 =（221.24+13.76）×0.4% 元/t = 0.94 元/t

加权平均运输损耗费 =（300×1.15+200×0.94）元/（300+200）t = 1.07 元/t

材料单价 =（215.93+16.51+1.07）×（1+3.5%）元/t = 241.68 元/t

3.2.3　影响材料价格变动的因素

1. 市场供需变化

材料原价是材料价格中最基本的组成，价格随供需关系上下波动，但价格与供需是互动关系，材料的供需对市场价格的影响很大，它对价格的影响取决于市场的竞争程度。竞争越激烈，供需对市场价格的影响越大。市场竞争通过供需变化对市场价格的影响因素是多方面的，如提高产品质量，改进产品款式，改变包装，扩大广告宣传等都会影响商品供需，从而影响材料价格。

2. 材料生产成本的变动

材料生产成本是指产品在生产过程中发生的成本，按其属性不同一般可分为直接材料费、直接人工费和制造费用三项。其中，构成产品主要实体或与产品主要实体相结合的材料称为直接材料，这些材料费称为直接材料费；为直接加工制造产品而耗费的人工费用称为直接人工费；那些在生产过程中发生的、不能直接归入上述两项的所有其他费用支出，统称为制造费用。显然，材料生产成本的变动必然会影响材料价格。

3. 流通环节和材料供应体制

（1）流通环节　材料从厂家来到建筑企业，必然要经过流通环节，材料的流通过程是由先后有序的若干次买卖所组成的系列，它必须借助于这些买卖，才能伴随所有权的转移，最后转卖到消费者手中。所以，流通环节是形成商品流通过程的基本要素。但单个流通环节不能形成商品流通过程，必须有多个环节并且有机地联系在一起。商品流通环节的多少，对于合理地、经济地组织商品流通十分重要。如果流通环节过少，就会造成流通的困难和流通过程的耗费增大；如果过多，则会造成商品在流通领域迂回转卖，延长流通时间，增加流通费用，加重消费者负担。要有计划地、合理地、经济地组织商品流通，就必须通过必要的流通环节，同时减少不合理的、不必要的中间环节。

（2）材料供应体制　建筑业的特点是生产周期长，物资材料消耗量大，建筑材料占整个工程造价的60%~70%。它数量大，品种多。材料供应机构是建筑生产经营全过程中不可缺少的重要环节，从建筑产品商品化的发展要求看，材料供应是应该为工程承包单位服务的。

长期以来，施工单位不负责建材，是仅负责提供劳务的集团，所以建筑企业就难以有足够的生产经营自主权，直接影响施工效益。另外，建筑业所需材料缺乏全面系统的计划管理，在客观上助长了建设规模的盲目性，致使物资供求关系失去平衡，也是造成基建项目失控的原因之一。传统的建筑材料供应体制已成为我国建筑业迅速发展的一个重要制约因素。因此，必须建立起高效的材料供应体制，以适应日益生产的需要。

4. 材料运输距离和运输方法的改变

（1）运输距离　运输距离是指材料输送从起点到终点的间隔。运输距离一般用公里、海里或米表示。运输距离与运输费用有密切关系。一般来说，运输距离越长，运输费用越大，运输费用随运输距离增长而增加。因此，投资项目运输设计应尽能避免倒流、迂回路线，确保运输路线合理，降低运输费用。但运输费用与运输距离不是正比例关系。

（2）运输方法　运输方法主要有人力和畜力运输、铁路运输、公路运输、水路运输、航空运输、管道运输六种。它们的性质、技术经济特点和运用范围各不相同。

1）人力和畜力运输是一种古老的运输方法，它较为灵活，但载运量较小，运行速度慢，适于短途运输。

2）铁路运输载运量大，连续性强，行驶速度较快，运费较低，一般不受气候、地形等自然条件的影响，适合于中长途客货运输。

3）公路运输虽载运量较小，运输成本较高，但机动灵活性较大，连续性较强，适合于中短途运输。

4）水路运输（包括内河和海上运输）具有载运量大、运输成本低、投资少、运行速度较慢、灵活性和连续性较差等特点，适于大宗、低值和多种散装货物的运输。

5）航空运输具有速度快、投资少、不受地方地形条件限制、能进行长距离运输等优点，但也存在载运量小、运输成本高、易受气候条件影响等缺点，适合于远程客运及高档、外贸货物与急需货物的运输。

6）管道运输具有运量大、运输成本低、灵活性较差等特点，适合于输送量大、货源比较稳定的原油、成品油、天然气和其他液态、气态物资。

5. 国际市场行情变化

在建筑安装材料中有不少是进口材料，它们质量好、外观美，但是这些材料都需要进口，因此它们的价格会受国际市场行情变化的影响。因为它涉及的因素很多，如贸易主体为不同国籍，资信调查较困难；因涉及进出口，易受双边关系、国家政策的影响；交易金额往往较大，运输距离较远，履行时间较长，除交易双方外，还涉及运输、保险、银行、商检、海关等部门。由此可见采用进口材料的风险较大，其价格也很难稳定。

一、单选题

1. 下列费用中不属于建安工程的材料单价的是（　　）。
   A. 材料原价　　　B. 检验试验费　　　C. 运输损耗费　　　D. 运杂费
2. 因考虑材料的不同供应渠道、不同来源地的不同原价，材料原价可以按（　　）计算。
   A. 加权平均法　　B. 算术平均法　　C. 最高原价　　　D. 最低原价
3. 材料采购及保管费的计算公式为（　　）。
   A. 材料采购及保管费=（材料原价+运杂费）×采购及保管费率
   B. 材料采购及保管费=（材料原价+运输损耗费）×采购及保管费率
   C. 材料采购及保管费=（材料原价+运杂费+运输损耗费）×采购及保管费率
   D. 材料采购及保管费=（运杂费+运输损耗费）×采购及保管费率

二、多选题

1. 关于材料单价的构成和计算，下列说法中正确的有（　　）。
   A. 材料单价是指材料由其来源地运达工地仓库的入库价
   B. 运输损耗是指材料在场外运输装卸及施工现场搬运发生的不可避免的损耗
   C. 采购及保管费包括组织材料采购、供应过程中发生的费用
   D. 材料单价包括材料仓储费和工地保管费
   E. 材料生产成本的变动直接影响材料单价的波动
2. 下列材料单价的构成费用，包含在采购及保管费中的有（　　）。
   A. 运杂费　　　　B. 仓储费　　　　C. 工地保管费
   D. 运输损耗　　　E. 仓储损耗

三、计算题

从甲、乙两地采购某工程材料，采购量及有关费用见表3-4，试计算该工程材料的材料单价。（表中原价、运杂费均为不含税价格）

表3-4　甲、乙两地采购量及有关费用

来源	采购量/t	（原价+运杂费）/（元/t）	运输损耗费（%）	采购及保管费率（%）
甲	600	260	1	3
乙	400	240		

任务3.2　工作任务单

1. 学生任务分配表

班级		组号		指导教师	
组长		学号			
组员 （姓名、学号）					
任务分工					

2. 材料单价计算

组号		姓名		学号	
工作目标		（1）根据计算方案和任务分工，完成材料单价的计算 （2）讨论分析计算数据，并进行修正			

（1）买价

（2）运输单价

（3）装卸单价

（4）运输损耗费

（5）采购及保管费

（6）材料单价

案例详解

3. 评价表

姓名：		组号：		任务：
评价内容	评价标准	自评	小组互评	教师评价
职业素养（20分）	（1）学习态度积极，能主动思考问题，能有计划地组织小组成员完成工作任务，有良好的团队合作意识，遵章守纪，计20分 （2）学习态度较积极，能主动思考问题，能配合小组成员完成工作任务，遵章守纪，计15分 （3）学习态度端正，主动思考能力欠缺，能配合小组成员完成工作任务，遵章守纪，计10分 （4）学习态度不端正，不参与团队任务，计0分			
成果（80分）	计算（校核、审核）无误，无返工，字迹工整，计80分，如有错误按以下标准扣分，扣完为止： （1）计算（校核、审核）有错误，每返工一次扣20分 （2）字迹不工整，酌情扣分，最多扣10分			
综合得分				
备注：综合得分=自评分×30%+小组互评分×40%+教师评价分×30%				

模块3　人工、材料、机械台班单价的确定

任务3.3　机械台班单价的组成及确定

知识目标

1. 熟悉机械台班单价的概念。
2. 掌握机械台班单价的组成。（重点）
3. 掌握机械台班单价的确定方法。（重点、难点）
4. 熟悉影响机械台班单价变动的因素。

能力目标

1. 具备准确计算机械台班单价的能力。
2. 具备分析机械台班单价组成的能力。

任务导入

湖南省某地区为响应新农村建设，当地政府部门对一些危房进行拆除，并建设为保障性住房。在施工准备中购置了一台中型载重汽车（4t），该载重汽车相关性能指标如下：预算价格为48800元/台，残值率为2%，年工作台班为160台班，使用年限为9年，检修间隔台班为480台班，检修周期数为3个，一次检修费为5800元，维护费系数为60%。其他台班汽油效率量为25.48kg，汽油单价为6.85元/kg，人工日工资标准为60元/工日，人工消耗量为1工日。汽车养路费为160元/(t·月)，车船使用税为40元/(t·年)，车辆牌照费及其他规费合计为210元/年。试计算该中型载重汽车（4t）的台班单价。

3.3.1　机械台班单价的概念

施工机械台班单价是指一台施工机械，在正常运转条件下，一个工作班中所发生的全部费用，每台班按8h工作制计算。正确制定施工机械台班单价是合理确定和控制工程造价的关键。

施工机械划分为12个类别：土石方及筑路机械、桩工机械、起重机械、水平运输机械、垂直运输机械、混凝土及砂浆机械、加工机械、泵类机械、焊接机械、动力机械、地下工程机械和其他机械。

施工机械台班单价由7项费用组成，包括折旧费、检修费、维护费、安拆费及场外运费、人工费、燃料动力费和其他费用。

3.3.2　机械台班单价的构成

机械台班单价主要分两大类：不变费用和可变费用。

1. 不变费用

不变费用也称为第一类费用，是根据主管部门的规定和机械年工作台班制度确定的，它不管机械是否开动，以及施工地点和条件是否变化，都要支出，是一种比较固定的经常性费用，应按全年的费用分摊到每一台班中去。第一类费用主要包括机械的折旧费、检修费、维护费、安拆费及场外运输费。

2. 可变费用

可变费用也称为第二类费用,是以每台班实物消耗指标的形式表示的,即机械开动或运转时才会发生的费用,在使用时随工程所在地的人工、动力燃料、养路费及车船使用税的标准不同而不同,应根据有关的文件或规定计算确定。第二类费用主要包括人工费、燃料动力费、养路费及车船使用税。

3.3.3 机械台班单价的确定

1. 折旧费的组成及确定

折旧费是指施工机械在规定的耐用总台班内,陆续回收其原值的费用。计算公式如下:

$$台班折旧费 = \frac{机械预算价格 \times (1-残值率)}{耐用总台班} \quad (3-9)$$

(1) 机械预算价格

1) 国产机械预算价格。国产机械预算价格按照机械原值、相关手续费和一次运杂费及车辆购置税之和计算。

2) 进口机械的预算价格。进口机械的预算价格按照机械到岸价、关税、消费税、相关手续费和国内一次运杂费、银行财务费、车辆购置税之和计算。

(2) 残值率 残值率是指机械报废时回收的残值占机械预算价格的百分比。残值率按编制期国家有关规定执行,目前各类施工机械均按5%计算。

(3) 耐用总台班 耐用总台班指施工机械从开始投入使用至报废前使用的总台班数,应按施工机械的技术指标及生命期等相关参数确定。

机械耐用总台班的计算公式为

$$耐用总台班 = 折旧年限 \times 年工作台班 = 检修间隔台班 \times 检修周期个数 \quad (3-10)$$

1) 年工作台班是指施工机械在一个年度内使用的台班数量。年工作台班应在编制期制度工作日基础上扣除检修、维护天数及考虑机械利用率等因素综合取定。

2) 检修间隔台班是指机械自投入使用起至第一次检修止或上一次检修后投入使用起至下一次检修止,应达到的使用台班数。

3) 检修周期个数是指机械在正常使用的施工作业条件下,将其生命期(耐用总台班)按规定的检修次数划分为若干个周期。其计算公式为

$$检修周期个数 = 检修次数 + 1 \quad (3-11)$$

2. 检修费的组成及确定

检修费是指施工机械在规定的耐用总台班内,按规定的检修间隔台班进行必要的检修,以恢复其正常功能所需的费用。并且,机械使用期限内全部检修费之和在台班费用中的分摊额,取决于一次检修费、检修次数和耐用总台班的数量。其计算公式为

$$台班检修费 = \frac{一次检修费 \times 检修次数}{耐用总台班} \times 除税系数 \quad (3-12)$$

1) 一次检修费是指施工机械一次检修发生的工时费、配件费、辅料费、油燃料费等。一次检修费应以施工机械的相关技术指标和参数为基础,结合编制期市场价格综合确定,可按其占预算价格的百分率取定。

2）检修次数是指施工机械在其耐用总台班内的检修次数。检修次数应按施工机械的相关技术指标取定。

3）除税系数，是指考虑一部分检修可以购买服务，从而需扣除维护费中包含的增值税进项税，其公式如下：

$$除税系数 = \frac{自行检修比例 + 委外检修比例}{(1+税率)} \qquad (3-13)$$

自行检修比例、委外检修比例是指施工机械自行检修、委托专业修理修配部门检修占检修费的比例。具体比值应结合本地区（部门）施工机械检修实际情况综合取定。税率按增值税修理修配劳务适用税率计取。

3. 维护费的组成及确定

维护费是指施工机械在规定的耐用总台班内，按规定的维护间隔进行各级维护和临时故障排除所需的费用。如保障机械正常运转所需替换与随机配备工具附具的摊销和维护费用，机械运转及日常保养维护所需润滑与擦拭的材料费用及机械停滞期间的维护费用等。各项费用分摊到台班中，即维护费。其计算公式为

$$台班维护费 = \frac{\sum(各级维护一次费用 \times 除税系数 \times 各级维护次数) + 临时故障排除费}{耐用总台班}$$

$$(3-14)$$

当式（3-14）中各项数值难以确定时，也可按式（3-15）计算。

$$台班维护费 = 台班检修费 \times K \qquad (3-15)$$

式中 K——维护费系数，指维护费占检修费的百分数。

1）各级维护一次费用应按施工机械的相关技术指标，结合编制期市场价格综合取定。

2）各级维护次数应按施工机械的相关技术指标取定。

3）临时故障排除费可按各级维护费用之和的百分数取定。

4）替换设备及工具附具台班摊销费应按施工机械的相关技术指标，结合编制期市场价格综合取定。

5）除税系数，公式如下：

$$除税系数 = \frac{自行检修比例 + 委外检修比例}{(1+税率)} \qquad (3-16)$$

自行检修比例、委外检修比例是指施工机械自行检修、委托专业修理修配部门检修占检修费的比例。具体比值应结合本地区（部门）施工机械检修实际情况综合取定。税率按增值税修理修配劳务适用税率计取。

4. 安拆费及场外运费的组成及确定

安拆费是指施工机械在现场进行安装与拆卸所需的人工、材料、机械和试运转费用，以及机械辅助设施的折旧、搭设、拆除等费用；场外运费是指施工机械整体或分体自停放地点运至施工现场或由一处施工地点运至另一处施工地点的运输、装卸、辅助材料及架线等费用。

安拆费及场外运费的计算可以根据施工机械不同分为计入台班单价、单独计算和不需计算三种方式。

1）安拆简单、移动需要起重及运输机械的轻型施工机械，其安拆费及场外运费应计入

台班单价。其台班安拆费及场外运费应按式（3-17）计算。

$$台班安拆费及场外运费 = \frac{一次安拆及场外运费 \times 年平均安拆次数}{年工作台班} \quad (3-17)$$

① 一次安拆费应包括施工现场机械安装和拆卸一次所需的人工费、材料费、机械费及安全监测部门的检测费和试运转费。

② 一次场外运费应包括运输、装卸、辅助材料、回程等费用。

③ 年平均安拆次数应根据施工机械的相关技术指标，结合具体情况综合确定。

④ 运输距离按平均值 30km 计算。

2）安拆费及场外运费单独计算的情况包括：

① 安拆复杂、移动需要起重及运输机械的重型施工机械，其安拆费及场外运费应单独计算。

② 利用辅助设施移动的施工机械，其辅助设施（包括轨道和枕木）等的折旧、搭设和拆除等费用可单独计算。

3）安拆费及场外运费不需计算的情况包括：

① 不需安拆的施工机械，不计算一次安拆费。

② 不需相关机械辅助运输的自行移动机械，不计算场外运费。

③ 固定在车间的施工机械，不计算安拆费及场外运费。

5. 人工费的组成及确定

人工费是指机上司机（或司炉）和其他操作人员的人工费，按式（3-18）计算。

$$台班人工费 = 人工消耗量 \times \left(1 + \frac{年制度工作日 - 年工作台班}{年工作台班}\right) \times 人工单价 \quad (3-18)$$

1）人工消耗量是指机上司机（司炉）和其他操作人员的工日消耗量。

2）年制度工作日应执行编制期国家的有关规定。

3）人工单价应执行编制期工程造价管理机构发布的信息价格。

【例 3-4】 某载重汽车配司机 1 人，当年制度工作日为 250d，年工作台班为 230 台班，人工日工资单价为 50 元/工日。试求该载重汽车的台班人工费。

解：

$$台班人工费 = 1 \times [1 + (250 - 230)/230] \times 50 \text{ 元}/台班 = 54.35 \text{ 元}/台班$$

6. 燃料动力费的组成及确定

燃料动力费是指施工机械在运转作业中所耗用的燃料、水及电等费用。计算公式如下：

$$台班燃料动力费 = \sum (燃料动力消耗量 \times 燃料动力单价) \quad (3-19)$$

1）燃料动力消耗量应根据施工机械技术指标等参数及实测资料综合确定。可采用式（3-20）计算。

$$台班燃料动力消耗量 = \frac{(实测数 \times 4 + 定额平均值 + 调查平均值)}{6} \quad (3-20)$$

2）燃料动力单价应执行编制期工程造价管理机构发布的不含税信息价格。

7. 其他费用的组成及确定

其他费用是指施工机械按照国家规定应缴纳的车船税、保险费及检测费等。其计算公式为

$$台班其他费用 = \frac{年车船税 + 年保险费 + 年检测费}{年工作台班} \quad (3-21)$$

1）年车船税、年检测费应执行编制期国家及地方政府有关部门的规定。

2）年保险费应执行编制期国家及地方政府有关部门强制性保险的规定，非强制性保险不应计算在内。

【例3-5】 某施工机械原始购置费为4万元，耐用总台班为2000台班，大修周期为5个，每次大修费为3000元，台班经常修理费系数为0.5，每台班人工、燃料动力及其他费用为65元，机械残值率为5%。不考虑资金的时间价值，试计算该机械的台班单价。

解：

$$折旧费 = 40000 \times (1-5\%) 元/2000 台班 = 19 元/台班$$
$$大修费 = 3000 \times (5-1) 元/2000 台班 = 6 元/台班$$
$$经常修理费 = 6 \times 0.5 元/台班 = 3 元/台班$$
$$机械的台班单价 = 19 元/台班 + 6 元/台班 + 3 元/台班 + 65 元/台班 = 93 元/台班$$

3.3.4 影响机械台班单价的因素

1. 施工机械的价格

施工机械的价格影响折旧费，从而也是影响机械台班单价的重要因素。从机械台班折旧费的计算可知，施工机械的价格直接影响折旧费，它们之间成正比例关系。

2. 机械使用年限

机械使用年限不仅影响折旧费，也影响机械的大修理费和经常修理费。有效使用寿命是以机械为主体，由机械及其零部件的磨损规律、技术性能、结构、质量、使用价值等机械本身的因素所决定的。

为了延长施工机械的寿命，在使用方面应该坚持实行"二定三包"制度（定人、定机、包使用、包保管、包保养），机械操作人员要做到"三懂"（懂构造、懂原理、懂性能）和"四会"（会使用、会保养、会检查、会排除故障），正确使用机械，严格执行安全技术操作规程，并对机械设备实行目标成本管理，将操作者的经济收入与机械使用费（如燃料电力费、维修费、保养费、工具费等）挂钩，并加强对机管人员的职业道德教育与培训。

3. 机械的使用效率、管理和维护水平

要使机械达到最高效率，就要发挥机械所具备的功能和性能。反过来，如能消除或降低阻碍效率的损耗，就可以提高机械的效率。而施工企业管理水平的高低，将直接体现在施工机械的使用效率、机械完好率和维护水平上，会对机械台班单价产生直接影响。

4. 国家及地方政府征收税费的规定

税费是指税收和费用税收。税收是国家为满足社会公共需要，依据其社会职能，按照法律规定，强制地、无偿地参与社会产品分配的一种形式。费用税收是指国家机关向有关当事人提供某种特定劳务或服务，按规定收取的一种费用。而有些税费，如燃料税、车船使用税、养路费等将对机械台班单价产生较大影响，并会引起相应波动。

3.3.5 施工仪器仪表台班单价的组成与确定

施工仪器仪表划分为7个类别：自动化仪表及系统、电工仪器仪表、光学仪器、分析仪表、试验机、电子和通信测量仪器仪表、专用仪器仪表。

施工仪器仪表台班单价由 4 项费用组成,包括折旧费、维护费、校验费、动力费。施工仪器仪表台班单价中的费用组成不包括检测软件的相关费用。

1. 折旧费

施工仪器仪表台班折旧费是指施工仪器仪表在耐用总台班内,陆续收回其原值的费用。其计算公式如下:

$$台班折旧费 = \frac{施工仪器仪表原值 \times (1-残值率)}{耐用总台班} \quad (3-22)$$

(1) 施工仪器仪表原值的取定

1) 对从施工企业采集的成交价格,各地区、部门可结合本地区、部门实际情况,综合确定施工仪器仪表原值。

2) 对从施工仪器仪表展销会采集的参考价格或从施工仪器仪表生产厂、经销商采集的销售价格,各地区、部门可结合本地区、部门实际情况,测算价格调整系数取定施工仪器仪表原值。

3) 对类别、名称、性能规格相同而生产厂家不同的施工仪器仪表,各地区、部门可根据施工企业实际购进情况,综合取定施工仪器仪表原值。

4) 对进口与国产施工仪器仪表性能规格相同的,应以国产为准来取定施工仪器仪表原值。

5) 进口施工仪器仪表原值应按编制期国内市场价格取定。

6) 施工仪器仪表原值应按不含一次运杂费和采购保管费的价格取定。

(2) 残值率 残值率是指施工仪器仪表报废时回收其残余价值占施工仪器仪表原值的百分比。残值率应按国家有关规定取定。

(3) 耐用总台班 耐用总台班是指施工仪器仪表从开始投入使用至报废前所积累的工作总台班数量。耐用总台班应按相关技术指标取定。其计算公式如下:

$$耐用总台班 = 年工作台班 \times 折旧年限 \quad (3-23)$$

1) 年工作台班是指施工仪器仪表在一个年度内使用的台班数量,其计算公式如下:

$$年工作台班 = 年制度工作日 \times 年使用率 \quad (3-24)$$

年制度工作日应按国家规定制度工作日执行,年使用率应按实际使用情况综合取定。

2) 折旧年限是指施工仪器仪表逐年计提折旧费的年限。折旧年限应按国家有关规定取定。

2. 维护费

施工仪器仪表台班维护费是指施工仪器仪表各级维护、临时故障排除所需的费用及为保证仪器仪表正常使用所需备件(备品)的维护费用。其计算公式如下:

$$台班维护费 = \frac{年维护费}{年工作台班} \quad (3-25)$$

年维护费是指施工仪器仪表在一个年度内发生的维护费用。年维护费应按相关技术指标,结合市场价格综合取定。

3. 校验费

施工仪器仪表台班校验费是指按国家与地方政府规定的标定和检验的费用。其计算公式如下：

$$台班校验费 = \frac{年校验费}{年工作台班} \quad (3-26)$$

年校验费是指施工仪器仪表在一个年度内发生的校验费用。年校验费应按相关技术指标取定。

4. 动力费

施工仪器仪表台班动力费是指施工仪器仪表在施工过程中所耗用的电费。其计算公式如下：

$$台班动力费 = 台班耗电量 \times 电价 \quad (3-27)$$

1) 台班耗电量应根据施工仪器仪表不同类别，按相关技术指标综合取定。
2) 电价应执行编制期工程造价管理机构发布的信息价格。

课证融通小测

一、单选题

1. 下列关于施工机械安拆费和场外运费的说法，正确的是（　　）。
A. 安拆费指安拆一次所需的人工、材料和机械使用费之和
B. 安拆费中包括机械辅助设施的折旧费
C. 能自行开动机械的安拆费不予计算
D. 塔式起重机安拆费的超高增加费应计入机械台班单价

2. 下列不属于施工机械台班单价的是（　　）。
A. 工具用具使用费　　　　　　　　B. 机上司机人工费
C. 燃料动力费　　　　　　　　　　D. 安拆费及场外运费

3. 下列费用项目中，属于施工仪器仪表台班单价构成内容的是（　　）。
A. 人工费　　　　　　　　　　　　B. 燃料费
C. 检测软件费　　　　　　　　　　D. 校验费

二、多选题

1. 下列费用中，属于机械台班单价的不可变费用的有（　　）。
A. 折旧费　　　B. 检修费　　　C. 安拆及场外运费
D. 维护费　　　E. 燃料动力费

2. 下列费用中，属于机械台班单价第二类费用的有（　　）。
A. 折旧费　　　B. 检修费　　　C. 安拆及场外运费
D. 人工费　　　E. 燃料动力费

三、计算题

1. 某大型施工机械预算价格为 5 万元，机械耐用总台班为 1250 台班，检修周期数为 4 个，一次检修费为 2000 元，维护费系数为 60%，机上人工费和燃料动力费为 60 元/台班。不考虑残值和其他有关费用，试计算该机械台班单价。

2. 某施工机械配备司机 2 人，若年制度工作日为 254d，年工作台班为 250 台班，人工日工资单价为 80 元/工日，试计算该施工机械的台班人工费。

任务3.3　工作任务单

1. 学生任务分配表

班级		组号		指导教师	
组长		学号			
组员 （姓名、学号）					
任务分工					

2. 机械台班单价计算

组号		姓名		学号	
工作目标		（1）根据计算方案和任务分工，完成机械台班单价计算 （2）讨论分析计算数据，并进行修正			

（1）台班折旧费

（2）检修费

（3）维护费

（4）安拆费及场外运费

（5）其他费用

（6）机上人工费

（7）燃料动力费

（8）机械台班单价

案例详解

3. 评价表

姓名：		组号：	任务：	
评价内容	评价标准	自评	小组互评	教师评价
职业素养（20分）	（1）学习态度积极，能主动思考问题，能有计划地组织小组成员完成工作任务，有良好的团队合作意识，遵章守纪，计20分 （2）学习态度较积极，能主动思考问题，能配合小组成员完成工作任务，遵章守纪，计15分 （3）学习态度端正，主动思考能力欠缺，能配合小组成员完成工作任务，遵章守纪，计10分 （4）学习态度不端正，不参与团队任务，计0分			
成果（80分）	计算（校核、审核）无误，无返工，字迹工整，计80分，如有错误按以下标准扣分，扣完为止： （1）计算（校核、审核）有错误，每返工一次扣20分 （2）字迹不工整，酌情扣分，最多扣10分			
综合得分				
备注：综合得分=自评分×30%+小组互评分×40%+教师评价分×30%				

【拓展阅读】

目前各地相关人工费调整方式

方式1：按信息价

上海：消耗量定额，无预算基价，人工费可按信息价调整。人工价可以参考当地造价站发布的信息价作为指导价，也可以根据需要填报市场价。月度发布的信息价中包括各类工种的人工指导价，且为区间值。

方式2：工调价政策文件

河北：有预算价，无信息价，省内各地市发布人工价调整文件。

方式3：造价管理部门发布的人工调价系数

天津：定额有预算基价，人工费可按系数调整。天津市建设工程造价和招标投标管理协会，每个季度发一次系数。

方式4：其他方式

广西：广西定额的人工费是以"元"的形式体现到定额子目中的。计价时，只需按系数进行调差，而不需要用工日单价乘以数量来计算（零星用工除外）。

2020年湖南省新定额不再以单价及工日表示，直接以人工费表示，再根据政府文件进行调整。

农民工工资保证金

1. 农民工工资保证金概念

农民工工资保证金是指在工程开工之前，由建设工程项目审批行政部门负责通知，并监督建设单位按照工程合同价款的3%向银行专户存储的工资专项资金。农民工工资保证金根据省、市、县各级项目审批权限实行层级监管，并实行专户存储、专项支取，任何单位和个人不得挪用。

2. 四种可支取农民工工资保证金的情况

下列四种情形，经劳动保障部门查证属实后可以支取农民工工资保证金：①建设企业未依法及时结算农民工工资，拖欠农民工工资的；②建设单位或建设企业非法转包、分包建设工程，导致用工主体不具有法人资格而发生拖欠农民工工资行为的；③建设单位或建设企业法人代表或工程负责人隐匿逃跑或死亡，造成拖欠农民工工资的；④其他被认为拖欠农民工工资的情况。工程交工后，建设单位应在施工现场农民工集散场所公示本建设项目的竣工日期、工资结算结果等情况，公示时间不得少于15个工作日。凡无拖欠的，由银行将农民工工资保证金本金及活期利息一次性退还缴费单位。

模块 4

定额的编制

素养目标

1. 在定额的编制任务中，培养学生严谨细致、精益求精的工作作风。
2. 在学习如何把各省现有的预算定额的编制方法及原理应用到企业定额的编制中，培养学生解决问题时的联系观、辩证观。
3. 在定额的编制任务中，通过小组合作，培养学生的团队合作精神。
4. 理解企业定额水平的提高是企业在市场竞争机制下发展壮大的必要条件，培养学生积极进取的精神。

任务 4.1　预算定额的编制

知识目标

1. 熟悉预算定额的编制依据、程序及要求。
2. 掌握预算定额人工、材料、机械台班消耗量的确定。（重点、难点）
3. 掌握预算定额基价的确定。（重点）
4. 掌握预算定额项目表的编写。（重点、难点）

能力目标

1. 具备确定预算定额人工、材料、机械台班消耗量的能力。
2. 具备确定预算定额基价的能力。

任务导入

某地为推进新农村建设，修建了住宅，其中墙体采用标准砖墙砌筑，技术人员在施工现场测得，砌筑 1 砖半标准砖墙的技术测定资料如下：

1）完成 $1m^3$ 的砖砌体需基本工作时间为 15.5h，辅助工作时间占工作班延续时间的 3%，准备与结束工作时间占 3%，不可避免中断时间占 2%，休息时间占 16%，人工幅度差系数为10%，超距离运砖需1.3h。

2）砖墙采用M5水泥砂浆，砖和砂浆的预算定额调整系数为0.972，砖和砂浆的损耗率为1%，完成$1m^3$砌体需消耗水$0.8m^3$，其他材料占上述材料费的3%。

3）砂浆采用400L搅拌机现场搅拌，运料需时200s，装料需时50s，搅拌需时80s，卸料需时30s，不可避免中断时间为10s，交叠时间为170s，机械利用系数为0.8，幅度差系数为15%。

4）人工的定额基价为70元/工日，M5水泥砂浆为145元/m^3，标准砖为507.79元/千块，水为3.9元/m^3，400L搅拌机台班单价为129元/台班。

根据上述资料计算确定砌筑$10m^3$砖墙的预算定额消耗量指标和定额基价，并填写在表4-1砖墙砌筑预算定额项目表中。

表4-1 砖墙砌筑预算定额项目表

工作内容：调、运、铺砂浆，运、砌砖。包括砌窗台虎头砖、门窗套等。 单位：$10m^3$

定额编号				A4-11
项目				砖墙墙厚
				1.5砖
名称		单位	单价	数量
基价		元	—	
其中	人工费	元	—	
	材料费	元	—	
	机械费	元	—	
综合人工				
材料	砖（240mm×115mm×53mm）			
	M5水泥砂浆			
	水			
	其他材料费			
机械	400L搅拌机			

4.1.1 预算定额的概念及用途

预算定额是在正常的施工条件下，完成一定计量单位合格分项工程和结构构件所需消耗的人工、材料、机械台班数量及相应费用标准。预算定额是工程建设中重要的技术经济文件，是编制施工图预算的主要依据，是确定和控制工程造价的基础。

预算定额的用途如下：

1. 编制施工图预算和确定建筑安装工程造价的基础

施工图设计一经确定，工程预算造价就取决于预算定额水平和人工、材料及机具台班的价格。预算定额起着控制劳动消耗、材料消耗和机具台班使用的作用，进而起着控制建筑产品价格的作用。

2. 合理编制招标控制价和投标报价的基础

在深化改革中，预算定额的指令性作用将日益削弱，而对施工单位按照工程个别成本报价的指导性作用仍然存在，因此预算定额仍是编制招标控制价的依据，以及对施工企业报价仍起着基础性的作用，这是由预算定额本身的科学性和指导性特点决定的。

3. 编制施工组织设计的依据

施工组织设计的一个重要任务是确定施工中所需人力、物力的供求量，并做出最佳安排。施工单位在缺乏本企业的施工定额的情况下，根据预算定额，也能够比较精确地计算出施工中各项资源的需要量，为有计划地组织材料采购和预制件加工、劳动力和施工机具的调配，提供了可靠的计算依据。

4. 施工企业进行经济活动分析的依据

预算定额规定的物化劳动和劳动消耗指标，是施工单位在生产经营中允许消耗的最高标准。施工单位必须以预算定额作为评价企业工作的重要标准，作为努力实现的目标。施工单位可根据预算定额对施工中的人工、材料、机具的消耗情况进行具体的分析，以便找出并克服低功效、高消耗的薄弱环节，提高竞争能力。只有在施工中尽量降低劳动消耗，采用新技术，提高劳动者素质，提高劳动生产率，才能取得较好的经济效益。

5. 工程结算的依据

工程结算是建设单位和施工单位按照工程进度对已完成的分部分项工程实现货币支付行为。按进度支付工程款，需要根据预算定额将已完分项工程的造价算出。单位工程竣工验收后，再按竣工工程量、预算定额和施工合同规定进行结算，以保证建设单位建设资金的合理使用和施工单位的经济收入。

6. 编制概算定额的基础

概算定额是在预算定额基础上经综合扩大编制的。利用预算定额作为编制依据，不但可以节省编制工作中的人力、物力和时间，收到事半功倍的效果，还可以使概算定额和概算指标在水平上与预算定额一致，以避免在执行中的出现不一致的情况。

4.1.2 预算定额的编制原则

为保证预算定额的质量，充分发挥预算定额的作用，实际使用简便，在编制工作中应遵循以下原则。

1. 按社会平均水平确定预算定额的原则

预算定额是确定和控制建筑安装工程造价的主要依据。因此，它必须遵照价值规律的客观要求，即按生产过程中所消耗的社会必要劳动时间确定定额水平。所以预算定额的平均水平，是在正常的施工条件下，合理的施工组织和工艺条件、平均劳动熟练程度和劳动强度下，完成单位分项工程基本构造要素所需要的劳动时间。

2. 简明适用的原则

一是指在编制预算定额时，对于那些主要的、常用的、价值量大的项目，分项工程划分宜细；对次要的、不常用的、价值量相对较小的项目则可以粗一些。二是指预算定额要项目齐全。要注意补充那些因采用新技术、新结构、新材料而出现的新的定额项目。如果项目不全，缺项多，就会使计价工作缺少充足的、可靠的依据。三是要求合理确定预算定额的计算单位，简化工程量的计算，尽可能地避免出现同一种材料用不同的计量单位和一量多用，尽量减少定额附注和换算系数。

4.1.3 预算定额的编制依据

1）现行劳动定额和施工定额。预算定额是在现行劳动定额和施工定额的基础上编制的。预算定额中人工、材料、机械台班消耗水平，需要根据劳动定额或施工定额取定；预算定额的计量单位的选择，也要以施工定额为参考，从而保证两者的协调和可比性，减轻预算定额的编制工作量，缩短编制时间。

2）现行设计规范、施工及验收规范，质量评定标准和安全操作规程。

3）具有代表性的典型工程施工图及有关标准图。对这些图样进行仔细分析研究，并计算出工程数量，作为编制定额时选择施工方法及确定定额含量的依据。

4）成熟推广的新技术、新结构、新材料和先进的施工方法等。这类资料是调整定额水平和增加新的定额项目所必需的依据。

5）有关科学实验、技术测定和统计、经验资料。这类工程是确定定额水平的重要依据。

6）现行的预算定额、材料预算价格及有关文件规定等，包括过去定额编制过程中积累的基础资料，也是编制预算定额的依据和参考。

4.1.4 预算定额的编制程序及要求

预算定额的制定、全面修订和局部修订工作均应按准备阶段、定额初稿编制、征求意见、审查、批准发布五个步骤进行。各阶段工作相互有交叉，有些工作还需多次反复。

1. 准备阶段

建设工程造价管理机构根据定额工作计划，组织具有一定工程实践经验和专业技术水平的人员成立编制组。编制组负责拟定工作大纲，建设工程造价管理机构负责对工作大纲进行审查。工作大纲主要内容应包括：任务依据、编制目的、编制原则、编制依据、主要内容、需要解决的主要问题、编制组人员与分工、进度安排、编制经费来源等。

2. 定额初稿编制

编制组根据工作大纲开展调查研究工作，深入定额使用单位了解情况、广泛收集数据，对编制中的重大问题或技术问题，应进行测算验证或召开专题会议论证，并形成相应报告，在此基础上经过项目划分和水平测算后，编制完成定额初稿。主要工作内容包括：

1）确定编制细则。统一编制表格及编制方法；统一计算口径、计量单位和小数点位数的要求；有关统一性规定，名称统一，用字统一，专业用语统一，符号代码统一，简化字要规范，文字要简练明确。

预算定额与施工定额计量单位往往不同。施工定额的计量单位一般按照工序或施工过程确定；而预算定额的计量单位主要是根据分部分项工程和结构构件的形体特征及其变化确定。由于工作内容具有综合性，预算定额的计量单位也具有综合性。工程量计算规则的规定应确切反映定额项目所包含的工作内容。预算定额的计量单位关系到预算工作的繁简和准确性。因此，要正确地确定各分部分项工程的计量单位，一般依据建筑结构构件形状的特点确定。

2）确定定额的项目划分和工程量计算规则。计算工程数量，是为了通过计算出典型设计图所包括的施工过程的工程量，以便在编制预算定额时，尽可能利用施工定额的人工、材料和机具消耗指标确定预算定额所含工序的消耗量。

3）定额人工、材料、机具台班耗用量的计算、复核和测算。

3. 征求意见

建设工程造价管理机构组织专家对定额初稿进行初审。编制组根据定额初审意见修改完成定额征求意见稿。征求意见稿由各主管部门或其授权的建设工程造价管理机构公开征求意见。征求意见的期限一般为一个月。征求意见稿包括正文和编制说明。

4. 审查

建设工程造价管理机构组织编制组根据征求意见进行修改后形成定额送审文件。送审文件应包括正文、编制说明、征求意见处理汇总表等。定额送审文件的审查一般采取审查会议的形式。审查会议应由各主管部门组织召开，参加会议的人员应由有经验的专家代表、编制组人员等组成，审查会议应形成会议纪要。

5. 批准发布

建设工程造价管理机构组织编制组根据定额送审文件审查意见进行修改后形成报批文件，报送各主管部门批准。报批文件包括正文、编制报告、审查会议纪要、审查意见处理汇总表等。

4.1.5 预算定额的编制方法

1. 确定预算定额项目名称和工程内容

预算定额项目是根据各个分项工程项目的工、料、机消耗水平的不同和工种、材料品种及使用的施工机械类型的不同而划分的。按施工顺序排列，一般有以下划分方法：

1）按施工现场自然条件划分，如挖土方按土壤等级划分。

2）按施工方法不同划分，如灌注混凝土桩分钻孔、打孔、打孔扩桩、人工挖孔等。

3）按照具体尺寸的大小划分，如陶瓷地面砖楼地面分为每块面积在 3600cm²、3600～6400cm² 和 6400cm² 以上。

2. 确定预算定额项目计量单位

（1）计量单位确定原则　预算定额项目计量单位的确定，应与定额项目相适应，由于工作内容综合，预算定额计量单位也具有综合性。工程量计算规则的规定应确切反映定额项目所包含的综合工作内容。预算定额项目计量单位的选择主要是根据分项工程或结构构件的形体特征和变化规律，按公制或自然计量单位确定（表4-2）。

表4-2　预算定额计量单位的选择

序号	构件形体特征及变化规律	计量单位	实例
1	长、宽、高（厚）三个度量均变化	m³	土方、砌体、钢筋混凝土构件等
2	长、宽两个度量变化，高（厚）一定	m²	楼地面、门窗、抹灰、油漆
3	截面形状、大小固定，长度变化	m	楼梯、扶手、装饰线等
4	设备和材料重量变化大	t 或 kg	金属构件、设备制作安装
5	形状没有规律且难以度量	套、台、座、件（个或组）	铸铁头子、弯头、卫生洁具安装、栓类、阀门等

（2）计量单位的选择及消耗量小数位确定 预算定额的计量单位关系到预算工作的繁简和准确性，因此，要根据分项工程或结构构件的形体特征和变化规律特点正确地确定各分部、分项工程的计量单位。预算定额中各项目人工、材料和施工机械台班的计量单位的选择相对比较固定，取定要求见表4-3。

表4-3 预算定额消耗量小数位数取定

序号	项目	计量单位	小数取定	序号	项目	计量单位	小数取定
1	人工	工日	两位小数	4	木材	m^3	三位小数
2	机械	台班	两位小数	5	水泥	kg	取整数
3	钢材	t	两位小数	6	其他材料	与产品计量单位保持一致	两位小数

4.1.6 预算定额人工消耗量的确定

人工的工日数可以有两种确定方法。一种是以劳动定额为基础确定；另一种是以现场观察测定资料为基础计算，主要用于遇到劳动定额缺项时，采用现场工作日写实等测时方法测定和计算定额的人工消耗量。

预算定额中，人工工日消耗量是指在正常施工条件下，生产单位合格产品所必需消耗的人工工日数量，是由分项工程所综合的各个工序劳动定额，包括基本用工和其他用工两部分。

1. 基本用工

基本用工是指完成一定计量单位的分项工程或结构构件的各项工作过程的施工任务所必需消耗的技术工种用工。按技术工种相应劳动定额工时定额计算，以不同工种列出定额工日。基本用工包括：

（1）完成定额计量单位的主要用工 按综合取定的工程量和相应劳动定额进行计算。计算公式如下：

$$基本用工 = \sum (综合取定的工程量 \times 劳动定额)$$

如工程实际中的砖基础，有1砖厚、1砖半厚、2砖厚等之分，用工各不相同，在预算定额中由于不区分厚度，需要按照统计的比例，加权平均得出综合的人工消耗量。

（2）按劳动定额规定应增（减）计算的用工量 如在砖墙项目中，分项工程的工作内容包括了附墙烟囱孔、垃圾道、壁橱等零星组合部分的内容，其人工消耗量相应增加附加人工消耗。由于预算定额是在施工定额子目的基础上综合扩大的，包括的工作内容较多，施工的工效视具体部位而不一样，所以需要另外增加人工消耗，而这种人工消耗也可以列入基本用工内。

2. 其他用工

其他用工是辅助基本用工消耗的工日，包括超运距用工、辅助用工和人工幅度差。

（1）超运距用工 超运距是指劳动定额中已包括的材料、半成品场内水平搬运距离与预算定额所考虑的现场材料、半成品堆放地点到操作地点的水平运输距离之差。计算公式如下：

$$超运距 = 预算定额取定运距 - 劳动定额已包括的运距$$

$$超运距用工 = \sum(超运距材料数量 \times 时间定额)$$

需要指出，实际工程现场运距超过预算定额取定运距时，可另行计算现场二次搬运费。

（2）辅助用工　辅助用工是指技术工种劳动定额内不包括而在预算定额内又必须考虑的用工。例如，机械土方工程配合用工、材料加工（筛砂、洗石、淋化石膏）、电焊点火用工等。计算公式如下：

$$辅助用工 = \sum(材料加工数量 \times 相应的加工劳动定额)$$

（3）人工幅度差　即预算定额与劳动定额的差额，主要是指在劳动定额中未包括而在正常施工情况下不可避免，但又很难准确计量的用工和各种工时损失。内容包括：

1）各工种间的工序搭接及交叉作业相互配合或影响所发生的停歇用工。
2）施工机械在单位工程之间转移及临时水电线路移动所造成的停工。
3）质量检查和隐蔽工程验收工作的影响。
4）班组操作地点转移用工。
5）工序交接时对前一工序不可避免的修整用工。
6）施工中不可避免的其他零星用工。

人工幅度差计算公式如下：

$$人工幅度差 = (基本用工 + 辅助用工 + 超运距用工) \times 人工幅度差系数$$

人工幅度差系数一般为10%~15%，具体系数取值见表4-4。在预算定额中，人工幅度差的用工量列入其他用工量中。

表4-4　基础定额中的人工幅度差系数

序号	项目	人工幅度差系数（%）	序号	项目	人工幅度差系数（%）
1	土方	10	7	模板（现浇）	15
2	砌筑	15		模板（预制）	10
3	脚手架	12	8	门窗制作	8
4	混凝土（含现浇、预制）	10		木门窗安装	10
5	钢筋（含现浇、预制）	10	9	装饰	15
6	楼地面	10		装饰（油漆）	10

预算定额分项工程人工消耗量指标（工日）= 基本用工 + 其他用工
　　　　　　　　　　　　　　　　　　= 基本用工 + 超运距用工 + 辅助用工 + 人工幅度差

或　预算定额分项工程人工消耗量指标（工日）=（基本用工 + 超运距用工 + 辅助用工）×
（1 + 人工幅度差系数）

【例4-1】　完成某分部分项工程1m³需基本用工0.5工日，超运距用工0.05工日，辅助用工0.1工日。如人工幅度差系数为10%，则该工程预算定额人工工日消耗量为多少工日/10m³。

解：

人工幅度差 =（基本用工 + 超运距用工 + 辅助用工）× 人工幅度差系数
　　　　　=（0.5 + 0.05 + 0.1）× 10% 工日 = 0.065 工日

人工工日消耗量 = 0.5 工日/m³ + 0.1 工日/m³ + 0.05 工日/m³ + 0.065 工日/m³
　　　　　　　= 0.715 工日/m³ = 7.15 工日/10m³

4.1.7 预算定额材料消耗量的确定

材料消耗量计算方法主要有：凡有标准规格的材料，按规范要求计算定额计量单位的耗用量，如砖、防水卷材、块料面层等；凡设计图标注尺寸及下料要求的按设计图尺寸计算材料净用量，如门窗制作用材料、方板料等，各种胶结、涂料等材料的配合比用料，可以根据要求换算，得出材料用量。除了以上方法，还可以使用测定法，包括实验室试验法和现场观察法。测定法是指各种强度等级的混凝土及砌筑砂浆配合比的耗用原材料数量的计算，须按照规范要求试配，试压合格后再进行必要的调整，得出的水泥、砂子、石子、水的用量。对新材料、新结构又不能用其他方法计算定额消耗用量时，须用现场测定方法来确定，根据不同条件可以采用写实记录法和观察法，得出定额的消耗量。

材料损耗量是指在正常条件下不可避免的材料损耗，如现场内材料运输及施工操作过程中的损耗等。其关系如下：

$$材料损耗率 = 材料损耗量 / 材料净用量 \times 100\%$$
$$材料损耗量 = 材料净用量 \times 材料损耗率$$
$$材料消耗量 = 材料净用量 + 材料损耗量$$

或
$$材料消耗量 = 材料净用量 \times (1 + 材料损耗率)$$

此外，有个别分项工程的计算如果完全按实际情况计算会较复杂，因此，在制定计算规则时做了一定的简化处理，但在编制相应的预算定额时，需考虑计算规则简化带来的影响，尽量予以消除。如实心砖墙的计算规则为：按设计图示尺寸以体积计算；扣除门窗洞口、过人洞、空圈、嵌入墙内的钢筋混凝土柱、梁、圈梁、挑梁、过梁及凹进墙内的壁龛、管槽、暖气槽、消火栓箱所占体积，不扣除梁头、板头、檩头、垫木、木楞头、沿缘木、木砖、门窗走头、砖墙内加固钢筋、木筋、铁件、钢管及单个面积≤0.3m² 的孔洞所占的体积；凸出墙面的腰线、挑檐、压顶、窗台线、虎头砖、门窗套的体积也不增加，凸出墙面的砖垛并入墙体体积内计算。因此，在编制砖墙的预算定额时，考虑计算规则简化带来的影响，可以对砖墙中材料的用量乘以下式中的调整系数进行调整：

$$调整系数 = 1 + 不增加部分比例 - 不扣除部分比例$$

【例 4-2】 试根据下述技术测定资料，确定砌筑 10m³ 1 砖厚标准砖墙的预算定额材料消耗量：砖墙采用预拌干混砌筑砂浆 DM M10，梁头、板头和门窗套占墙体积的百分比分别为 0.6%、2.1%、1.2%，砖和砂浆的损耗率均为 1%，完成 10m³ 砌体需消耗水 1.06m³，其他材料费为 133.72 元。

解：

$$调整系数 = 1 + 不增加部分比例 - 不扣除部分比例 = 1 + 1.2\% - 0.6\% - 2.1\% = 0.985$$

$$每 1m^3 砖墙标准砖净用量 = \frac{1}{0.24 \times (0.24 + 0.01) \times (0.053 + 0.01)} \times 1 \times 2 \text{ 块} = 529.1 \text{ 块}$$

$$每 1m^3 砖墙砂浆净用量 = 1 - 529.1 \times (0.24 \times 0.115 \times 0.053) m^3 = 0.226 m^3$$

每 10m³ 1 砖厚标准砖墙各材料预算定额消耗量：

$$标准砖消耗量 = 529.1 \times (1 + 1\%) \times 0.985 \times 10 \text{ 块} = 5263.75 \text{ 块}$$

$$砂浆消耗量 = 0.226 \times (1 + 1\%) \times 0.985 \times 10 m^3 = 2.25 m^3$$

水的消耗量为 1.06m³，其他材料费为 133.72 元。

4.1.8 预算定额机械台班消耗量的确定

预算定额中的机械台班消耗量是指在正常施工条件下，生产单位合格产品（分部分项工程或结构构件）必须消耗的某种型号施工机械的台班数量。

1. 根据施工定额确定机械台班消耗量的计算

根据施工定额确定机械台班消耗量的计算是指用施工定额中机械台班产量加机械幅度差计算预算定额的机械台班消耗量。机械幅度差是指在施工定额中所规定的范围内没有包括，而在实际施工中又不可避免产生的影响机械或使机械停歇的时间。其内容包括：

1）施工机械转移工作面及配套机械相互影响损失的时间。
2）在正常施工条件下，机械在施工中不可避免的工序间歇。
3）工程开工或收尾时工作量不饱满所损失的时间。
4）检查工程质量影响机械操作的时间。
5）临时停机、停电影响机械操作的时间。
6）机械维修引起的停歇时间。

大型机械幅度差系数：土方机械的为25%，打桩机械的为33%，吊装机械的为30%。砂浆、混凝土搅拌机由于按小组配用，以小组产量计算机械台班产量，不另增加机械幅度差。其他分部工程中如钢筋加工、木材、水磨石等各项专用机械的机械幅度差为10%。

综上所述，预算定额的机械台班消耗量按下式计算：

预算定额机械台班消耗量=施工定额机械台班消耗量×(1+机械幅度差系数)

2. 以现场实测数据为基础的机械台班消耗量的确定

如遇劳动定额缺项的项目，在编制预算定额的机械台班消耗量时，则需通过对机械现场实地观测得到机械台班数量，在此基础上加上适当的机械幅度差，来确定机械台班消耗量。

【例4-3】 已知预算定额中，浇筑 $10m^3$ 的梁需消耗混凝土 $10.15m^3$，采用出料容量为500L的混凝土搅拌机搅拌，每一次循环中，装料、搅拌、卸料、中断需要的时间分别为1min、3min、1min、1min，机械正常利用系数为0.9，机械幅度差为10%，试确定该预算定额的机械台班消耗量。

解：

该搅拌机工作一次的正常延续时间 = 1min+3min+1min+1min = 6min = 0.1h

该搅拌机纯工作1h循环次数 = 10 次

该搅拌机纯工作1h正常生产率 = 10 次×500L/次 = 5000L = $5m^3$

该搅拌机台班产量定额 = 5×8×0.9 m^3/台班 = 36m^3/台班

该预算定额的机械台班消耗量 = $\frac{1}{36}$×(1+10%)×10.15 台班 = 0.31 台班

4.1.9 预算定额基价的确定

预算定额基价是指分别将消耗量定额子目中的"三量"与对应的"三价"相乘，得出人工费、材料费和机械费，最后汇总起来得到的基价。

预算定额基价 = 人工费+材料费+机械费

= ∑各人工消耗量×相应的人工工日单价+∑各材料消耗量×相应的材料单价+∑各机械台班消耗量×相应的机械台班单价

课证融通小测

一、单选题

1. 完成某分部分项工程 $1m^3$ 需基本用工 0.5 工日，超运距用工 0.05 工日，辅助用工 0.1 工日。如人工幅度差系数为 10%，则该工程预算定额人工工日消耗量为（　　）工日/$10m^3$。

   A. 6.05　　　　　　B. 5.85　　　　　　C. 7.00　　　　　　D. 7.15

2. 下列材料损耗，应计入预算定额材料损耗量的是（　　）。

   A. 场外运输损耗　　　　　　B. 工地仓储损耗
   C. 一般性检验鉴定损耗　　　D. 施工加工损耗

3. 经现场观测，完成 $10m^3$ 某分项工程需消耗某种材料 $1.76m^3$，其中损耗量为 $0.055m^3$，则该种材料的损耗率为（　　）。

   A. 3.03%　　　　　B. 3.13%　　　　　C. 3.20%　　　　　D. 3.23%

4. 下列施工机械的停歇时间，不在预算定额机械幅度差中考虑的是（　　）。

   A. 机械维修引起的停歇
   B. 工程质量检查引起的停歇
   C. 进行准备与结束工作时引起的停歇
   D. 机械转移工作面引起的停歇

5. 因购买的黄砂不合要求，需对其进行筛砂处理，该人工消耗包含在（　　）内。

   A. 基本用工　　　　　　B. 辅助用工
   C. 超运距用工　　　　　D. 人工幅度差

二、多选题

1. 预算定额的编制原则有（　　）。

   A. 平均水平　　　　　　B. 先进水平
   C. 简明适用　　　　　　D. 简单适用

2. 预算定额的编制依据有（　　）。

   A. 国家有关部门的有关制度与规定
   B. 现行设计、施工验收规范，质量评定标准和安全技术规程
   C. 施工定额
   D. 成熟推广的新技术、新结构、新材料和先进的施工方法

3. 编制预算定额人工消耗指标时，下列人工消耗量属于人工幅度差用工的有（　　）。

   A. 施工过程中水电维修用工
   B. 隐蔽工程验收影响的操作时间
   C. 现场材料水平搬运工
   D. 现场材料加工用工
   E. 现场筛沙子增加的用工量

4. 下列与施工机械工作相关的时间中,应包括在预算定额机械台班消耗量中,但不包括在施工定额中的有（   ）。

    A. 低负荷下工作时间
    B. 机械施工不可避免的工序间歇
    C. 机械维修引起的停歇时间
    D. 开工时工作量不饱满所损失的时间
    E. 不可避免的中断时间

任务4.1　工作任务单

1. 学生任务分配表

班级		组号		指导教师	
组长		学号			
组员 （姓名、学号）					
任务分工					

2. 预算定额的编制计算

组号		姓名		学号	
工作目标		(1) 根据计算方案和任务分工,完成预算定额的编制计算 (2) 讨论分析计算数据,并进行修正			

(1) 人工消耗量

(2) 材料消耗量

(3) 机械台班消耗量

(4) 基价

案例详解

3. 砖墙砌筑预算定额项目表

工作内容：调、运、铺砂浆，运、砌砖。包括砌窗台虎头砖、门窗套等。　　　　　　　　单位：10m³

	定额编号			A4-11
	项目			砖墙墙厚
				1.5砖
	名称	单位	单价	数量
	基价	元	—	
其中	人工费	元	—	
	材料费	元	—	
	机械费	元	—	
	综合人工			
材料	砖（240mm×115mm×53mm）			
	M5 水泥砂浆			
	水			
	其他材料费			
机械	400L 搅拌机			

4. 评价表

姓名：		组号：	任务：	
评价内容	评价标准	自评	小组互评	教师评价
职业素养（20分）	（1）学习态度积极，能主动思考问题，能有计划地组织小组成员完成工作任务，有良好的团队合作意识，遵章守纪，计20分 （2）学习态度较积极，能主动思考问题，能配合小组成员完成工作任务，遵章守纪，计15分 （3）学习态度端正，主动思考能力欠缺，能配合小组成员完成工作任务，遵章守纪，计10分 （4）学习态度不端正，不参与团队任务，计0分			
成果（80分）	计算（校核、审核）无误，无返工，计算表格规范，字迹工整，计80分，如有错误按以下标准扣分，扣完为止： （1）计算（校核、审核）有错误，每返工一次扣20分 （2）表格填写不规范，每处扣5分 （3）字迹不工整，酌情扣分，最多扣10分			
综合得分				
备注：综合得分＝自评分×30%＋小组互评分×40%＋教师评价分×30%				

任务4.2 企业定额的编制

1. 掌握企业定额的概念。
2. 熟悉企业定额的编制原则、编制依据、编制内容及步骤。
3. 掌握企业定额的编制方法。
4. 掌握企业定额人工、材料、机械台班消耗量的确定及人工、材料、机械台班单价的确定。（重点、难点）
5. 掌握企业定额项目表的编写。（重点、难点）

1. 具备确定企业定额人工、材料、机械台班消耗量的能力。
2. 具备确定企业定额人工、材料、机械台班单价及人工、材料、机械台班费用的能力。

随着我国造价改革的深入，工程造价的市场化进程逐步加快，在当前的竞争中，能否中标的关键取决于企业的个别成本，而非以往的社会平均成本（国家定额及计费方式）加下浮率的模式。这样的改革既符合与国际接轨的需要，也更适应社会主义市场经济价格规律的运作。在这样的外部环境下，建筑施工企业亟须建立自己的内部定额，以适应市场竞争的需要。

某施工企业为响应造价改革，决定编制本企业定额，现你作为该企业的一名实习生配合师傅进行定额的编制，试结合收集的数据，完善表4-5混凝土柱企业定额项目表。

施工现场实测收集的数据如下：人工方面，10个工人一个工日共完成22m^3混凝土的浇筑工作，模板的用工为0.304工日/m^2，钢筋制作的用工为1.964工日/t，钢筋绑扎用工为4.9工日/t，钢筋用工合计6.864工日/t；材料方面，浇筑混凝土柱共计22m^3，混凝土及砂浆共计净用量为21.78m^3，损耗率为2%，模板消耗量为1.8m^3，钢筋（综合测定，不区分规格型号）消耗量为0.15t。

市场调研收集的数据如下：某地区现阶段市场一类工，每工日最低价200元，最高价240元，二类工最低价180元，最高价200元（已知钢筋制安、模板安拆属于综合用工一类工、混凝土浇筑工属于综合用工二类工）。钢筋价格根据钢筋不同型号，价格区间为5200~5600元/t，结合市场趋势进行加权平均后钢筋价格为5400元/t，模板加权平均价格为27元/m^2，混凝土加权平均价格为50元/m^3，其他材料费占上述材料的3%。机械分为自有机械及租赁机械，价格根据工程经验，1t钢筋的机械费用平均为70元，混凝土及模板机械费占比较小，结合经验数据，混凝土的机械费为2元/m^3，模板的机械费为2元/m^2。另机械费＝每单位机械费×材料消耗量。

表 4-5 混凝土柱企业定额项目表

工作内容：钢筋制安、模板制作、安装、拆除、混凝土浇筑、振捣、养护等。　　　　单位：m³

定额编号				1-001
项目				混凝土柱
名称		消耗量	单价	费用
预算价格		—	—	
人工费		—	—	
材料费		—	—	
机械费		—	—	
人工	混凝土			
	模板	0.304 工日/m²	220 元/工日	120.38 元
	钢筋			
材料	商品混凝土 C30（含同配比砂浆）			
	复合模板	1.8 m²	27 元/m²	
	钢筋（综合测定，不区分规格型号）			
	其他材料费	3%	—	
机械	混凝土机械			
	模板机械	1.8 m²	2 元/m²	3.6 元
	钢筋机械			

4.2.1 企业定额的概念

企业定额是指建筑安装企业根据本企业自身的技术水平和管理水平，所确定的完成单位合格产品所需人工、机械、材料消耗的数量和费用标准。企业定额反映了企业的施工水平、装备水平和管理水平，是考核建筑安装企业劳动生产率水平、管理水平的标尺，是确定工程成本、投标报价的依据。

工程量清单计价方法实施的关键在于企业的自主报价，企业运用自己的企业定额资料确定工程量清单中的报价、人工消耗、材料消耗、机械种类和消耗、管理费用的构成等各项指标，才能显示出其施工和管理上的特点，在投标报价中增强竞争力。因此，企业定额体系的建立是推行工程量清单计价的重要工作。

1. 企业定额的性质

企业定额是建筑安装企业内部管理的定额，从性质上看，企业定额是施工定额的别称。企业定额影响范围涉及企业内部管理的各个方面，包括企业生产经营活动的计划、组织、协调、控制和指挥等各个环节。企业应根据其具体条件和可挖掘的潜力、市场的需求和竞争环境，根据国家有关政策、法律、规章制度，编制自己的定额，自行决定定额的水平，允许同类企业和同一地区的不同企业之间存在定额水平的差距。

2. 企业定额的特点

1）定额中人工、材料、机械消耗量要比社会的平均水平低，以体现其先进性。
2）可以体现本企业在某些方面的技术优势和管理优势。
3）可以体现本企业在定额执行期内的综合生产能力水平。
4）所有匹配的单价都是动态的，具有市场性。
5）与施工方案（施工组织设计）能全面接轨。

3. 企业定额的构成与表现形式

企业定额的构成与表现形式因企业的性质不同、取得资料的详细程度不同、编制目的不同、编制方法不同而不同。其构成与表现形式主要有以下 8 种：

1）企业人工定额。
2）企业材料消耗定额。
3）企业机械台班使用定额。
4）企业施工定额。
5）企业定额估价表。
6）企业定额标准。
7）企业产品出厂价格。
8）企业机械台班租赁价格。

4. 企业定额的作用

企业定额的作用是通过企业的内部管理和外部经营活动体现出来的。如何让企业定额在内部管理和外部经营活动中以最少的劳动与物质资源的消耗获得最大的效益，是施工企业在激烈的市场竞争中能否占领市场、掌握市场主动权的关键。

企业定额所规定的消耗量指标，是企业资源优化配置的反映，是企业管理水平与人员素质和企业精神的体现。在以提高产品质量、缩短工期、降低产品成本和提高劳动生产率为核心的企业经营与管理中，强化企业定额的管理，实行有定额的劳动，是企业立于不败之地的重要保证。因此，在企业组织资源进行施工生产和经营管理时，企业定额应发挥的作用有以下 7 点：

（1）企业定额是企业计划管理的依据　企业定额在企业计划管理方面的作用，表现在它既是企业编制施工组织设计的依据，也是企业编制施工作业计划的依据。

施工组织设计是指导拟建工程进行施工准备和施工生产的技术经济文件，其基本任务是根据招标文件及合同协议的规定，确定出经济、合理的施工方案，在人力和物力、时间和空间、技术和组织上对拟建工程做出最佳安排。施工作业计划则是根据企业的施工计划、拟建工程的施工组织设计和现场实际情况编制的。这些计划的编制必须以施工定额为依据。因为施工组织设计包括三个方面的内容：资源需用量、使用这些资源的最佳时间安排和平面规划。施工中实物工作量和资源需用量的计算均须以施工定额的分项和计量单位为依据。施工作业计划是施工单位计划管理的中心环节，编制时也要用施工定额进行劳动力、施工机械和运输力量的平衡，计算材料、构件等分期需用量和供应时间，计算实物工程量和安排施工形象进度。

（2）企业定额是组织和指挥施工生产的有效工具　企业组织和指挥施工班组进行施工，是按照作业计划通过下达施工任务单和限额领料单来实现的。

施工任务单既是下达施工任务的技术文件,也是班组经济核算的原始凭证。它列出了应完成的施工任务,也记录着班组实际完成任务的情况,并且可据此进行班组工人的工资结算。施工任务单上的工程计量单位、产量定额和计件单位,均需取自施工企业定额。

限额领料单是施工队随任务单同时签发的材料领取凭证,这一凭证是根据施工任务和施工企业定额中的材料定额填写的。其中领料数量是班组为完成规定的工程任务消耗材料的最高限额,这一限额也是评价班组完成任务情况的一项重要指标。

(3) 企业定额有利于推广先进技术 企业定额水平包含着某些已成熟的先进的施工技术和经验,工人要达到和超过定额,就必须掌握和运用这些先进技术,如果工人想要大幅度超过定额,就必须创造性地劳动。第一,在自己的工作中,注意改进工具和改进技术操作方法,注意节约原材料,避免原材料和能源的浪费。第二,施工定额中往往明确要求采用某些先进的施工工具和施工方法,所以贯彻施工定额也就意味着推广先进技术。第三,企业为了推行施工定额,往往要组织技术培训,以帮助工人能达到和超过定额。技术培训和技术示范等方式也都可以大大普及先进技术和先进操作方法。

(4) 企业定额是计算劳动报酬、实行按劳分配的依据 目前,施工企业内部推行了多种形式的承包经济责任制,但无论采取何种形式,计算承包指标或衡量班组的劳动成果都要以施工定额为依据。定额完成情况好,劳动报酬就多,完成情况不好,劳动报酬就少。这样,工人的劳动成果和劳动报酬直接挂钩,体现了按劳分配的原则。

(5) 企业定额是施工企业进行投标、编制投标报价的基础和主要依据 企业定额能够反映企业施工生产的技术水平和管理水平,在确定工程投标报价时,首先根据企业定额计算出施工企业完成投标工程需要发生的计划成本;在掌握工程成本的基础上再根据所处的环境和条件,确定在该工程上拟获得的利润,预计工程风险费用和其他应考虑的因素,从而确定报价。因此,企业定额是施工企业编制计算投标报价的基础。

(6) 企业定额是编制施工预算,加强企业成本管理的基础 施工预算是施工单位用以确定单位工程上人工、材料、机械的资金需要量的计划文件。施工预算以企业定额为编制基础,既要反映设计图的要求,也要考虑在现有条件下可能采取的节约人工、材料和降低成本的各项具体措施。这就能够有效地控制施工中人力、物力的消耗,节约成本开支。

施工中人工、材料和机械的费用,是构成工程成本中直接费用的主要内容,对间接费用的开支也有很大的影响,严格执行施工定额不仅可以起到控制成本、降低费用开支的作用,也可为企业加强班组核算和增加盈利等企业成本管理工作创造良好的条件。

(7) 企业定额是编制预算定额和补充单位估价表的基础 预算定额的编制要以企业定额为基础。以企业定额的水平作为确定预算定额水平的基础,不仅可以免除测定定额水平的大量烦琐的工作,而且可以使预算定额符合施工生产和经营管理的实际水平,并保证施工中的人力、物力消耗能够得到足够补偿。企业定额作为编制补充单位估价表的基础,是指由于新技术、新结构、新材料、新工艺的采用而在预算定额中缺项时,以及编制补充预算定额和补充单位估价表时,要以企业定额作为基础。

4.2.2 企业定额的编制原则

(1) 坚持实事求是的原则　企业定额应本着实事求是的原则，结合企业经营管理的特点，确定人工、材料、机械各项消耗的数量，对影响造价较大的主要常用项目，应该考虑多种施工组织形式，从而使定额在运用上更贴近实际、技术上更先进、经济上更合理，使工程单价真实地反映企业个别成本。

(2) 平均先进原则　平均先进是就定额水平而言的。定额水平是指规定消耗在单位产品上的劳动、材料和机械数量的多少。也可以说，它是按照一定施工程序和在一定工艺条件下规定的施工生产中活劳动和物化劳动的消耗水平。所谓平均先进原则，就是在正常的施工条件下，大多数施工队组和大多数生产者经过努力能够达到和超过的水平。

企业定额应以企业平均先进水平为基准，使多数单位和员工经过努力能够达到或超过企业平均先进水平，以保持定额的先进性和可行性。

贯彻平均先进原则：首先，要考虑那些已经成熟并得到推广的先进技术和先进经验。但对于那些尚不成熟，或已经成熟但尚未普遍推广的先进技术，暂时还不能作为确定定额水平的依据；其次，对于原始资料和数据要加以整理，剔除个别的、偶然的、不合理的数据，尽可能使计算数据具有实践性和可靠性；再次，要选择正常的施工条件、行之有效的技术方案、组织合理的操作方法作为确定定额水平的依据；最后，从实际出发，综合考虑影响定额水平的有利和不利因素（包括社会因素），这样才不至于使定额水平脱离现实。

(3) 动态管理的原则　建筑市场行情瞬息万变，企业的技术水平和管理水平也在不断地更新，不同的工程，在不同的时候都有不同的价格，因此企业定额的编制还要遵循动态管理的原则。

(4) 简明适用的原则　简明适用是就定额的内容和形式要便于定额的贯彻和执行。简明适用的原则要求施工定额内容要能满足组织施工生产和计算工人劳动报酬等多种需要，并且应简单明了，容易掌握，便于查阅、计算、携带。

定额的简明性和适用性，是既有联系又有区别的两个方面。编制施工定额时应全面加以贯彻。当两者发生矛盾时，定额的简明性应服从适用性的要求。

贯彻定额的简明适用原则，关键是做到定额项目设置完全，项目划分粗细适当。定额项目的设置是否齐全完备，对定额的适用性影响很大。划分施工定额项目的基础是工作过程或施工技术。不同性质、不同类型的工作过程或工作，都应分别反映在各个施工定额的项目中。即使是次要的，也应在说明备注和系数中反映出来。

为了保证定额项目齐全，首先要加强基础资料的日常积累，尤其应注意收集和分析各项补充定额资料；其次，注意补充反映新结构、新材料、新技术的定额项目；最后，处理淘汰定额项目要持谨慎态度。

(5) 量价分离、少留活口的原则　企业定额编制应该尽量减少使用时的调整，量价关联、活口过多都会增大调整的概率，不仅给定额的使用带来麻烦，更容易导致因成本测算差异太大而不能有效起到预测和控制作用的结果。

(6) 时效性原则　企业定额是一定时期内技术发展和管理水平的反映，所以在一段时期内会表现出稳定的状态。这种稳定性又是相对的，它还有更显著的时效性。当企业定额不再适应市场竞争和成本监控的需要时，它就要重新编制和修订，否则就会挫伤劳动者的积极性，甚至产生负面效应。

（7）与施工方案全面接轨的原则　企业定额区别于行业定额或政府定额的一个主要特征和优势就在于此。行业和政府定额因其适用范围比企业定额大，为了避免理解和使用上的混乱，大多数定额强调通用性，损失了定额的针对性，而企业定额在条目设置上就是追求尽量实现能与施工方案全面配套的功能，这使得企业定额的运用更加具有针对性，更加符合实际情况。

（8）保密原则　企业定额的指标体系及标准要严格保密。建筑市场竞争激烈，就企业现行的定额水平而言，在工程项目投标中如被竞争对手获取，会使本企业陷入十分被动的境地，给企业带来不可估量的损失。所以，企业要有自我保护意识和相应的保密措施。

（9）以专家为主编制定额的原则　编制施工定额，要以专家为主，这是实践经验的总结。企业定额的编制要求有一支经验丰富、技术与管理知识全面、有一定政策水平的、稳定的专家队伍，这一点非常重要。

（10）独立自主的原则　施工企业作为具有独立法人地位的经济实体，应根据企业的具体情况和要求，结合政府的技术政策和产业导向，以企业盈利为目标，自主制定企业定额。贯彻这一原则有利于企业自主经营；有利于执行现代企业制度；有利于施工企业摆脱过多的行政干预，更好地面对建筑市场的竞争环境；有利于促进新的施工技术和施工方法的推广使用。

4.2.3　企业定额的编制依据

1）现有定额资料及其编制说明。现有定额包括近期和现行的预算定额（消耗量定额）的结构形式、子目的设置、章节的划分、工程量计算规则的规定、定额项目的综合工作内容和人工、材料、机械消耗数量等，是编制企业定额的参考依据。现行的人工定额是编制定额补充项目的依据。定额的编制说明（交底资料）中含有大量的定额编制的基础数据，人工、材料、机械消耗量计算公式，定额综合内容的综合比例，这些资料是编制企业定额的重要参考资料。

2）新材料、新结构、新工艺施工项目的现场资料。在投标报价过程中，拟建工程可能出现一些新材料、新结构、新工艺施工的项目。这些项目，对于中标者应注意收集施工过程中实际发生的人工、材料、机械消耗的资料，并加以分析，逐步形成补充定额；对于未中标者，则应注意搜集有关的书面资料，如施工过程、技术要求、劳动组织、技术装备等，为将来投标报价中再出现这些项目时能够报出有竞争力的价格做准备。

3）企业内部各相关部门的管理资料和依据，包括劳动生产部门、财务部门的工资总额、平均人数，材料部门的各类材料的采购价格、运费的发生情况，机械管理部门的机械折旧情况和租赁机械的价格。

4）计划统计部门定时测算的工程造价指标。

4.2.4　企业定额编制的内容

1）形式上企业定额编制的内容包括编制方案、总说明、工程量计算规则、定额项目划分、定额水平的测定（人工、材料、机械消耗水平和管理成本费的测算和制定）、定额水平的测算（类似工程的对比测算）、定额编制基础资料的整理归类和编写。

2）按《建设工程工程量清单计价标准》（GB/T 50500—2024）要求编制的内容有：

① 工程实体消耗定额，是指规定构成工程实体的分部分项工程的人工、材料、机械的定额消耗量。其中，人工消耗量要根据本企业工人的操作水平确定；材料消耗量不仅包括施工材料的净消耗量，还应包括施工损耗；机械消耗量应考虑机械的摊销率。

② 措施性消耗定额，是指有助于工程实体形成的临时设施、技术措施等的定额消耗量，既有为保证工程正常施工所采用措施的消耗，包括模板的选择、配置与周转，脚手架的合理使用与搭拆及各种机械设备的合理配置等，也有根据工程当时当地情况和施工经验采取合理配置措施的消耗。

③ 由计费规则、计价程序有关规定及相关说明组成的编制规定。在规定中一般要体现出施工准备、组织施工生产和管理所需的各项费用标准，包括企业管理人员工资、各种基金、保险费、办公费、工会经费、财务费用等。

4.2.5 企业定额的编制范围及部门分工

企业定额的编制范围应该是本企业已经施工过的工程项目。考虑到企业发展的需要，并且借鉴和参考行业及政府定额，还要编制部门与企业未来生产方向相关的定额，以适应企业管理的需要。

企业定额编制的部门包括总经济师、经营部、工程部、财务部和各项目经理部。各部门分工如下：

（1）总经济师　负责全面主持定额编制工作，编写企业定额编制办法和定额总说明，审定编制施工模型方案，确定定额编制范围、内容、步距、深度，确定数据库格式，协调各编制部门之间的配合工作，会同副总经理确定定额编制成果，并参与经营部工作。

（2）经营部　负责确定定额计算方法，计算定额资源消耗数量、摊销数量，确定相关材料价格、机械价格，测算新编企业定额水平，完成全部定额编制文稿，建立相应的定额消耗量库、材料库和机械台班库。

（3）工程部　负责采集和整理现场相关资料，编制施工定额，确定合理工期；安排相应的劳动力、机械、临时设施、措施项目等；提供详细的机械相关参数、工序时间参数；编写定额工程量计算规则。

（4）财务部　主要负责对项目现场管理费用定额的编制，分析整理企业历年的施工管理费用资料，按定额步距分批形成费用定额。

（5）项目经理部　主要负责提供现场资料，按公司企业定额编制组提出的要求收集本项目的实际生产资料，包括资源消耗情况、劳动力分布、机械使用、能耗，同时应对收集资料的状况（环境）进行详细描述。

4.2.6 企业定额的编制方法

1. 经验统计法

（1）经验统计法的概念　经验统计法是运用抽样统计的方法，从以往类似工程施工竣工结算资料、典型设计图资料及成本核算资料中抽取若干个项目的资料，进行分析、测算及定量的方法。

（2）经验统计法的要求　运用这种方法，首先要建立一系列数学模型，对以往不同类型的样本工程项目成本降低情况进行统计、分析，然后得出同类型工程成本的平均值或平均先进值。由于典型工程的经验数据权重不断增加，使其统计数据资料越来越完善、真实、可靠。这种方法只要正确确定基础类型，然后"对号入座"即可。

（3）经验统计法的特点　此方法的特点是积累过程长、统计分析细致但使用时简单易行、方便快捷。其缺点是模型中考虑的因素有限，而工程实际情况要复杂得多，此法对各种变化情况的需要不能一一适应，准确性不够。因此，这种方法对设计方案较规范的一般住宅民用建筑工程的常用项目的人工、材料、机械消耗及管理费测定较适用。

2. 现场观察测定法

（1）现场观察测定法的概念　现场观察测定法是我国多年来专业测定定额的方法。它以研究工时消耗为对象，以观察测时为手段，通过密集抽样和粗放抽样等技术进行直接的时间研究，从而确定人工消耗和机械台班定额水平。

（2）现场观察测定法的特点　此法的特点是能够把现场工时消耗情况和施工组织技术条件联系起来加以观察测时、计量和分析，以获得该施工过程的技术组织条件和工时消耗的有关技术根据的基础资料，它不仅能为制定定额提供基础数据，也能为改善施工组织管理、改善工艺过程和操作方法，消除不合理的工时损失和进一步挖掘生产潜力提供依据。

此法技术简便、应用面广且资料全面，适用于影响工程造价较大的主要项目及新技术、新工艺、新施工方法项目的劳动力消耗和机械台班水平的测定。这里要强调的是劳动消耗中要包含人工幅度差的因素，至于人工幅度差考虑多少，是低于现行预算定额水平还是进行不同的取值，由企业在实践中探索确定。

3. 定额换算法

（1）定额换算法的概念　定额换算法是按照工程预算的计算程序计算出造价，分析出成本，然后根据具体工程项目的施工图、现场条件和企业劳务、设备及材料储备状况，结合实际情况对定额水平进行调增或调减，从而确定工程实际成本的方法。对于尚未建立企业定额的各施工单位，采用定额换算法建立部分定额水平不失为一条捷径。

（2）定额换算法的特点　这种方法在假设条件下把变化的条件罗列出来进行适当的增减，既简单易行，又相对准确，是补充企业一般工程项目人工、材料、机械和管理费标准的较好的方法之一，不过这种方法制定的定额水平要在实践中得到检验和完善。

4.2.7　企业定额的编制步骤

1. 制定企业定额编制计划书

企业定额编制计划书一般包括以下内容：

1）企业定额编制的目的。企业定额编制的目的一定要明确，因为编制目的决定了企业定额的适应性，也决定了企业定额的表现形式。例如，企业定额的编制目的如果是为了控制工耗和计算工人劳动报酬，应采取人工定额的形式；如果是为了企业进行工程成本核算，以及为企业走向市场参与投标报价提供依据，则应采用施工定额或定额估价表的形式。

2）定额水平的确定原则。企业定额水平的确定，是企业定额能否实现编制目的的关键。定额水平过高，背离企业现有水平，使企业内多数施工队、班组、工人通过努力仍然达不到定额水平，不仅不利于定额在本企业推行，还会挫伤管理者和劳动者的积极性；定额水平过低，起不到鼓励先进和督促落后的作用，而且对项目成本核算和企业参与市场竞争不利。因此，在编制计划书时，必须对定额水平进行确定。

3）编制方法和定额形式。定额的编制方法很多，对不同形式的定额，其编制方法也不相同。例如，人工定额的编制方法有技术测定法、统计分析法和经验估计法等；材料消耗定额的编制方法有现场观察法、实验室试验法和经验统计法等。因此，定额编制究竟采取哪种方法应根据具体情况而定。企业定额编制通常采用的方法有两种：定额测算法和方案测算法。

4）企业定额编制机构及参编人员。企业定额的编制工作是一个系统性的工程，它需要一批高素质的专业人才在一个高效率的组织机构的统一指挥下协调工作，因此，在定额编制工作开始时，必须设置一个专门的机构，配置一批专业人员。

5）应收集的数据和资料。定额在编制时要收集大量的基础数据和各种法律、法规、标准、规程、规范、规定等，这些资料都是定额编制的依据。所以，在编制计划书时，要制定一份按门类划分的资料明细表。在资料明细表中，除必须采用的法律、法规、标准、规程、规范资料，还应根据企业自身的特点，选择一些能够适合本企业使用的基础性的数据资料。

6）工期和编制进度。定额的编制是为了使用，具有时效性，所以应确定一个合理的工期和进度计划表，这样既有利于编制工作的开展，又能保证编制工作的效率和效益。

2. 收集资料并进行调查、分析、测算和研究

应收集的资料包括以下内容：

1）现行定额，包括基础定额和预算定额、工程量计算规则。

2）国家现行法律、法规、经济政策和劳动制度等与工程建设有关的文件。

3）有关建筑安装工程的设计规范、施工及验收规范、工程质量检验评定标准和安全操作规程。

4）现行全国通用建筑标准设计图集、安装工程标准安装图集、定型设计图纸、具有代表性的设计图、地方建筑配件通用图集和地方结构构件通用图集，并根据上述资料计算工程量，作为编制定额的依据。

5）有关建筑安装工程的科学实验、技术测定和经济分析数据。

6）有关高新技术、新型结构、新研制的建筑材料和新的施工方法等资料。

7）本企业近几年所采用的主要施工方法。

8）本企业近几年发布的合理化建议和技术成果。

9）本企业近几年各工程项目的施工组织设计、施工方案及工程结算资料。

10）本企业目前所拥有的机械设备状况和材料库存状况。

11）现行人工工资标准和地方材料预算价格。

12）现行机械效率、生命周期和价格，机械台班租赁价格行情。

13）本企业近几年各工程项目的财务报表、公司财务总报表，以及历年收集的各类经济数据。

14）本企业目前的工人技术素质、构成比例、家庭状况和收入水平。

资料收集完成后，要对上述资料进行分类整理、分析、对比、研究和综合测算，提取可供使用的各种技术数据。内容包括企业整体水平与定额水平的差异，现行法律、法规及规程、规范对定额的影响，新材料、新技术对定额水平的影响等。

3. 拟定编制企业定额的工作方案和计划

编制企业定额的工作方案和计划包括以下内容：

1）根据编制目的，确定企业定额的内容及专业划分。
2）确定具体参编人员的工作内容、职责及要求。
3）确定企业定额的结构形式及步距划分原则。
4）确定企业定额的册、章、节的划分和内容的框架。

4. 编制企业定额的初稿

企业定额初稿的编制包括以下步骤及内容：

（1）确定企业定额的定额项目及其内容　企业定额项目及其内容的确定，就是根据定额的编制目的及企业自身的特点，本着内容简明适用、形式结构合理、步距划分合理的原则，将一个单位工程按工程性质划分为若干个分部工程，如土建工程的土石方工程、桩基础工程等；然后将分部工程划分为若干个分项工程，如土石工程划分为人工挖土方、淤泥、流砂、人工挖沟槽、基坑、人工挖孔桩等分项工程；最后确定分项工程的步距，并根据步距对分项工程进一步地详细划分为具体项目。步距参数的设定一定要合理，既不应过粗，也不应过细。如可根据土质和挖掘深度作为步距参数，对人工挖土方进行划分。同时，应对分项工程的工作内容做简明扼要的说明。

（2）确定企业定额的计量单位　分项工程计量单位的确定一定要合理，设置时应根据分项工程特点，本着准确、贴切、方便计量的原则设置。定额的计量单位包括自然计量单位（如台、套、个、件、组、樘等）、国际标准计量单位（如 m、km、m^2、m^3、kg 等）。一般来说，当实物体的三个度量都会发生变化时，采用 m^3 为计量单位，如土方、混凝土、保温层等；如果实物体的三个度量中有两个不固定，采用 m^2 为计量单位如地面、抹灰、油漆等；如果实物体截面形状大小固定，则采用 m 为计量单位，如管道、电缆、电线等；对于不规则形状的、难以度量的，则采用自然计量单位或质量单位。

（3）确定企业定额指标　确定企业定额指标是企业定额编制的重点和难点。企业定额指标的编制，应根据企业采用的施工方法、新材料的替代及机械装备的装配和管理模式，结合收集、整理的各类基础资料进行确定。确定企业定额指标包括确定人工消耗指标、确定材料消耗指标及确定机械台班消耗指标。

（4）编制企业定额项目表　分项工程的人工、材料、机械台班的消耗量确定后，随之即可编制企业定额项目表。具体地说，就是编制企业定额项目表中的各项内容。企业定额项目表是企业定额的主体部分，它由表头栏和人工栏、材料栏、机械栏组成。表头栏部分用以表达各分项工程的结构形式、材料做法和规格、档次等；人工栏是以工种表示的消耗的工日数及合计；材料栏是按消耗的主要材料和消耗性材料依主次顺序分列出的消耗量；机械栏是按机械种类和规格型号分别列出的机械台班使用量。

（5）编排企业定额的项目　定额项目表是按分部工程归类，按分项工程子目编排的一些项目表格。也就是说，按施工的程序，遵循章、节、项目和子目等顺序编排。定额项目表中，大部分以分部工程为章，把单位工程中性质相近且材料大致相同的施工对象编排在一起。在每章（分部工程）中，按工程内容、施工方法和使用的材料类别的不同，分成若干节（分项工程）。在每节（分项工程）中，可以分成若干项目，在项目下还可以根据施工要求、材料类别和机械设备型号的不同，细分成不同子目。

（6）编制企业定额相关项目说明　企业定额相关项目说明包括前言、总说明、目录、分部（或分章）说明，以及建筑面积计算规则、工程量计算规则、分项工程工作内容等。

（7）编制企业定额估价表　企业因投标报价工作的需要，可以编制企业定额估价表。企业定额估价表是在人工、材料、机械台班三项消耗量的企业定额的基础上，用货币形式表达每个分项工程及其子目的定额单位估价计算表格。企业定额估价表的人工、材料、机械台班单价是通过市场调查，结合国家有关法律、文件及规定，按照企业自身的特点来确定的。

4.2.8　企业定额的参考表式

企业实体消耗定额内容包括：总说明，册说明，章说明，工程量计算规则，分项工程工作内容，定额计量单位，定额代码，定额名称，人工、材料、机械的编码、名称、消耗量及其市场价等。表4-6和表4-7均为某企业定额表式。

表4-6　砌块墙

工作内容：调运砂浆、铺砂浆、运砌块、砌砌块（包括墙体窗台虎头砖、腰线门窗套、安放木砖、铁件等）。

单位：10m³

定额编号					3-16	3-17	3-18
项目			单位	单价	水泥焦渣空心砖墙	硅酸盐砌块墙	加气混凝土砌块墙
预算价格			元	—	1374.34	1400.37	1821.70
其中	人工费		元	—	384.57	213.65	205.28
	材料费		元	—	975.63	1180.12	1605.11
	机械费		元	—	14.14	6.6	11.31
人工	R5	砖瓦工	工日	25.65	12.95	7.23	6.81
	R1	普通工	工日	20.00	2.62	1.41	1.53
材料	C166	水泥焦渣空心砖 390mm×190mm×190mm	千块	1267.00	0.559	—	—
	C1670	水泥焦渣空心砖 190mm×190mm×190mm	千块	617.00	0.114	—	—
	C1671	水泥焦渣空心砖 190mm×190mm×190mm	千块	292.00	0.043	—	—
	C1676	硅酸盐砌块 880mm×430mm×240mm	千块	11170.00	—	0.071	—
	C1675	硅酸盐砌块 580mm×430mm×240mm	千块	7360.00	—	0.020	—
	C1674	硅酸盐砌块 430mm×430mm×240mm	千块	5450.00	—	0.008	—
	C1673	硅酸盐砌块 280mm×430mm×240mm	千块	3550.00	—	0.024	—

(续)

定额编号				3-16	3-17	3-18
项目		单位	单价	水泥焦渣空心砖墙	硅酸盐砌块墙	加气混凝土砌块墙
材料	C2150	加气混凝土	m³	159.90	—	—	9.05
	C1661	机红砖 240mm×115mm×53mm	千块	109.02	0.400	0.400	0.405
	P231	混合砂浆 M5	m³	76.55	1.80	0.84	1.44
	C5734	工程用水	m³	2.75	1.12	1.14	1.32
机械	J303	砂浆搅拌机 200L	台班	47.13	0.30	0.14	0.24

表 4-7 整体面层及明沟

工作内容：清理基层、调运砂浆、刷素水泥浆、抹面、压光、养护。 单位：10m³

定额编号				9-23	9-24	9-25
项目		单位	单价	\multicolumn{3}{c	}{水泥砂浆}
				楼地面（20mm）	加浆抹光随捣随抹（5mm）	楼梯（20mm）
预算价格		元	—	706.07	301.38	2910.21
其中	人工费	元	—	254.64	136.06	1868.21
	材料费	元	—	435.41	161.08	998.17
	预算价格	元	—	706.07	301.38	2910.21
	机械费	元	—	16.02	4.24	43.83
人工	R17	抹灰工	工日	28.75	4.53	2.27	51.11
	R1	普通工	工日	20.00	6.22	3.54	19.94
材料	P264	水泥砂浆 1:3	千块	140.81	—	—	0.41
	P284	素水泥浆	千块	376.93	0.10	—	0.27
	P260	水泥砂浆 1:2	千块	170.26	2.02	—	3.35
	P258	水泥砂浆 1:1	千块	211.94	—	0.51	—
	P242	混合砂浆 1:1:6	千块	79.52	—	—	0.80
	P244	混合砂浆 1:3:9	千块	66.84	—	—	1.26
	P275	纸筋灰浆	千块	85.87	—	—	0.23
	C5734	工程用水	m³	2.75	4.76	4.47	7.38
	C6294	草袋	千块	1.85	22.00	22.00	31.79
	C6509	木脚手架板	m³	1350.00	—	—	0.016
机械	J303	砂浆搅拌机 200L	台班	47.13	0.34	0.09	0.93

企业工期定额内容包括：总说明、建筑面积计算规范、每章节说明、工期计算规

则、结构类型、计量单位、定额编号、项目名称、施工天数等。表 4-8 为某企业工期定额表式。

表 4-8　标高 ±0.000m 以上住宅工程

编号	结构类型	层数	建筑面积/m²	施工天数/d	
				总工期	其中：结构
1-29	砖混结构	1	500 以内	30	15
1-30			1000 以内	40	20
1-31			1000 以外	50	25
1-32		2	500 以内	45	20
1-33			1000 以内	55	25
1-34			2000 以内	65	25
1-35			2000 以外	80	40
1-36		3	1000 以内	70	30
1-37			2000 以内	75	35
1-38			3000 以内	85	40
1-39			3000 以外	100	50
1-40		4	2000 以内	90	40
1-41			3000 以内	95	45
1-42			5000 以内	105	55
1-43			5000 以外	120	65
1-44		5	3000 以内	115	50
1-45			5000 以内	135	60
1-46			5000 以外	150	65
1-47		6	3000 以内	150	50
1-48			5000 以内	165	60
1-49			7000 以内	180	70
1-50			7000 以外	200	80
1-51		7	3000 以内	165	60
1-52			5000 以内	180	65
1-53			7000 以内	200	75
1-54			7000 以外	210	85

4.2.9　企业定额编制实例

以某企业定额 $\phi 8$ 钢筋制安工程项目编制为例。

1. 编制依据

1) 参考 1985 年《全国建筑安装工程统一劳动定额》及《全国建筑安装工程统一劳动定额编制说明》。

2）参照 1995 年《全国统一建筑工程基础定额》等有关资料。
3）企业内部实测数据。

2. 施工方法

1）施工现场统一配料，集中加工，配套生产，流水作业。
2）机械制作，是指在一个工地有调直机或卷扬机、切断机、弯曲机全部机械设备。
① 平直：采用调直机调直或卷扬机拉直（冷拉）。
② 切断：采用切断机。
③ 弯曲：采用弯曲机，钢筋弯曲程度以弯曲钢筋占构件钢筋总量的 60% 为准。
3）绑扎采用一般工具、手工操作。
4）原材料及半成品的水平运输，用人力或双轮车搬运。机械垂直运输不分塔吊、机吊，半成品用人力或机械配合运输。

3. 工作内容

（1）钢筋制作
1）平直：包括取料、解捆、开拆、平直（调直、拉直）及钢筋必要的切断、分类堆放到指定地点及运输距离为 30m 以内的原材料搬运等（不包括过磅）。
2）切断：包括配料、画线、标号、堆放及操作地点的材料取放和清理钢筋头等。
3）弯曲：包括放样、画线、弯曲、捆扎、标号、垫楞、堆放、覆盖及操作范围在 30m 以内的材料和半成品的取放。

（2）钢筋制绑
1）清理模板内杂物、木屑、烧、断钢丝。
2）按设计要求绑扎成型并放入模内，捣制构件，除混凝土另有规定外，均负责安放垫块等。
3）捣制构件包括搭拆施工高度在 3.6m 以内的简单架子。
4）地面 60m 范围内的水平运输和取放半成品，捣制构件及人力一层和机械六层（或高 20m）以内的垂直运输，以及建筑物底层和楼层的全部水平运输。

4. 工、料、机消耗量计算和有关说明

（1）人工消耗量计算和说明
1）除锈：按钢筋总重量的 25% 计算。除锈用工计算以劳动定额为基础综合计算，见表 4-9。

表 4-9 $\phi 8$ 钢筋除锈用工消耗量计算表 单位：t

施工工序名称	数量	劳动定额		工日数/工日
		工种	时间定额	
$\phi 8$ 钢筋除锈	0.25	钢筋工	2.94	0.735

注：时间定额详见《全国建筑安装工程统一劳动定额编制说明》附录二。

2）平直：按机械平直 100% 计算，用工详见《全国建筑安装工程统一劳动定额编制说明》附录一，时间定额取定 1.19 工日/t。
3）钢筋切断用工计算以劳动定额为基础，按企业内部调查资料确定的综合权数综合计算，见表 4-10。

表 4-10 现浇构件钢筋切断用工消耗量计算表　　　　　　　　　　单位：t

钢筋直径	劳动定额	钢筋长度						综合取定
		1m以内	2m以内	3m以内	4m以内	5m以内	6m以内	
φ8	时间定额	0.704	0.528	0.433	0.376	0.380	0.316	0.525
	内部综合权数	20	50	15	10	3	2	

4）现浇构件钢筋弯曲用工以劳动定额为基础，按企业内部调查资料确定的综合权数综合计算，见表 4-11。

表 4-11 现浇构件钢筋弯曲用工消耗量计算表　　　　　　　　　　单位：t

钢筋直径		项目弯头在(2、6、8)个以内	钢筋长度					综合(一)	综合权数	综合
			1m以内	2m以内	3m以内	4.5m以内	6m以内			
φ8	机械弯曲	2 时间定额	1.534	0.874	0.703	0.664	0.641	0.821	50	1.27
		内部综合权数	10	30	25	25	10			
		6 时间定额	2.988	1.81	1.62	1.408	1.405	1.671	40	
		内部综合权数	5	30	30	25	10			
		8 时间定额	4.228	2.532	2.11	1.762	1.688	1.946	10	
		内部综合权数	0	10	35	35	20			

5）φ8 钢筋不同部位绑扎用工以劳动定额为基础，按企业内部调查资料确定的综合权数综合计算，见表 4-12。

表 4-12 现浇构件绑扎用工消耗量计算表　　　　　　　　　　单位：t

施工工序名称	单位	数量	内部权数(%)	劳动定额			工日
				定额编号	工种	时间定额	
(1)	(2)	(3)	(4)	(5)	(6)	(7)	(8)=(3)×(4)×(7)
地面	t	1.0	5	9-2-37	钢筋	3.03	0.152
墙面	t	1.0	10	9-5-94	钢筋	6.25	0.625
电梯井、通风道	t	1.0	5	9-5-102	钢筋	8.33	0.417
平板、屋面板（单向）	t	1.0	5	9-6-107	钢筋	4.35	0.218
平板、屋面板（双向）	t	1.0	8	9-6-110	钢筋	5.56	0.445
筒形薄板	t	1.0	2	9-6-114	钢筋	7.14	0.143
楼梯	t	1.0	3.5	9-7-120	钢筋	9.26	0.324
阳台、雨篷等	t	1.0	1.5	9-7-126	钢筋	12.30	0.185
栏板、扶手	t	1.0	3	9-7-129	钢筋	20.00	0.60
暖气沟等	t	1.0	2	9-7-131	钢筋	9.09	0.182
盥洗池、槽	t	1.0	3	9-7-140	钢筋	10.0	0.30
水箱	t	1.0	2	9-7-142	钢筋	6.25	0.125
化粪池	t	1.0	2	9-7-146	钢筋	7.46	0.149
墙压顶	t	1.0	3	9-7-149	钢筋	10.00	0.30
小计							4.165

6) 钢筋成品保护用工：经过实际测定，每吨钢筋取定 0.45 工日。
7) 定额项目人工消耗量计算，见表 4-13。

表 4-13 定额项目人工消耗量计算表　　　　　　　　　　　　　单位：t

工作内容				钢筋除锈、制作、绑扎、安装			
	施工操作工序名称及工作量			用工计算	工种	时间定额	工日
	名称	单位	数量				
	1	2	3	4	5	6	7
劳动力计算	除锈	t	0.25	详见表 4-10	钢筋	2.94	0.735
	平直	t	1.00	详见人工消耗计算	钢筋	1.19	1.19
	切断	t	1.00	详见表 4-11	钢筋	0.525	0.525
	弯曲	t	1.00	详见表 4-12	钢筋	1.24	1.27
	绑扎	t	1.00	详见表 4-13	钢筋	9.268	4.165
	成品保护用工	t	1.00	详见人工消耗计算	钢筋	0.45	0.45
				小计			8.335
人工幅度差 10%			1.29	合计			14.2

（2）材料消耗量计算和说明

1）钢筋绑扎用量的计算。材料为 22 号钢丝。依据企业内部多项工程测算综合取定钢丝用量 156.28kg。钢筋绑扎钢丝长度为 220mm/根，见表 4-14。

表 4-14 钢筋绑扎用 22 号钢丝消耗量计算表

钢筋规格	综合取定钢筋重量/t	22 号钢丝总用量/kg	每吨钢筋用 22 号钢丝/kg
φ8	17.75	156.28	8.8

2）钢筋用量的计算：根据图样计算出净用量，在此基础上结合企业内部多项工程的实测数据，增加 1.5% 的损耗即为企业定额材料消耗用量。
3）定额项目材料消耗量计算，见表 4-15。

表 4-15 定额项目材料消耗量计算表　　　　　　　　　　　　　单位：t

名称	规格	单位	计算量	损耗率（%）	使用量
圆钢筋	φ8	t	1.0	1.5	1.015
镀锌钢丝	22 号	kg			8.8

（3）机械台班消耗量计算和说明

1）有关数据。
调直机、切断机、弯曲机机械台班使用量=1t 钢筋×(1/钢筋制作每工产量×小组成员人数)。
小组成员人数取定：用于平直的调直机为 3 人；用于切断的切断机为 3 人（切断长度 6m）；用于弯曲的弯曲机为 2 人。

2）钢筋调直机机械台班使用量计算以劳动定额为基础计算，见表 4-16。

表 4-16　定额项目钢筋调直机机械台班使用量计算表　　　　　单位：t

预算定额	劳动定额					
钢筋直径	定额编号	单位	每工产量	小组人数	每班产量	台班使用量计算/台班
φ8	9-17-308（一）	t	0.84	3	2.52	1/2.52=0.40

3）钢筋切断机机械台班使用量计算以劳动定额为基础计算，见表 4-17。

表 4-17　定额项目钢筋切断机机械台班使用量计算表　　　　　单位：t

预算定额	劳动定额					
钢筋直径	定额编号	单位	每工产量	小组人数	每班产量	台班使用量计算/台班
φ8	9-17-308（二）	t	1.54	3	4.62	1/4.62=0.22

4）钢筋弯曲机机械台班使用量计算以劳动定额为基础计算，见表 4-18。

表 4-18　定额项目钢筋弯曲机机械台班使用量计算表　　　　　单位：t

预算定额	劳动定额					
钢筋直径	定额编号	单位	每工产量	小组人数	每班产量	台班使用量计算/台班
φ8	9-17-308（三）	t	1	2	2	1/2×60%=0.3

注：φ8 钢筋弯曲比例按 60% 计算。

5）定额项目机械台班消耗量计算，见表 4-19。

表 4-19　定额项目机械台班消耗量计算表　　　　　单位：t

工程内容	钢筋调直、切断、弯曲				
	施工操作			机械名称	台班用量计算	机械使用量/台班
	工序	数量	单位			
机械台班计算	1	2	3	4	5	6
	钢筋调直	1.0	t	调直机	表 4-17	0.40
	钢筋切断	1.0	t	切断机	表 4-18	0.22
	钢筋弯曲	1.0	t	弯曲机	表 4-19	0.30

综上所述，现浇构件 φ8 钢筋工料机消耗量定额见表 4-20。

表 4-20　钢筋工程

工作内容：钢筋配制、绑扎、安装。　　　　　单位：t

定额编号			6-2
项目	单位	单价	现浇混凝土构件 圆钢筋/mm φ8
预算价格	元		
其中	人工费	元	
	材料费	元	
	机械费	元	

(续)

定额编号			6-2
项目	单位	单价	现浇混凝土构件 圆钢筋/mm $\phi 8$
人工　钢筋工	工日		14.2
材料　圆钢	kg		1015
镀锌钢丝（22 号）	kg		8.80
机械　钢筋调直机	台班		0.40
钢筋切断机	台班		0.22
钢筋弯曲机	台班		0.30

一、单选题

1. （　　）反映了企业的施工水平、装备水平和管理水平，是考核建筑安装企业劳动生产率水平、管理水平的标尺和确定工程成本、投标报价的依据。
   A. 预算定额　　　　B. 概算定额　　　　C. 企业定额　　　　D. 投资估算指标
2. 从性质上看，企业定额是（　　）的别称。
   A. 预算定额　　　　B. 概算定额　　　　C. 施工定额　　　　D. 投资估算指标
3. 企业定额的定额水平为（　　）。
   A. 先进水平　　　　B. 平均先进水平　　C. 平均水平　　　　D. 低水平
4. 一般来说，当实物体的三个度量都会发生变化时，采用（　　）为计量单位，如土方、混凝土、保温层等。
   A. m^3　　　　　　B. m^2　　　　　　C. m　　　　　　　　D. 个或樘

二、多选题

1. 企业定额的编制方法有（　　）。
   A. 现场观察法　　　B. 经验统计法　　　C. 定额换算法
   D. 统筹法　　　　　E. 头脑风暴法
2. 企业定额编制原则有（　　）。
   A. 动态管理的原则　B. 时效性原则　　　C. 公开原则　　　　D. 保密原则

任务 4.2　工作任务单

1. 学生任务分配表

班级		组号		指导教师	
组长		学号			
组员 （姓名、学号）					
任务分工					

2. 企业定额的编制计算

组号		姓名		学号	
工作目标		（1）根据计算方案和任务分工，完成企业定额的编制计算 （2）讨论分析计算数据，并进行修正			

（1）浇筑每立方米混凝土所需工日数

（2）每立方米混凝土的材料消耗量

（3）人工费

（4）材料费

（5）机械费

（6）预算价格

案例详解

3. 混凝土柱企业定额项目表

工作内容：钢筋制安、模板制作、安装、拆除、混凝土浇筑、振捣、养护等。 单位：m³

定额编号					1-001
项目					混凝土柱
名称			消耗量	单价	费用
预算价格			—	—	
人工费			—	—	
材料费			—	—	
机械费			—	—	
人工		混凝土			
		模板	0.304 工日/m²	220 元/工日	120.38 元
		钢筋			
材料		商品混凝土C30（含同配比砂浆）			
		复合模板	1.8 m²	27 元/m²	
		钢筋（综合测定，不区分规格型号）			
		其他材料费	3%	—	
机械		混凝土机械			
		模板机械	1.8 m²	2 元/m²	3.6 元
		钢筋机械			

4. 评价表

姓名：		组号：		任务：	
评价内容	评价标准		自评	小组互评	教师评价
职业素养（20分）	（1）学习态度积极，能主动思考问题，能有计划地组织小组成员完成工作任务，有良好的团队合作意识，遵章守纪，计20分 （2）学习态度较积极，能主动思考问题，能配合小组成员完成工作任务，遵章守纪，计15分 （3）学习态度端正，主动思考能力欠缺，能配合小组成员完成工作任务，遵章守纪，计10分 （4）学习态度不端正，不参与团队任务，计0分				
成果（80分）	计算（校核、审核）无误，无返工，计算表格规范，字迹工整，计80分，如有错误按以下标准扣分，扣完为止： （1）计算（校核、审核）有错误，每返工一次扣20分 （2）表格填写不规范，每处扣5分 （3）字迹不工整，酌情扣分，最多扣10分				
综合得分					
备注：综合得分=自评分×30%+小组互评分×40%+教师评价分×30%					

工程造价改革工作方案

为贯彻落实党的十九大和十九届二中、三中、四中全会精神，充分发挥市场在资源配置中的决定性作用，进一步推进工程造价市场化改革，住房和城乡建设部于2020年7月24日发布通知，决定在全国房地产开发项目，以及北京市、浙江省、湖北省、广东省、广西壮族自治区有条件的国有资金投资的房屋建筑、市政公用工程项目进行工程造价改革试点，并印发了《工程造价改革工作方案》，内容如下。

工程造价、质量、进度是工程建设管理的三大核心要素。改革开放以来，工程造价管理坚持市场化改革方向，在工程发承包计价环节探索引入竞争机制，全面推行工程量清单计价，各项制度不断完善。但还存在定额等计价依据不能很好满足市场需要，造价信息服务水平不高，造价形成机制不够科学等问题。为充分发挥市场在资源配置中的决定性作用，促进建筑业转型升级，制定本工作方案。

1. 总体思路

以习近平新时代中国特色社会主义思想为指导，深入贯彻落实党中央、国务院关于推进建筑业高质量发展的决策部署，坚持市场在资源配置中起决定性作用，正确处理政府与市场的关系，通过改进工程计量和计价规则、完善工程计价依据发布机制、加强工程造价数据积累、强化建设单位造价管控责任、严格施工合同履约管理等措施，推行清单计量、市场询价、自主报价、竞争定价的工程计价方式，进一步完善工程造价市场形成机制。

2. 主要任务

(1) 改进工程计量和计价规则　坚持从国情出发，借鉴国际通行做法，修订工程量计算规范，统一工程项目划分、特征描述、计量规则和计算口径。修订工程量清单计价规范，统一工程费用组成和计价规则。通过建立更加科学合理的计量和计价规则，增强我国企业市场询价和竞争谈判能力，提升企业国际竞争力，促进企业"走出去"。

(2) 完善工程计价依据发布机制　加快转变政府职能，优化概算定额、估算指标编制发布和动态管理，取消最高投标限价按定额计价的规定，逐步停止发布预算定额。搭建市场价格信息发布平台，统一信息发布标准和规则，鼓励企事业单位通过信息平台发布各自的人工、材料、机械台班市场价格信息，供市场主体选择。加强市场价格信息发布行为监管，严格信息发布单位主体责任。

(3) 加强工程造价数据积累　加快建立国有资金投资的工程造价数据库，按地区、工程类型、建筑结构等分类发布人工、材料、项目等造价指标指数，利用大数据、人工智能等信息化技术为概预算编制提供依据。加快推进工程总承包和全过程工程咨询，综合运用造价指标指数和市场价格信息，控制设计限额、建造标准、合同价格，确保工程投资效益得到有效发挥。

(4) 强化建设单位造价管控责任　引导建设单位根据工程造价数据库、造价指标指数和市场价格信息等编制和确定最高投标限价，按照现行招标投标有关规定，在满足设计要求和保证工程质量前提下，充分发挥市场竞争机制，提高投资效益。

(5) 严格施工合同履约管理　加强工程施工合同履约和价款支付监管,引导发承包双方严格按照合同约定开展工程款支付和结算,全面推行施工过程价款结算和支付,探索工程造价纠纷的多元化解决途径和方法,进一步规范建筑市场秩序,防止工程建设领域腐败和农民工工资拖欠。

3. 组织实施

工程造价改革关系建设各方主体利益,涉及建筑业转型升级和建筑市场秩序治理。各地住房和城乡建设主管部门要提高政治站位、统一思想认识,坚持不立不破的原则,统筹兼顾、周密部署、稳步推进。

(1) 强化组织协调　加强与发展改革、财政、审计等部门间沟通协作,做好顶层设计,按照改革工作方案要求,共同完善投资审批、建设管理、招标投标、财政评审、工程审计等配套制度,统筹推进工程造价改革。

(2) 积极宣传引导　加强工程造价改革政策宣传解读和舆论引导,增进社会各方对工程造价改革的理解和支持,及时回应社会关切,为顺利实施改革营造良好的社会舆论环境。

(3) 做好经验总结　充分尊重基层、企业和群众的首创精神,认真总结可复制、可推广的经验,不断完善工程造价改革思路和措施。

模块 5

定额的应用

素养目标

1. 在定额的应用任务中，培养学生严谨细致、精益求精的工作作风。
2. 在学习合理和正确地使用定额的过程中，培养学生"实事求是，不弄虚作假"的职业道德。
3. 在定额的应用任务中，通过小组合作，培养学生的团队合作精神。

任务 5.1 预算消耗量标准的应用

知识目标

1. 熟悉预算消耗量标准的组成。
2. 掌握预算消耗量标准的直接套用。（重点）
3. 掌握预算消耗量标准的换算套用。（重点、难点）
4. 熟悉补充定额的应用。

能力目标

1. 具备查找预算消耗量标准子目的能力。
2. 具备套用预算消耗量标准子目的能力。
3. 具备换算预算消耗量标准子目的能力。
4. 具备计算预算消耗量标准子目人工、材料、机械台班消耗量与费用的能力。

任务导入

某地为推进新农村建设，修建了住宅，其中墙体采用标准砖墙砌筑。

有关生产要素的市场价格：人工费 2501.46 元/10m³，标准砖 347.136 元/m³，水 3.9 元/m³，电 0.906 元/kW·h，42.5 级水泥 0.47 元/kg，河砂 253.07 元/m³，石灰膏 172 元/m³。

问题一：计算 10m³ 混水砖墙（1 砖厚，DM M10 预拌干混砂浆砌筑）的材料、机械的消耗量。

问题二：计算200m³混水砖墙（1砖厚，DM M7.5预拌干混砂浆砌筑）的材料、机械消耗量。

问题三：计算300m³混水砖墙（1砖厚，DM M7.5现拌混合砂浆砌筑）中的人工费、材料费、机械费。

5.1.1 预算消耗量标准的应用分类

住建部2020年7月29日《工程造价改革工作方案》明确取消最高投标限价按定额计价的规定，逐步停止发布预算定额，工程造价将从市场调节价（清单量调节价竞争费）向市场形成价（清单计量、市场询价、自主报价、竞争定价）转变。但预算定额目前仍是大部分工程造价人员所依赖和熟悉的计价方式，想全面转变需一定的过渡期。预算消耗量标准"量价分离"，仅明确完成某分部分项工程的人材机消耗量，完全市场询价模式，更能契合工程造价市场化改革方向。

预算消耗量标准按一定的顺序，分章、节、项和子目汇编成册，主要由总说明、分部工程消耗量标准和附录三部分组成。

1. 总说明

总说明一般包括消耗量标准的编制原则、编制依据、适用范围及作用，同时阐述了编制消耗量标准时已经考虑和没有考虑的因素，以及使用方法、有关规定和用词说明等。因此，使用消耗量标准前应仔细阅读总说明内容。

（1）编制依据

1）编制依据是根据正常施工条件和目前多数建筑企业的施工机械装备程度，并结合合理的工期、工艺、劳动组织确定的。

2）编制依据是根据现行的设计规范和施工验收规范、质量评定标准、安全操作规程等国家标准确定的。

标准实行动态管理，随着时间的推移，实际消耗量与标准如有差异，经省建设行政管理部门批准，可以调整。

（2）适用范围　适用于房屋建筑与装饰的新建、扩建和改建工程。

（3）作用

1）是编制施工图预算、招标控制价（或标底价）的依据。

2）是确定合同价、结算价，调解工程价款争议，工程造价鉴定及编制省建设工程概算定额、估算指标与技术经济指标的基础。

3）是企业投标报价或编制企业定额的参考依据。

2. 分部工程消耗量标准

按工程结构类型，结合形象部位、构件性质、使用材料、设备种类等，房屋建筑与装饰工程分为21个分部工程。排列顺序如下：土石方工程，地基处理及基坑支护工程，桩基工程，砖石工程，混凝土及钢筋混凝土工程，钢结构工程，木结构工程，屋面与防水工程，保温隔热、吸声、防腐工程，构筑物及建筑物室外附属工程，楼地面工程，墙柱面工程，天棚工程，门窗工程，油漆、涂料、裱糊工程，其他工程，项目成品保护，脚手架工程，模板工程，垂直运输工程，超高增加费。

分部工程消耗量标准由分部工程说明、工程量计算规则和消耗量标准项目表三部分组成。它是消耗量标准的主要组成部分，是执行消耗量标准的基准，必须全面掌握。

（1）分部工程说明　主要说明使用本分部工程消耗量标准时应注意的有关问题，包括对编制中有关问题的解释、执行中的一些规定、特殊情况的处理等做的说明。

（2）工程量计算规则　是对分部工程中各分项工程量的计算方法所做的规定，是编制预算时计算分项工程工程量的重要依据。

工程量清单计价模式下，清单项目是按实体净量以单位工程量计量的，定额是按施工消耗量以单位工程量的 10 倍、100 倍计量的，两者的计算口径基本上不同。如平整场地，清单以建筑物首层面积按"$1m^2$"计量，消耗量标准以建筑物外墙外边线各边加 2m 按"$100m^2$"计量。清单跟消耗量标准工程量并不一致，应根据各自的计算规则计算。

（3）消耗量标准项目表　消耗量标准项目表是 2020 年《湖南省房屋建筑与装饰工程消耗量标准（基价表）》的主要构成部分，由工作内容、消耗量标准单位、项目表和附注组成。

1）工作内容。工作内容列在消耗量标准项目表的表头左上方，列出表中分项工程消耗量标准项目的主要工作过程。

2）消耗量标准单位。消耗量标准单位列在表头右上方，一般为扩大计量单位，如 $10m^3$、$100m^2$、$100m^3$ 等。

3）项目表。项目表是消耗量标准的核心部分，也是最基本的表现形式，每一消耗量标准项目表均列有项目名称、消耗量标准编号、计量单位、材料与机械消耗量和基价等。横向，由若干个项目和子项目组成（按施工顺序排列）；竖向，由"两个量"（材料、机械台班消耗量）和"三个价"（人工费、材料费、机械费）组成。人工费、材料费、机械费之和为消耗量标准子项目基价。

图 5-1 为消耗量标准项目表的组成。

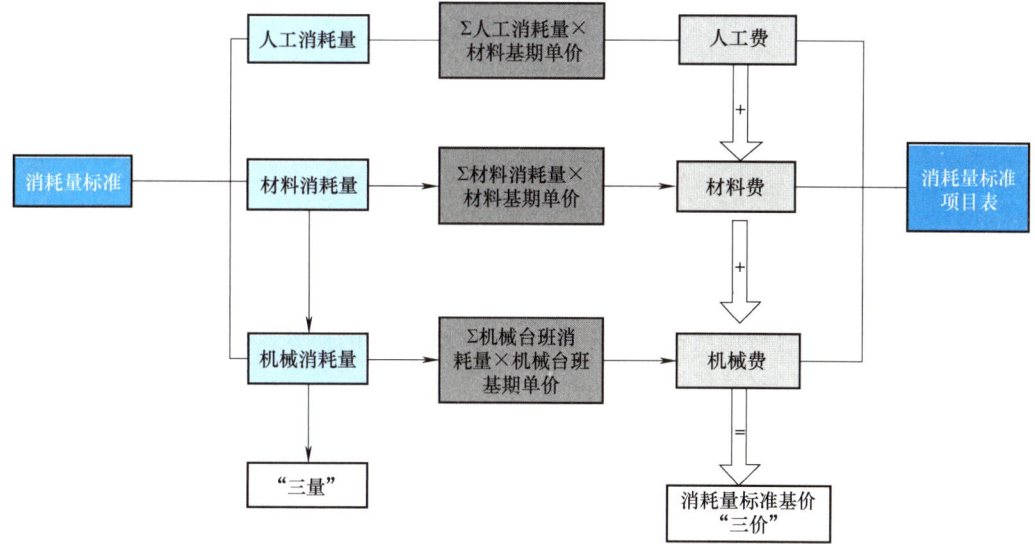

图 5-1　消耗量标准项目表的组成

4）附注。附注是对项目表中的子项目做进一步说明和补充。

2020年《湖南省房屋建筑与装饰工程消耗量标准（基价表）》消耗量标准项目表示例见表5-1。

表5-1 现浇混凝土构件柱消耗量标准项目表

工作内容：浇前准备，浇筑，振捣，养护。　　　　　　　　　　　　　　　　计量单位：10m³

编号				A5-91	A5-92	A5-93	A5-94
项目				独立矩形柱	独立异形柱	构造柱	钢管混凝土柱
基价/元				6563.09	6508.46	6287.80	6821.82
其中	人工费			622.86	562.86	742.21	892.18
	材料费			5940.23	5945.60	5545.59	5929.64
	机械费			—	—	—	—
材料	名称	单位	单价	数量			
	预拌同配比砂浆 C20（42.5级）砂子4.75mm	m³	384.96	—	—	0.303	—
	预拌同配比砂浆 C30（42.5级）砂子4.75mm	m³	407.08	0.303	0.303	—	0.303
	商品混凝土（砾石）C20	m³	533.07	—	—	9.847	—
	商品混凝土（砾石）C30	m³	571.81	9.847	9.847	—	9.847
	土工布	m²	6.86	0.912	0.912	0.885	—
	水	t	4.39	0.911	2.105	2.105	—
	电	kW·h	0.80	3.750	3.720	3.720	3.720
	其他材料费	元	1.00	173.016	173.173	161.522	172.708

3. 附录

2020年《湖南省房屋建筑与装饰工程量消耗量标准（基价表）》的附录全称为"湖南省建设工程计价办法及附录"，包括：湖南省施工机械台班费用组成、混凝土及砂浆配合比、湖南省施工仪器仪表台班费用组成等，主要用于消耗量标准的换算，材料消耗量的计算、调整和作为补充定额制定的参考依据等。

在应用预算消耗量标准时，要认真地阅读、掌握消耗量标准的总说明、各分部工程说明、消耗量标准的适用范围，以及已经考虑和没有考虑的因素及附注说明等。套用预算消耗量标准项目应根据施工图设计说明、做法说明、施工过程等确定分部分项工程，再查消耗量标准进行直接套用、换算套用和补充套用。

图5-2为消耗量标准的应用分类。

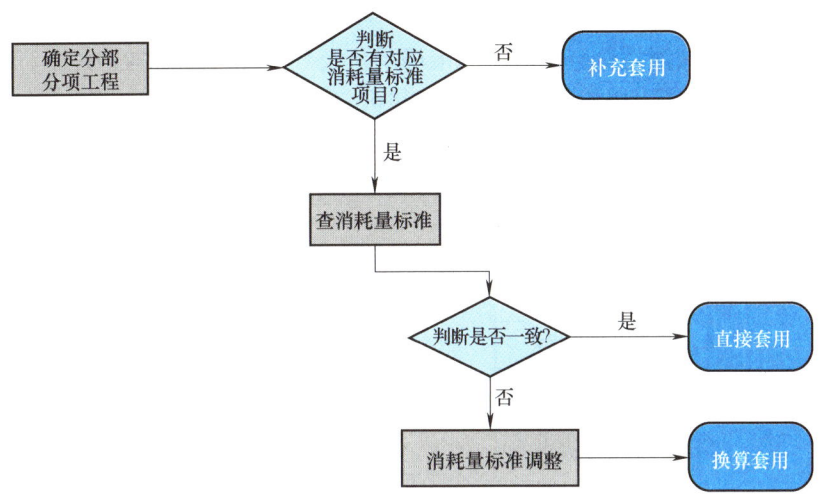

图 5-2 消耗量标准的应用分类

5.1.2 预算消耗量标准的直接套用

1. 消耗量标准直接套用的方法

当施工图的设计要求、项目内容与消耗量标准的项目内容完全一致时，可直接套用消耗量标准子目。

直接套用消耗量标准时可按分部工程—消耗量标准节—消耗量标准项目表—子项目的顺序找出所需项目。在编制单位工程施工图预算的过程中，大多数项目是可以直接套用消耗量标准子目的，套用时应注意以下五点：

1）根据施工图、设计说明和做法说明，选择消耗量标准项目。

2）要从工程内容、技术特征和施工方法三方面仔细核对，才能较准确地确定相对应的消耗量标准项目。

3）分项工程或结构构件的名称和计量单位要与消耗量标准一致。在消耗量标准中，消耗量标准项目基本上是扩大的计量单位，要注意把分项工程或结构构件工程量转变成消耗量标准计量单位的数量。

4）要注意消耗量标准项目表上的工作内容，工作内容中所列出的施工过程已包括在消耗量标准基价内，编制预算时不能重复列项。

5）查阅消耗量标准时，应注意消耗量标准项目表下面的附注，附注作为消耗量标准项目表的补充与完善，套用时必须严格执行。

2. 消耗量标准直接套用的应用步骤

当分项工程的设计要求与消耗量标准的工作内容、材料规格、施工方法等条件完全一致，确定消耗量标准的应用类型为直接套用，然后进行消耗量标准的应用。消耗量标准直接套用的应用步骤为：

1）根据分项工程设计要求，查阅消耗量标准，按分部工程（章）—消耗量标准节—消耗量标准项目表—子项目的顺序写出消耗标准编号与项目名称。

2）根据确定好的消耗量标准项目，进行工料分析，记录消耗量标准项目材料、机械消耗量和基价。

3）根据材料、机械消耗量与其对应的市场单价及分项工程或结构构件工程量（计量单位与消耗量标准单位一致）相乘，得出材料费与机械费。

图5-3为消耗量标准直接套用的应用步骤。

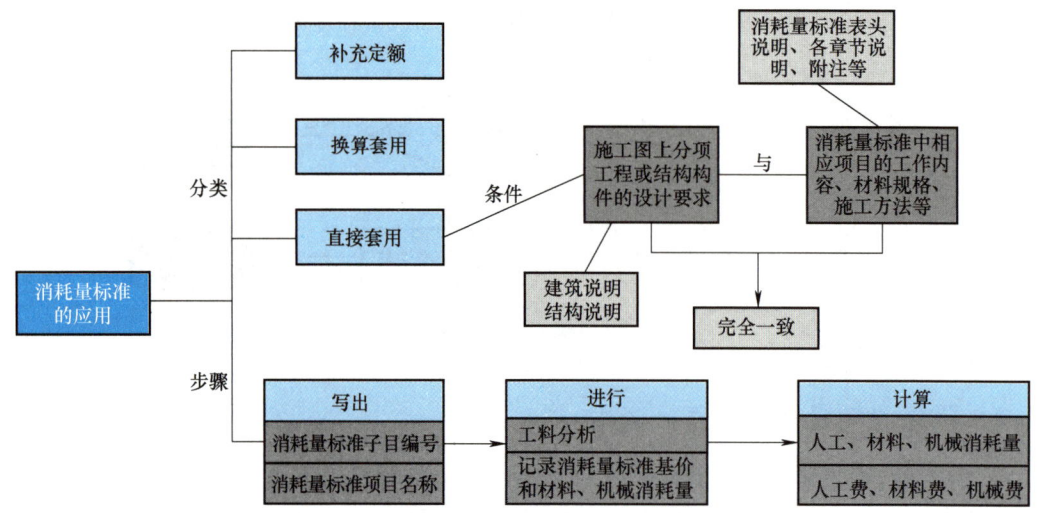

图5-3 消耗量标准直接套用的应用步骤

【例5-1】 查2020年《湖南省房屋建筑与装饰工程消耗量标准（基价表）》，完成表5-2中分项工程消耗量标准编号、计量单位与基价的填写。

表5-2 需填写的内容

消耗量标准编号	分项工程名称	计量单位	基价/元
	槽、坑回填（砂）		
	20mm厚水泥砂浆找平（硬基层上）		
	混凝土垫层		
	1.5mm厚三元乙丙橡胶高分子卷材屋面防水		
	中空玻璃窗		
	600mm×600mm陶瓷地面砖楼地面		

解：

1）槽、坑回填（砂）：上册—土石方工程（章）—回填及其他（节）—回填土（小节）—第23页，A1-92。

2）20mm厚水泥砂浆找平（硬基层上）：下册—楼地面工程（章）—找平层（节）—第261页，A11-1。

3）混凝土垫层：上册—地基处理和基坑支护工程（章）—地基处理（节）—换填地基（小节）—第31页，A2-10。

4) 1.5mm 厚三元乙丙橡胶高分子卷材屋面防水：上册—屋面与防水工程（章）—屋面工程（节）—屋面防水（小节）—防水卷材—第 191 页，A8-17。

5) 中空玻璃窗：下册—门窗工程（章）—铝合金门窗（成品）安装（节）—第 399 页，A14-12。

6) 600mm×600mm 陶瓷地面砖楼地面：下册—楼地面工程（章）—陶瓷地面砖（节）—第 268 页，A11-53。

表格最终完成情况见表 5-3。

表 5-3　完成表格

消耗量标准编号	分项工程名称	计量单位	基价/元
A1-92	槽、坑回填（砂）	100m³	36559.32
A11-1	20mm 厚水泥砂浆找平（硬基层上）	100m²	2849.26
A2-10	混凝土垫层	10m³	6391.67
A8-17	1.5mm 厚三元乙丙橡胶高分子卷材屋面防水	100m²	4672.16
A14-12	中空玻璃窗	100m²	37723.86
A11-53	600mm×600mm 陶瓷地面砖楼地面	100m²	11827.60

【例 5-2】　某教学楼基础为砖基础，使用标准砖 240mm×115mm×53mm、预拌干混砌筑砂浆 DM M10，工程量为 100m³。试计算完成砖基础的调、运砂浆、铺砂浆、运砖、清理基坑槽、砌砖等全部操作过程所需要的材料、机械台班消耗量及直接费。

材料不含税市场价：标准砖 240mm×115mm×53mm 为 368 元/m³，预拌干混砌筑砂浆 DM M10 为 590.38 元/m³，水为 3.58 元/t，电为 0.8 元/kW·h。

解：

1) 消耗量标准套用。查 2020 年《湖南省房屋建筑与装饰工程消耗量标准（基价表）》，教学楼基础为砖基础，属于砖石工程中砖基础、砖墙小节，教学楼砖基础与消耗量标准中相应工作内容一致，直接套用消耗量标准子目，砖基础消耗量标准编号为 A4-1，见表 5-4。

2) 单价人工费。根据表 5-4 可知，"A4-1 砖基础"中，每 10m³ 砖基础人工费为 2460.35 元。

3) 单价材料费。根据表 5-4 可知，"A4-1 砖基础"中，每 10m³ 砖基础材料消耗量分别为：标准砖（240mm×115mm×53mm）为 7.659m³，预拌干混砌筑砂浆 DM M10 为 2.360m³，水为 1.050m³，其他材料费为 132.821 元。因此，10m³ 砖基础不含税市场价材料费：

　　　　7.659×368 元+2.36×590.38 元+1.05×3.58 元+132.821 元=4348.39 元

4) 单价机械费。根据表 5-4 可知，"A4-1 砖基础"中，每 10m³ 砖基础机械台班消耗量为 0.236 台班干混砂浆罐式搅拌机 200L。

表 5-4 砖基础消耗量标准项目表

工作内容：1. 砖基础：调运砂浆、铺砂浆、运砖、清理基槽坑、砌砖等。
    2. 砖墙：调、运、铺砂浆、运砖。
    3. 砖砌：窗台虎头砖、腰线、门窗套，安放木砖、铁件等。   计量单位：10m³

编号			A4-1	A4-2	A4-3	A4-4	A4-5	A4-6
项目			砖基础	单面清水砖墙				
				1/2 砖	3/4 砖	1 砖	1 砖半	2 砖及 2 砖以上
基价/元			7076.28	8069.01	8048.46	7553.24	7498.59	7392.63
其中	人工费		2460.35	3470.14	3414.23	2960.31	2789.27	2675.80
	材料费		4560.17	4552.80	4583.90	4539.77	4652.62	4658.94
	机械费		55.76	46.07	50.33	53.16	56.70	57.89
	名称	单位	单价	数量				
材料	标准砖 240mm×115mm×53mm	m³	395.54	7.659	8.252	8.060	7.773	7.826	7.767
	预拌干混砌筑砂浆 DM M10	m³	590.38	2.360	1.950	2.130	2.250	2.400	2.450
	水	t	4.39	1.050	1.130	1.100	1.060	1.070	1.060
	其他材料费	元	1.00	132.821	132.606	133.512	132.226	135.513	135.697
机械	干混砂浆罐式搅拌机 200L	台班	236.27	0.236	0.195	0.213	0.225	0.240	0.245

根据表 5-5 可知，干混砂浆罐式搅拌机 200L 台班单价组成。干混砂浆罐式搅拌机 200L 不含税市场台班单价：27.906 元+5.063 元+9.872 元+10.622 元+160 元+28.51×0.8 元=236.27 元。

因此，10m³ 砖基础不含税机械台班费：0.236×236.27 元=55.76 元。

5）材料、机械台班消耗量及直接费。

砖基础工程量为 100m³，100m³/10m³=10。

综上所述：

100m³ 砖基础材料消耗量：

标准砖 240mm×115mm×53mm：7.659m³×10 = 76.59m³。

预拌干混砌筑砂浆 DM M10：2.36m³×10 = 23.60m³。

水：1.05t×10 = 10.50t。

其他材料费=132.821 元×10 = 1328.21 元。

100m³ 砖基础机械台班消耗量：

干混砂浆罐式搅拌机 200L：0.236 台班×10 = 2.36 台班。

100m³ 砖基础直接费：(2460.35 元+4348.39 元+55.76 元)×10 = 68645.0 元。

表5-5 混凝土及砂浆机械

编码	机械名称	规格型号		机型	台班单价	折旧费	检修费	维护费	安拆费及场外运费	其他费用	人工费	汽油	柴油	电	煤	木柴	水
												8.72	7.16	0.80	0.80	0.39	4.39
					元	元	元	元	元	元	元	kg	kg	kW·h	kg	kg	m³
J6-1	双卧轴式混凝土搅拌机	出料容量/L	350	小	298.39	20.649	4.646	22.021	10.622		160.000			100.560			
J6-2	滚筒式搅拌机		500	小	331.15	30.677	6.896	32.686	10.622		160.000			112.840			
J6-3			350	小	298.39	20.649	4.646	22.021	10.622		160.000			100.560			
J6-4	筛土机	容量/m³	0.5	小	331.15	30.677	6.896	32.686	10.622		160.000			112.840			
J6-5	连续桥梁顶推设备	顶推力/kN	TL1-60 600以内	小	72.33	23.890	4.680	16.230						34.410			
J6-6	混凝土汽车式输送泵	输送长度/m	37	大	4792.86	726.630	792.000	600.000	280.380	792.000	320.000		179.030				
J6-7			46	大	5216.46	934.225	900.000	600.000	280.380	900.000	320.000		179.030				
J6-8	混凝土输送泵	输送量/(m³/h)	45	大	890.49	325.850	54.230	75.380	80.260		160.000			243.460			
J6-9			60	大	1018.19	357.485	59.500	82.705	80.260		160.000			347.800			
J6-10	混凝土布料机			小	169.39	74.080	12.760	33.600	4.210					55.920			
J6-11	混凝土混喷机	生产率/(m³/h)	5	小	388.79	24.700	4.380	17.827	9.560		320.000			15.400			
J6-12	灰浆搅拌机	拌筒容量/L	200	小	182.80	3.101	0.438	1.750	10.622		160.000			8.610			
J6-13			400	小	189.97	4.222	0.597	2.389	10.622		160.000			15.170			
J6-14	干混砂浆罐式搅拌机		200L	小	236.27	27.906	5.063	9.872	10.622		160.000			28.510			

5.1.3 预算消耗量标准的换算套用

当套用消耗量标准时,如果工程项目内容与套用相应消耗量标准项目的要求不相符合,且消耗量标准规定允许换算时,就要在消耗量标准规定的范围内进行换算,从而使施工图的内容与消耗量标准中的要求一致,这个过程称为消耗量标准的换算。

1. 消耗量标准换算套用的方法

(1)消耗量标准换算的条件 消耗量标准换算的条件是指当分项工程的设计要求与消耗量标准的工作内容、材料规格、施工方法等条件不完全相符,并且消耗量标准规定必须进行调整时。

(2)基本思路 消耗量标准换算的基本思路是:换算后的消耗量标准基价=原消耗量标准基价+调整费用(增加的费用-扣除的费用)。

(3)消耗量标准换算套用的应用步骤 消耗量标准换算套用必须根据总说明、分部工程说明、附注等有关规定,在消耗量标准规定的范围内,用消耗量标准规定的方法加以换算,并在子目消耗量标准编号的尾部注明"换"或增减子目。消耗量标准换算套用的应用步骤为:

1)根据分项工程设计要求,查阅消耗量标准,按分部工程(章)—消耗量标准节—消耗量标准项目表—子项目的顺序写出消耗标准编号与项目名称。

2)按消耗量标准中的换算规则进行换算,再进行工料分析,计算换算后的材料、机械消耗量和除税市场单价。

3)按消耗量标准中的换算规则,计算换算后人工费;用换算后的材料、机械除税市场单价和消耗量乘积与分项工程或结构构件工程量(计量单位与消耗量标准单位一致)相乘,得出材料费与机械费。

图 5-4 为消耗量标准换算套用的应用步骤。

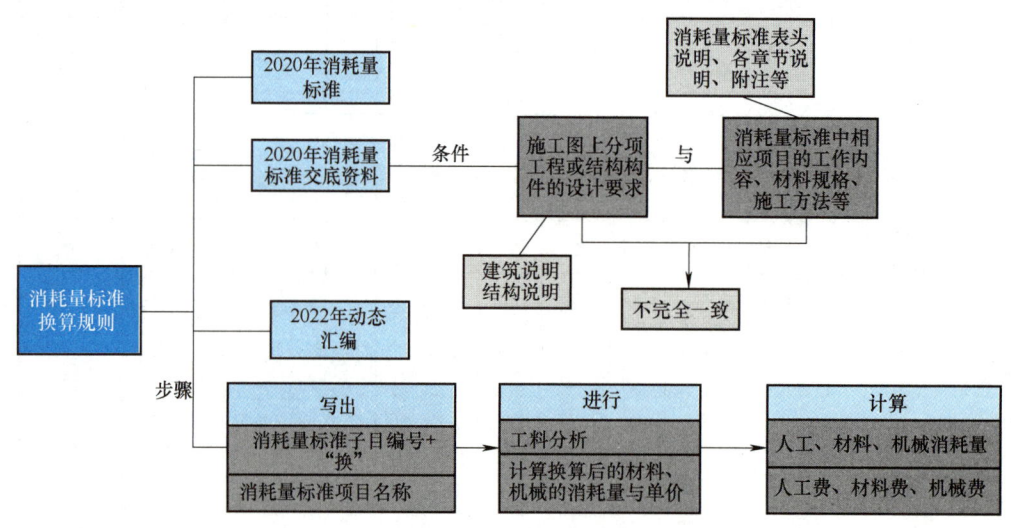

图 5-4 消耗量标准换算套用的应用步骤

2. 消耗量标准换算套用的类型

(1)砂浆与混凝土同品种,不同强度等级或配合比换算

1)砂浆同品种,不同强度等级或配合比换算。

① 换算原因。当设计图要求的砂浆强度等级或配合比与消耗量标准项目中不一致,且

消耗量标准规定允许换算时,应对砂浆强度等级或配合比进行换算。

如2020年《湖南省房屋建筑与装饰工程消耗量标准(基价表)》上册第四章砖石工程说明中写到"子目所列砌筑砂浆种类和强度等级、砌筑专用砌筑黏结剂品种,如设计不同时,应做调整换算。"下册第十三章天棚工程说明中写到"抹灰项目中,设计砂浆种类、配合比与标准取定不同时,可按设计调整"等。

② 换算特点。由于仅砂浆强度等级或配合比变化,所以<u>砂浆消耗量不变,仅单价发生变化</u>,即人工费、机械费不变,只调整材料费,则换算后的消耗量标准基价为

换算后的消耗量标准基价=原消耗量标准基价+消耗量标准砂浆用量×(换入砂浆基价-换出砂浆基价)

③ 换算应用实例。

【例5-3】 某教学楼内墙为厚115mm的页岩多孔砖墙,使用页岩烧结多孔砖240mm×115mm×90mm、预拌干混砌筑砂浆DM M5(基价为562.15元/m^3),工程量为150m^3。试计算该内墙的材料消耗量及消耗量标准基价。

解:

1)消耗量标准套用。查2020年《湖南省房屋建筑与装饰工程消耗量标准(基价表)》,教学楼内墙为厚115mm的页岩多孔砖墙,属于砖石工程中砖基础、砖墙小节中子目A4-23,教学楼内墙砌筑所用砂浆为预拌干混砌筑砂浆DM M5,消耗量标准A4-23页岩多孔砖厚115mm中为预拌干混砌筑砂浆DM M10(表5-6),两者仅砂浆强度等级不同,该换算属于砂浆同品种,但强度等级或配合比不同的换算类型。所以教学楼内墙换算消耗量标准编号为"A4-23换",项目名称为"页岩多孔砖厚115mm"。

表5-6 页岩多孔砖墙消耗量标准项目表

工作内容:1. 砖墙:调、运、铺砂浆、运砖。
         2. 砖砌:窗台虎头砖、腰线、门窗套,安放木砖、铁件等。   计量单位:10m^3

编号			A4-22	A4-23	A4-24	A4-25	A4-26
项目			页岩多孔砖				
			厚90mm	厚115mm	厚190mm	厚240mm	零星砌体
基价/元			6726.45	6858.90	6759.58	6763.16	7885.49
其中	人工费		2680.12	2672.92	2536.00	2465.00	3489.88
	材料费		4015.85	4150.54	4178.92	4253.50	4351.90
	机械费		30.48	35.44	44.66	44.66	43.71
	名称	单位	单价		数量		
材料	页岩烧结多孔砖 240mm×115mm×90mm	m^3	356.42	—	8.813	—	8.438	8.776
	页岩烧结多孔砖 240mm×190mm×90mm	m^3	347.65	9.009	—	8.446	—	—
	预拌干混砌筑砂浆 DM M10	m^3	590.38	1.290	1.496	1.890	1.892	1.850
	水	t	4.39	1.210	1.210	1.170	1.170	1.140
	其他材料费	元	1.00	116.966	120.890	121.716	123.888	126.755
机械	干混砂浆罐式搅拌机 200L	台班	236.27	0.129	0.150	0.189	0.189	0.185

2）换算后材料消耗量。砂浆同品种，不同强度等级或配合比换算类型仅砂浆单价变化，消耗量不变，即每150m³页岩多孔砖厚115mm材料消耗量为：

页岩烧结多孔砖240mm×115mm×90mm：$8.813m^3 \times 150m^3/10m^3 = 132.20m^3$。

预拌干混砌筑砂浆DM M5：$1.496m^3 \times 150m^3/10m^3 = 22.44m^3$。

水：$1.210t \times 150m^3/10m^3 = 18.15t$。

其他材料费：$120.890元 \times 150m^3/10m^3 = 1813.35元$。

3）换算后消耗量标准基价。

换算后消耗量标准基价 = 6858.90元 + 1.496×（562.15-590.38）元 = 6816.67元。

2）混凝土同品种，不同强度等级换算。

① 换算原因。当设计图要求的混凝土强度等级与消耗量标准项目中不一致，且消耗量标准规定允许换算时，应对混凝土强度等级进行换算。

如2020年《湖南省房屋建筑与装饰工程消耗量标准（基价表）》上册第五章混凝土及钢筋混凝土工程说明第二条有"混凝土按常用强度等级考虑，设计强度等级不同时应换算"等。

② 换算特点。由于仅混凝土强度等级变化，所以**混凝土消耗量不变，仅单价发生变化**，即人工费、机械费不变，只调整材料费。则换算后的消耗量标准基价为

换算后的消耗量标准基价 = 原消耗量标准基价 + 消耗量标准混凝土用量×

（换入混凝土基价-换出混凝土基价）

③ 换算应用实例。

【例5-4】 某教学楼采用现浇C25商品混凝土（砾石）独立柱，独立柱截面尺寸为400mm×400mm，试进行该独立基础的消耗量标准套用并计算其消耗量标准基价。[C25商品混凝土（砾石）基价为552.65元/m³]

解：

1）消耗量标准套用。查2020年《湖南省房屋建筑与装饰工程消耗量标准（基价表）》，C25商品混凝土（砾石）独立柱属于混凝土及钢筋混凝土工程中现浇混凝土构件小节，独立柱截面形式为矩形，应套用消耗量标准子目A5-91（表5-7）。

同时，教学楼独立柱所用混凝土为C25商品混凝土（砾石），消耗量标准子目A5-91独立矩形柱中为C30商品混凝土（砾石），两者混凝土品种一样但强度等级不同需换算。因此，教学楼独立柱换算消耗量标准编号为"A5-91换"，项目名称为"独立矩形柱"。

2）消耗量标准基价计算。

换算后消耗量标准基价 = 6563.09元 + 9.847×（552.65-571.81）元 = 6374.42元

（2）砂浆与混凝土不同品种、强度等级、配合比的换算

1）不同品种砂浆换算。

① 换算原因。当设计图要求的砂浆品种与消耗量标准项目中不一致，应进行换算。

如2020年《湖南省房屋建筑与装饰工程消耗量标准（基价表）》总说明规定："本标准使用的砂浆均按干混预拌砂浆编制，若实际使用现拌砂浆或湿拌砂浆时，按以下方法调整：

a. 使用现拌砂浆的，除将本标准子目中的干混砂浆调换为现拌砂浆外，砌筑子目按每立方米砂浆增加人工费42.75元，其余子目按每立方米砂浆增加人工费117.5元，其他不变。

模块5 定额的应用

表 5-7 现浇混凝土柱构件消耗量标准项目表

2. 柱

工作内容：浇前准备，浇筑，振捣，养护。　　　　　　　　　　　　　　　　　计量单位：10m³

编号				A5-91	A5-92	A5-93	A5-94
项目				独立矩形柱	独立异形柱	构造柱	钢管混凝土柱
基价/元				6563.09	6508.46	6287.80	6821.82
其中	人工费			622.86	562.86	742.21	892.18
	材料费			5940.23	5945.60	5545.59	5929.64
	机械费			—	—	—	—
	名称	单位	单价	数量			
材料	预拌同配比砂浆 C20（42.5）砂子 4.75mm	m³	384.96	—	—	0.303	—
	预拌同配比砂浆 C30（42.5）砂子 4.75mm	m³	407.08	0.303	0.303	—	0.303
	商品混凝土（砾石）C20	m³	533.07	—	—	9.847	—
	商品混凝土（砾石）C30	m³	571.81	9.847	9.847	—	9.847
	土工布	m²	6.86	0.912	0.912	0.885	—
	水	t	4.39	0.911	2.105	2.105	—
	电	kW·h	0.80	3.750	3.720	3.720	3.720
	其他材料费	元	1.00	173.016	173.173	161.522	172.708

b. 使用湿拌砂浆的，除将原子目中的干混预拌砂浆调换为湿拌砂浆，另按相应子目中每立方米砂浆扣除人工费 25 元，并扣除干混砂浆罐式搅拌机台班数量。"

② 换算特点。干混预拌砂浆换算成现拌砂浆，砂浆品种变化，其对应消耗量不变，单价发生变化，且按消耗量标准规定人工费也需调整，即机械费不变，人工费、材料费调整。

干混预拌砂浆换算成湿拌砂浆，砂浆品种变化，其对应消耗量不变，单价发生变化，且按消耗量标准规定人工费、机械费也需调整，即人工费、材料费、机械费均需调整。

③ 换算应用实例。

【例 5-5】 某教学楼外墙为自保温复合砌块墙，使用现拌水泥砂浆 M10，工程量为 150m³。根据砌块墙消耗量标准项目表（表 5-8）、砌筑砂浆配合比表（表 5-9）、混凝土及砂浆机械（表 5-5），试计算完成自保温复合砌块墙的调、运砂浆、铺砂浆，运砌块，镶砌砖砌体，安装木砖、铁件等全部操作过程所需要的人工费、材料费、机械费。

材料不含税市场价：标准砖 240mm×115mm×53mm 为 368 元/m³，自保温砌砖为 446 元/m³，强度等级为 42.5 的水泥为 0.52 元/kg，水为 3.58 元/t，电为 0.8 元/kW·h，河砂（综合）为 168 元/m³。

表 5-8 砌块墙消耗量标准项目表

工作内容：调、运砂浆、铺砂浆，运砌块、砖，镶砌砖砌体，安放木砖、铁件等。　　　　计量单位：10m³

编号			A4-40	A4-41	A4-42	A4-43	A4-44	A4-45
项目			炉渣混凝土空心砌块墙	陶粒混凝土空心砌块墙	圆弧形砌块墙增加工日	硅酸盐砌块	加气混凝土砌块	自保温复合砌块
基价/元			5712.82	5751.52	320.70	5430.46	5883.31	7433.92
其中	人工费		2401.14	2401.14	320.70	2123.37	2375.30	2613.75
	材料费		3289.00	3327.70	—	3287.95	3489.11	4775.28
	机械费		22.68	22.68	—	19.14	18.90	44.89
	名称	单位	单价			数量		
材料	标准砖 240mm×115mm×53mm	m³	395.54	0.731	0.731	—	0.404	0.404	0.520
	自保温砌块 400mm×200mm×200mm	m³	407.08	—	—	—	—	—	8.130
	炉渣混凝土空心砌块	m³	274.46	8.500	—	—	—	—	—
	陶粒混凝土空心砌块	m³	278.88	—	8.500	—	—	—	—
	硅酸盐砌块 880×430×240	m³	283.31	—	—	—	9.000	—	—
	加气混凝土砌块	m³	288.50	—	—	—	—	9.540	—
	预拌干混砌筑砂浆 DM M10	m³	590.38	0.960	0.960	—	0.810	0.800	1.890
	水	t	4.39	1.000	1.000	—	1.000	1.000	1.170
	其他材料费	元	1.00	95.796	96.923	—	95.766	100.331	139.086
机械	干混砂浆罐式搅拌机 200L	台班	236.27	0.096	0.096	—	0.081	0.080	0.190

表 5-9 砌筑砂浆配合比表　　　　计量单位：m³

编号			H10-1	H10-2	H10-3	H10-4	H10-5
项目			水泥42.5级水泥砂浆				水泥42.5级防水砂浆
			M5	M7.5	M10	M20	M10
基价/元			268.57	288.96	306.25	364.19	339.34
其中	人工费		—	—	—	—	—
	材料费		268.57	288.96	306.25	364.19	339.34
	机械费		—	—	—	—	—
	名称	单位	单价		数量		
材料	普通硅酸盐水泥（P·O）42.5级	kg	0.51	219.300	260.360	293.950	408.000	319.260
	河砂综合	m³	120.00	1.296	1.291	1.292	1.288	1.288
	防水粉	kg	1.20	—	—	—	—	17.170
	水	t	4.39	0.275	0.287	0.295	0.354	0.308

解：

1）人工费。根据题目可知教学楼外墙套用消耗量标准子目为 A4-45，且教学楼砌筑砂浆为现拌水泥砂浆 M10，属于干混预拌砂浆，需换算成现拌砂浆，所以消耗量标准子目为 A4-45 中的干混砂浆需调换为现拌砂浆，且按每立方米砂浆增加人工费 42.75 元，其他不变。

根据表 5-8 可知，"A4-45"自保温复合砌块墙中，每 $10m^3$ 自保温复合砌块墙人工费为 2613.75 元，预拌干混砌筑砂浆 DM M10 消耗量为 $1.89m^3$。

换算成现拌砂浆时，每 $10m^3$ 自保温复合砌块墙人工费：

$$2613.75 \text{ 元} + 42.75 \times 1.89 \text{ 元} = 2694.55 \text{ 元}$$

$150m^3$ 自保温复合砌块墙人工费 = 2694.55 元 $\times 150m^3/10m^3$ = 40418.25 元。

2）材料费。根据表 5-9 可知，$1m^3$ 水泥 42.5 级水泥砂浆 M10 由 293.95kg 普通硅酸盐水泥（P·O）42.5 级、$1.292m^3$ 河砂（综合）和 0.295t 水组成。

因此，$1m^3$ 水泥 42.5 级水泥砂浆 M10 的不含税市场单价：

$$293.95 \times 0.52 \text{ 元} + 1.292 \times 168 \text{ 元} + 0.295 \times 3.58 \text{ 元} = 370.97 \text{ 元}$$

根据表 5-8 可知，"A4-45"自保温复合砌块墙中，每 $10m^3$ 自保温砌块墙材料消耗量分别为：标准砖（240mm×115mm×53mm）为 $0.52m^3$，自保温砌块为 $8.13m^3$，预拌干混砌筑砂浆 DM M10（换成水泥 42.5 级水泥砂浆 M10）为 $1.89m^3$，水为 1.17t，其他材料费为 139.086 元。

$10m^3$ 自保温复合砌块墙不含税市场价材料费：

0.52×368 元 $+ 8.13 \times 446$ 元 $+ 1.89 \times 370.97$ 元 $+ 1.17 \times 3.58$ 元 $+ 139.086$ 元 $= 4661.75$ 元

因此，$150m^3$ 自保温复合砌块墙材料费为 4661.75 元 $\times 150m^3/10m^3$ = 69926.25 元。

3）机械费。根据表 5-8 可知，"A4-45"自保温复合砌块墙中每 $10m^3$ 自保温砌块墙机械台班消耗量，干混砂浆罐式搅拌机 200L 为 0.19 台班。

根据表 5-4 可知，干混砂浆罐式搅拌机 200L 台班单价的组成。干混砂浆罐式搅拌机 200L 不含税市场台班单价：

27.906 元 $+ 5.063$ 元 $+ 9.872$ 元 $+ 10.622$ 元 $+ 160$ 元 $+ 28.51 \times 0.8$ 元 $= 236.27$ 元

$10m^3$ 自保温复合砌块墙不含税机械台班费：

$$0.19 \times 236.27 \text{ 元} = 44.89 \text{ 元}$$

因此，$150m^3$ 自保温复合砌块墙材料费为 44.89 元 $\times 150m^3/10m^3$ = 673.35 元。

2）混凝土不同施工方法、不同品种换算。

① 换算原因。当设计图要求的混凝土施工方法、品种与消耗量标准项目中不一致，应进行换算。

如 2020 年《湖南省房屋建筑与装饰工程消耗量标准（基价表）》规定："预拌商品混凝土指外购预拌混凝土，采用商品混凝土按以下规则执行：

a. 采用泵送施工时，执行相应的现浇混凝土项目，再执行混凝土泵送费项目。

b. 采用垂直运输施工时，执行相应现浇混凝土项目，再执行混凝土调整费相应项目。其中，混凝土坍落度不同，商品混凝土材料价格可调整。

c. 采用现场搅拌时，执行相应的现浇混凝土项目，再执行混凝土现场搅拌费项目，其中混凝土材料替换为现场搅拌混凝土。现场搅拌混凝土调整费项目中，仅包含了冲洗搅拌机用水量，如需冲洗石子，用水量另行处理。"

② 换算特点。

a. **不同施工方法：商品混凝土按泵送方式施工，套混凝土相应构件消耗量标准子目，增加"混凝土泵送费"子目（消耗量编码 A5-120~A5-132）。商品混凝土按垂直运输方式施工，套混凝土相应构件子目，增加"A5-133 浇筑增加费（垂直运输机械相比泵送）"子目。**

b. **不同品种：商品混凝土换算成现拌混凝土，其对应消耗量不变，单价发生变化，所以人工费、机械费不变，材料费需调整；同时增加"A5-134 混凝土现场搅拌费"子目，再按泵送或垂直运输不同的施工方法增加混凝土输送费用。**

③ 换算应用实例。

【例 5-6】 某高层住宅，檐口高度 99m，其混凝土单梁工程量为 50m³，分别按泵送及垂直运输机械吊运方式完成有梁板混凝土工程的消耗量标准套用。

解：

1）商品混凝土按泵送方式，套"A5-96 单梁、连续梁"子目，再套"A5-130 混凝土泵送费 檐高（m以内）100"子目。

2）商品混凝土按垂直运输机械吊运方式，套"A5-96 单梁、连续梁"子目，再套"A5-133 浇筑增加费（垂直运输机械相比泵送）"子目。

3）现拌混凝土按垂直运输机械吊运方式，套"A5-96 换 单梁、连续梁"子目，商品混凝土替换为现拌混凝土，再套"A5-133 浇筑增加费（垂直运输机械相比泵送）"子目和"A5-134 混凝土现场搅拌费"子目。

（3）系数换算

1）消耗量标准子目人工系数的换算。

① 换算原因。当设计要求内容与消耗量标准子目的工作内容难易程度不一致，如果这种不一致对机械消耗无影响，并且消耗量标准规定需进行人工系数换算时，可对消耗量标准子目进行人工乘以系数换算。

"弧形构件钢筋执行相应项目，人工乘以系数1.15。""墙面防水按直线形编制，如为弧形，相应项目的人工乘以系数1.18。"如2020年《湖南省房屋建筑与装饰工程消耗量标准（基价表）》中规定："房心土回填按本章槽坑回填土子目执行，且人工乘以系数0.90。""块料面层项目工作内容不包括阳角处的磨边、倒角，如发生按本标准第十六章其他工程相应项目执行。圆弧形、锯齿形等不规则墙面镶贴块料按相应项目人工乘以系数1.25。"

② 换算特点。**消耗量标准子目人工乘以系数，人工费调整，材料费、机械费不变，即换算后的消耗量标准基价为**

换算后的消耗量标准基价=原消耗量标准基价+基价人工费×（系数-1）

③ 换算应用实例。

【例 5-7】 某教学楼一层地面房心回填200m³，试完成该教学楼项目房心回填的消耗量标准套用，并计算房心回填的人工费。

解：

1）消耗量标准套用。房心回填属于土石方工程中回填土小节，由第一章土石方工程说明第六条规定"房心土回填按本章槽坑回填土子目执行，且人工乘以系数0.90"，可知房心回填的套用的消耗量标准项目为"A1-91 换 人工、小型机具夯填土槽、坑"（表5-10）。

模块5 定额的应用

表 5-10 回填土消耗量标准项目表

工作内容：碎土，5m 内就地取土，分层填土，打夯，平整。　　　　　　　　计量单位：100m³

编号				A1-90	A1-91
项目				人工、小型机具夯填土	
				地坪	槽、坑
基价/元				1913.53	2487.95
其中	人工费			1746.00	2269.00
	材料费			—	—
	机械费			167.53	218.95
	名称	单位	单价	数量	
机械	电动夯实机 250N·m	台班	28.27	5.926	7.745

2）人工费。根据表 5-10 可知，每 100m³ 房心回填所需人工费为 2487.95×0.9 元 = 2239.16 元，教学楼房心回填人工费 = 2239.16 元×200m³/100m³ = 4478.32 元。

2）消耗量标准子目人工与机械系数换算。

① 换算原因。当设计要求内容与消耗量标准子目的工作内容难易程度不一致，导致人工与机械消耗都有变化，且消耗量标准规定需进行人工、机械系数换算时，可对消耗量标准子目进行人工与机械乘以系数换算。

如 2020 年《湖南省房屋建筑与装饰工程消耗量标准（基价表）》中规定："建筑面积 300m² 及以下的别墅，其人工、机械乘以系数 1.20；建筑面积超过 300m² 的别墅，其人工、机械乘以系数 1.15。""垫层厚度≥0.3m 时，人工、机械乘以系数 0.80；垫层用于独立基础、条形基础、房心回填时，人工、机械乘以系数 1.20。"

② 换算特点。<u>人工与机械乘以系数，人工费、机械费变化，材料费不变，即换算后的消耗量标准基价为</u>

换算后的消耗量标准基价 = 原消耗量标准基价 + 基价人工费×（系数-1）+ 基价机械费×（系数-1）

③ 换算应用实例。

【例 5-8】 独立基础底铺设 C15 商品混凝土垫层，高 100mm，试完成独立基础垫层的消耗量标准套用，并计算消耗量标准基价。

解：

1）消耗量标准的套用。C15 商品混凝土垫层属于地基处理和基坑支护工程中地基处理小节的换填地基（子小节），混凝土品种、强度等级与消耗量标准项目表中一致，不需要换算（表 5-11）；由消耗量标准规定"垫层用于独立基础、条形基础、房心回填时，人工、机械乘以系数 1.20。"可知，套用的消耗量标准需进行人工与机械的系数换算，C15 商品混凝土垫层的消耗量标准项目为"A2-10 换 垫层 混凝土"。

2）消耗量标准基价。

$$换算后基价人工费 = 900×1.2 元 = 1080.00 元$$
$$换算后基价机械费 = 0×1.2 元 = 0 元$$

建设工程定额编制原理与实务

表5-11 垫层消耗量标准项目表

工作内容：铺设、捣固、找平、养护。　　　　　　　　　　　　　　　　　　　计量单位：10m³

编号				A2-9	A2-10
项目				垫层	
				毛石混凝土	混凝土
基价/元				5847.33	6391.67
其中	人工费			734.75	900.00
	材料费			5112.58	5491.67
	机械费			—	—
材料	名称	单位	单价	数量	
	商品混凝土（砾石）C15	m³	525.72	8.585	10.100
	块片石	m³	156.70	2.734	—
	水	t	4.39	5.000	5.000
	其他材料费	元	1.00	148.910	159.952

　　　　换算后消耗量标准基价=1080元+5491.67元+0=6571.67元
或　　　换算后消耗量标准基价=6391.67元+900×(1.2-1)元=6751.67元

3）消耗量标准子目人工与材料系数换算。

① 换算原因。设计要求内容与消耗量标准子目的工作内容不一致，通过人工与部分或全部材料乘以系数调整后可进行消耗量标准套用。

如2020年《湖南省房屋建筑与装饰工程消耗量标准（基价表）》中规定："冷粘法按满铺编制，点、条铺粘者按其相应项目的人工乘以系数0.91，黏合剂乘以系数0.7。""刮仿瓷涂料项目包括一底二面，如设计在一底二面上再增加一遍者，其人工、材料乘以系数1.20。"

② 换算特点。人工与部分或全部材料乘以系数，人工费、材料费变化，机械费不变。

③ 换算应用实例。

【例5-9】 某教学楼外墙刮仿瓷涂料一底三面，试计算刮仿瓷涂料的材料消耗量与消耗量标准基价。

解：

1）消耗量标准套用。外墙仿瓷涂料属于油漆、涂料、裱糊工程中涂料、裱糊小节，消耗量标准编号"A15-78 刮仿瓷涂料 二遍"（表5-12）。由表5-12可知，A15-78刮仿瓷涂料的工作内容为一底两面，根据2020年《湖南省房屋建筑与装饰工程消耗量标准（基价表）》第十五章的规定："刮仿瓷涂料项目包括一底二面，如设计在一底二面上再增加一遍者，其人工、材料乘以系数1.20。"则外墙刮仿瓷涂料一底三面套用的消耗量标准项目为"A15-78换刮仿瓷涂料 二遍"，且人工与材料须进行系数换算。

表 5-12 喷（刷）刮涂料消耗量标准项目表

工作内容：1. 基层清理、补小孔洞、调料、遮盖不应喷处、喷涂料、压平、清理被喷污的部位。
2. 仿瓷涂料清理、补小孔洞、配料、磨砂纸、刮仿瓷涂料一底两面。　　计量单位：100m³

编号				A15-75	A15-76	A15-77	A15-78
项目				外墙面 JH801 涂料			刮仿瓷涂料
				砖墙	混凝土墙	加气混凝土墙	二遍
基价/元				1894.66	1942.73	1943.43	2340.27
其中	人工费			1052.80	1052.80	1052.80	1792.00
	材料费			810.69	858.76	859.46	548.27
	机械费			31.17	31.17	31.17	—
	名称	单位	单价	数量			
材料	涂料 JH801	kg	7.84	100.000	100.000	100.000	—
	801 胶	kg	1.42	—	34.600	31.800	—
	117 胶	kg	0.95	—	—	—	70.000
	双飞粉	kg	2.74	—	—	—	170.000
	水	t	4.39	0.700	0.140	1.200	—
	其他材料费	元	1.00	23.612	25.013	25.033	15.969
机械	电动空气压缩机 1m³/min	台班	56.67	0.550	0.550	0.550	—

2）材料消耗量与消耗量标准基价。

每 100m² 外墙刮仿瓷涂料一底三面材料消耗量：

117 胶：　　　　　　　　70kg×1.2＝84kg
双飞粉：　　　　　　　　170kg×1.2＝204kg
其他材料费：　　　　　　15.969 元×1.2＝191.63 元

每 100m² 外墙刮仿瓷涂料一底三面的消耗量标准基价：

消耗量标准基价＝（1792.00+548.27）×1.2 元＝2808.32 元

4）消耗量标准子目全部乘以系数的换算。

① 换算原因。设计要求内容与消耗量标准子目的工作内容不一致，通过消耗量标准子目全部乘以系数调整后可进行套用。

如 2020 年《湖南省房屋建筑与装饰工程消耗量标准（基价表）》中规定：

"现浇混凝土整体楼梯消耗量标准已包括楼梯段、楼梯梁、休息平台及四周梁，不包括起步基础（或梁）、柱、栏板、栏杆。混凝土用量与消耗量标准不同时可以换算，设计用量按设计图计算的工程量加 1.5% 的损耗计算，用量比例系数按设计用量除以消耗量标准用量计算，套用消耗量标准时，按相应项目乘以用量比例系数。"以及"钢筋混凝土楼梯段安装以整块为准，如拼装楼梯段，按楼梯段安装项目乘以系数 1.25。"

② 换算特点。消耗量标准子目全部乘以系数，人工费、材料费、机械费均发生变化。

③ 换算应用实例。

【例 5-10】某教学楼楼梯为现浇直形楼梯，混凝土为商品混凝土（砾石）C30，楼梯（包括楼梯段、楼梯梁、休息平台及四周梁）设计图中的水平投影面积为 75m²，体积为

23.05m³，根据现浇楼梯消耗量标准项目表（表5-13），试计算完成该教学楼现浇楼梯的浇前准备，浇筑，振捣，养护等全部操作过程所需要的材料消耗量。

表5-13 现浇楼梯消耗量标准项目表

工作内容：浇前准备，浇筑，振捣，养护。　　　　　　　　　　　　计量单位：10m²

编号				A5-112	A5-113
项目				直形	圆（弧）形
基价/元				1871.07	1579.76
其中	人工费			315.04	489.83
	材料费			1556.03	1089.93
	机械费			—	—
	名称	单位	单价	数量	
材料	商品混凝土（砾石）C30	m³	571.81	2.599	1.807
	单层养护膜	m²	1.10	11.529	11.550
	土工布	m²	6.86	1.090	1.150
	水	t	4.39	0.722	0.696
	电	kW·h	0.80	1.560	1.590
	其他材料费	元	1.00	45.321	31.745

解：

1）换算系数确定。教学楼现浇混凝土楼梯套用消耗量标准子目"A5-112 直形楼梯"，教学楼10m²现浇直形楼梯所用混凝土量为 $23.05m^3×10m^2/75m^2=3.07m^3$；查表5-13可知，消耗量标准中10m²现浇直形楼梯所用混凝土量为2.599m³；现浇混凝土楼梯混凝土用量与消耗量标准不同，应进行全子目系数换算。

根据消耗量标准规定，现浇混凝土整体楼梯混凝土用量与消耗量标准不同时可以换算，设计用量按设计图计算的工程量加1.5%的损耗计算，用量比例系数按设计用量除以消耗量标准用量计算，套用消耗量标准时，按相应项目乘以用量比例系数。

已知，设计用量=23.05m³，则换算系数 $k=23.05/(75/10×2.599)=1.20$。

2）确定材料消耗量。现浇直形楼梯工程量为75m²，则75/10=7.5。

材料消耗量：

水：　　　　　　　　　　0.866t×7.5=6.495t

　　　　　　　　其他材料费=54.385元×7.5=407.888元

商品混凝土（砾石）C30：　3.119m³×7.5=23.393m³

土工布：　　　　　　　　1.308m²×7.5=9.81m²

单层养护膜：　　　　　　13.835m²×7.5=103.763m²

电：　　　　　　　　　　1.872kW·h×7.5=14.04kW·h

（4）增减项换算

1）厚度变化引起的消耗量标准子目增减。

① 换算原因。某种材料（如砂浆、涂膜涂料等）设计厚度与消耗量标准中厚度不一致

时，需套用每增减 1mm 子目来调整。

如 2020 年《湖南省房屋建筑与装饰工程消耗量标准（基价表）》中规定："水泥砂浆整体面层设计厚度与标准取定不同时，可按本章水泥砂浆找平层每增减 1mm 子目调整。""镶贴块料的水泥砂浆结合层设计厚度与标准取定不同时，可按本章水泥砂浆找平层每增减 1mm 子自调整。""抹灰项目中，设计砂浆种类、配合比与标准取定不同时，可按设计调整；设计砂浆厚度与标准取定不同时，可套用本标准第十二章墙柱面工程中抹灰层厚度每增减 1mm 子目进行调整，人工乘以系数 1.150。"

② 换算特点。在项目套用原有对应消耗量标准子目的基础上，若砂浆厚度变厚，套用砂浆每增减 1mm 子目，且子目乘以正系数；若砂浆厚度变薄，套用砂浆每增减 1mm 子目，且子目乘以负系数。系数 k 为设计砂浆厚度减消耗量标准取定砂浆厚度的数值。

$$k = 设计砂浆厚度 - 消耗量标准取定砂浆厚度$$

③ 换算应用实例。

【例 5-11】 某教学楼天棚抹灰做法为 15mm 厚现浇水泥砂浆（预拌干混抹灰砂浆 DP M20），工程量为 2800m^2。根据天棚抹灰消耗量标准项目表（表 5-14）、墙柱面抹灰消耗量标准项目表（表 5-15），试计算完成该教学楼天棚抹灰的清理、修补基层表面，堵眼，调运砂浆，清扫落地灰，抹灰找平、罩面及压光（包括小圆角抹光）等全部操作过程的消耗量标准子目套用。

表 5-14 天棚抹灰消耗量标准项目表

工作内容：清理修补基层表面、堵眼、调运砂浆、清扫落地灰，抹灰找平、罩面及压光（包括小圆角抹光）。

计量单位：100m^2

编号				A13-1	A13-2
项目				混凝土天棚	
				水泥砂浆	
				现浇	预制
基价/元				3290.89	3590.09
其中	人工费			2505.60	2804.80
	材料费			740.40	740.40
	机械费			44.89	44.89
	名称	单位	单价	数量	
材料	预拌干混抹灰砂浆 DP M20	m^3	605.31	1.130	1.130
	松木锯材	m^3	1700.00	0.020	0.020
	水	t	4.39	0.190	0.190
	其他材料费	元	1.00	21.565	21.565
机械	干混砂浆罐式搅拌机 200L	台班	236.27	0.190	0.190

表 5-15 墙柱面抹灰消耗量标准项目表

工作内容：1. 清理、修补、湿润基层表面、堵墙眼、调运砂浆、清扫落地灰。
2. 分层抹灰找平、分格、洒水湿润、罩面压光（包括门窗洞口侧壁抹灰）。

计量单位：100m²

编号				A12-1	A12-2	A12-3	A12-4	A12-5
项目				墙面、墙裙抹水泥砂浆				抹灰层厚度每增减
				内砖墙	外砖墙	混凝土内墙	混凝土外墙	
				20mm				1mm
基价/元				3492.89	4448.18	3663.12	4690.40	126.52
其中	人工费			2086.40	3014.40	2252.80	3252.80	53.12
	材料费			1323.80	1348.72	1327.63	1352.54	68.67
	机械费			82.69	85.06	82.69	85.06	4.73
	名称	单位	单价	数量				
材料	预拌干混抹灰砂浆 DP M20	m³	605.31	2.120	2.160	2.120	2.160	0.110
	水	t	4.39	0.700	0.700	0.700	0.700	0.020
	其他材料费	元	1.00	37.471	38.177	41.295	42.000	2.000
机械	干混砂浆罐式搅拌机 200L	台班	236.27	0.350	0.360	0.350	0.360	0.020

解：

教学楼天棚抹灰为现浇水泥砂浆，选用消耗量标准子目 A13-1 混凝土天棚水泥砂浆现浇。根据表 5-14 可知，A13-1 中取定的砂浆厚度为 10mm，教学楼天棚抹灰厚度为 15mm，根据消耗量标准规定，天棚抹灰项目中，设计砂浆厚度与标准取定不同时，可套用本标准第十二章墙柱面工程中抹灰层厚度每增减 1mm 子目进行调整，人工乘以系数 1.150。所以教学楼天棚抹灰套用的消耗量标准子目为"A13-1 混凝土天棚水泥砂浆现浇"和"A12-5 换抹灰层厚度每增减 1mm"。

增减子目 A12-5 的换算系数 $k=15-10=5$。

2) 成品组成材料含量变化引起的消耗量标准子目增减。

① 换算原因。消耗量标准子目的构件成品组成材料含量发生变化时需调整材料消耗量。

如 2020 年《湖南省房屋建筑与装饰工程消耗量标准（基价表）》中规定："深层水泥搅拌桩的水泥掺入量按原状土重（1800kg/m³）的 10% 考虑，如设计不同时，按本章'深层水泥搅拌桩每增减 1%'子目进行调整。"和"三轴水泥搅拌桩项目水泥掺入量按原状土重（1800kg/m³）的 18% 考虑，如设计不同时，按本章'深层水泥搅拌桩每增减 1%'子目进行调整。"

② 换算特点。水泥搅拌桩在套用对应消耗量标准子目的基础上，增加"深层水泥搅拌桩每增减 1%"子目，且子目乘以系数 k。

$$k=(设计设定的水泥掺入量比率-消耗量标准设定的水泥掺入量比率)\times 100$$

③ 换算应用实例。

【例 5-12】 1 喷 2 搅（喷浆、水泥掺入量 9%）的深层水泥搅拌桩，试完成其消耗量标准的套用并计算换算系数。

解：

1）消耗量标准套用。深层水泥搅拌桩属于2020年《湖南省房屋建筑与装饰工程消耗量标准（基价表）》的地基处理和基坑支护工程中地基处理小节，消耗量标准子目"A2-40 深层水泥搅拌桩 1喷2搅（喷浆、水泥掺入量10%）"（表5-16）。

表 5-16 深层水泥搅拌桩消耗量标准项目表

工作内容：桩机就位，预搅下沉，拌制水泥浆或水泥粉，喷水泥浆或水泥粉并搅拌上升，移位。

计量单位：10m³

编号				A2-39	A2-40	A2-41	A2-42
项目				深层水泥搅拌桩			
				1喷2搅（喷粉、水泥掺量10%）	1喷2搅（喷浆、水泥掺量10%）	每增减1%	空孔
基价/元				1864.96	1823.01	100.06	570.54
其中	人工费			411.63	320.00	—	299.38
	材料费			964.45	981.81	100.06	—
	机械费			488.88	521.20	—	271.16
	名称	单位	单价	数量			
材料	普通硅酸盐水泥（P·O）42.5级	kg	0.51	1836.000	1836.000	183.600	—
	水	t	4.39	—	3.840	0.800	—
	其他材料费	元	1.00	28.091	28.597	2.914	—
机械	SJB深层搅拌桩机	台班	844.54	0.465	0.459	—	0.276
	灰浆搅拌机200L	台班	182.80	—	0.459	—	—
	挤压式灰浆输送泵3m³/h	台班	215.86	—	0.230	—	—
	偏心式振动筛16m³/h	台班	196.52	0.163	—	—	—
	电动空气压缩机3m³/min	台班	137.92	0.465	—	—	0.276

消耗量标准子目A2-40水泥掺入量为10%，设计水泥掺入量为9%，根据消耗量标准规定，深层水泥搅拌桩的水泥掺入量设计与消耗量标准取定不同时，按"深层水泥搅拌桩每增减1%"子目进行调整。

因此，1喷2搅（喷浆、水泥掺入量9%）的深层水泥搅拌桩套用的消耗量标准项目为"A2-40 深层水泥搅拌桩 1喷2搅（喷浆、水泥掺入量10%）"和"A2-41 换 深层水泥搅拌桩 每增减1%"。

2）换算系数。增加子目"A2-41 换 深层水泥搅拌桩 每增减1%"的换算系数为：

$$k = (9\% - 10\%) \times 100 = -1$$

3）深度变化引起的消耗量标准子目增加。

① 换算原因。人工挖土（石）方设计深度超过消耗量标准设定深度时，可换算。

如 2020 年《湖南省房屋建筑与装饰工程消耗量标准（基价表）》中规定："人工挖土（石）方项目超过本标准设定深度的，超出部分工程量应计算垂直运输费用，按垂直深度全深每米折合水平距离 7m 计算人工运输，按本章人工运土（石）方'每增运 20m'子目执行。"

② 换算特点。人工挖土（石）方深度超过消耗量标准设定深度的，在套用人工挖土（石）方相应消耗量标准子目的基础上，**增加人工运土"每增运 20m"，子目乘以系数 k**（若 $k=1$，则增加子目无须换算）。

$$k = \frac{人工挖土（石）方深度 \times 7}{20}$$

③ 换算应用实例。

【例 5-13】 人工挖基坑土方，普通土，挖土深度 5m，试完成人工挖基坑土方消耗量标准的套用并计算换算系数。

解：

1）消耗量标准套用。人工挖基坑土方属于土石方工程中人工挖槽、坑土方小节，套用消耗量标准子目"A1-3 人工挖槽、坑土方 深度≤2m 普通土"（表 5-17）。

表 5-17 人工挖槽、坑土方消耗量标准项目表

工作内容：挖土、弃土于槽坑边 5m 以内或装土、修整边底。　　　　　计量单位：100m³

编号		A1-3	A1-4
项目		深度≤2m	
		普通土	坚土
基价/元		3407.36	8567.68
其中	人工费	3407.36	8567.68
	材料费	—	—
	机械费	—	—

消耗量标准子目 A1-3 中挖土深度≤2m，设计挖土深度为 5m，根据消耗量标准规定，人工挖土方项目超过消耗量标准设定深度的，按垂直深度全深每米折合水平距离 7m 计算人工运输，按"人工运土方 每增运 20m"子目进行调整。

因此，人工挖基坑土方，普通土，挖土深度 5m 套用的消耗量标准项目为"A1-3 人工挖槽、坑土方 深度≤2m 普通土"和"A1-7 换 人工运土方 每增运 20m"。

2）换算系数。增加子目"A1-7 换 人工运土方 每增运 20m"的换算系数为：

$$k = 5 \times 7 / 20 = 1.75$$

4）遍（层）数变化引起的消耗量标准子目增加。

① 换算原因。设计遍（层）数与消耗量标准取定不一致时，套每增加一遍（层）子目进行调整。如消耗量标准中部分卷材防水层数与设计不同时，可按每增加一层子目进行调整；设计喷、涂、刷遍数与标准取定不同时，可按每增加一遍项目进行调整等。

② 换算特点。在套用项目对应消耗量标准子目的基础上，套每增加一遍（层）子目，且子目乘以系数 k。

$$k = 设计设定的遍（层）数 - 消耗量标准取定的遍（层）数$$

③ 换算应用实例。

【例 5-14】 天棚抹灰面刷底油一遍、调和漆四遍，试完成天棚抹灰面油漆的消耗量标准的套用并计算换算系数。

解：

1）消耗量标准套用。天棚抹灰面油漆属于油漆、涂料、裱糊工程中抹灰面油漆小节，套用消耗量标准子目"A15-55 墙、柱、天棚面 底油一遍、调和漆三遍"（表5-18）。

表 5-18 抹灰面油漆消耗量标准项目表

工作内容：清扫、磨砂纸、刷底油一遍、刷调和漆等全部操作过程。　　　　计量单位：100m²

编号				A15-54	A15-55	A15-56	A15-57
项目				墙、柱、天棚面			拉毛面
				底油一遍、调和漆二遍	底油一遍、调和漆三遍	每增加一遍调和漆	底油一遍、调和漆二遍
基价/元				1458.83	1830.50	398.36	1768.23
其中	人工费			1008.00	1251.20	243.20	1088.00
	材料费			450.83	579.30	155.16	680.23
	机械费			—	—	—	—
	名称	单位	单价	数量			
材料	调和漆	kg	13.64	9.270	9.270	—	14.270
	无光调和漆	kg	15.93	9.270	17.100	9.270	14.270
	清油	kg	30.87	1.550	1.550	—	2.390
	熟桐油	kg	30.87	2.180	2.180	—	3.360
	油漆溶剂油 200#	kg	6.45	7.510	7.510	0.460	9.450
	其他材料费	元	1.00	13.131	16.873	4.519	19.813

消耗量标准子目 A15-55 中天棚抹灰面油漆遍数为底油一遍、调和漆三遍，设计天棚抹灰面油漆遍数为底油一遍、调和漆四遍，根据消耗量标准规定，设计喷、涂、刷遍数与标准取定不同时，可按每增加一遍项目进行调整。

因此，天棚抹灰面刷底油一遍、调和漆四遍套用的消耗量标准项目为"A15-55 墙、柱、天棚面 底油一遍、调和漆三遍"和"A15-56 每增加一遍调和漆"。

2）换算系数。增加子目"A15-56 每增加一遍调和漆"的换算系数为 $k = 4 - 3 = 1$，说明增加子目"A15-56 每增加一遍调和漆"不需要换算。

（5）施工工艺相同，仅材料品种、规格、用量的换算

1）换算原因。实际施工工艺与消耗量标准施工工艺一致，但材料品种、规格、用量设计与消耗量标准不一致时，可换算。

如 2020 年《湖南省房屋建筑与装饰工程消耗量标准（基价表）》规定："毛石混凝土消

耗量标准的毛石体积按占混凝土体积的20%考虑，如设计不同应调整。""环氧树脂自流平地面项目厚度按2mm考虑，其中底涂层应连续成膜、无漏涂，厚度忽略不计；中涂层和面涂层各1mm。材料设计用量与标准不同时，可调整。""瓷砖胶铺贴瓷砖项目，瓷砖胶结材料厚度按6mm考虑，设计用量与标准不同时，材料用量可调整。""龙骨的种类、间距、规格和基层、面层材料的型号、规格是按常用材料和常用做法考虑的，如设计要求不同时，材料可以调整，但人工、机械不变。"

2) 换算特点。材料单价、消耗量发生变化，材料费变，人工费与机械费不变。

3) 换算应用实例。

【例5-15】 $10m^3$毛石混凝土独立基础中毛石体积占基础体积的30%，试计算该毛石独立基础中材料的消耗量。

解：1) 消耗量标准的套用。毛石混凝土独立基础属于混凝土及钢筋混凝土工程中现浇混凝土构件小节，套用消耗量标准子目"A5-85 独立基础 毛石混凝土"（表5-19）。

表5-19 现浇混凝土基础消耗量标准项目表

工作内容：浇前准备，浇筑，振捣，养护。　　　　　　　　　　　　　　计量单位：$10m^3$

编号				A5-82	A5-83	A5-84	A5-85
项目				带形基础		独立基础	
				混凝土	毛石混凝土	混凝土	毛石混凝土
基价/元				6428.12	5934.99	6355.12	5929.98
其中	人工费			429.40	443.73	352.10	435.19
	材料费			5998.72	5491.26	6003.02	5494.79
	机械费			—	—	—	—
	名称	单位	单价	数量			
材料	商品混凝土（砾石）C30	m^3	571.81	10.150	8.673	10.150	8.673
	毛石	m^3	128.32	—	2.752	—	2.752
	单层养护膜	m^2	1.10	12.590	12.012	15.927	14.480
	水	t	4.39	1.009	0.930	1.125	1.091
	电	$kW \cdot h$	0.80	2.310	1.980	2.310	1.980
	其他材料费	元	1.00	174.720	159.940	174.845	160.043

2) 材料消耗量。根据消耗量标准规定，毛石混凝土消耗量标准的毛石体积按占混凝土体积的20%考虑，如设计不同应调整。设计毛石占比为30%，与消耗量标准取定的20%不一致，故应调整毛石与混凝土消耗量。由毛石混凝土独立基础中毛石占比30%可知，混凝土占比为70%。

商品混凝土（砾石）C30：$8.673m^3/0.8 \times 0.7 = 7.589m^3$

毛石：　　　　　　　　　$2.752m^3/0.2 \times 0.3 = 4.128m^3$

单层养护膜：$14.480m^2$

水：1.091t

电：$1.980kW \cdot h$

其他材料费：160.043元

（6）其他换算　其他换算是指不属于上述换算情况的消耗量标准换算。

1）换算原因。2020年《湖南省房屋建筑与装饰工程消耗量标准（基价表）》中关于施工工艺不同、设计不同等引起的换算的规定有：

"黏土瓦若穿铁丝钉网钉，每100m²增加人工费1375元，增加镀锌低碳钢丝（22号）3.5kg、圆钉2.5kg；若用挂瓦条，每100mm²增加人工费500元，增加挂瓦条（尺寸25mm×30mm）300.3m、圆钉2.5kg。"

"金刚砂耐磨地面项目为在C25混凝土找平层上面撒2遍骨料，达到强度后滚涂固化剂，3遍渗透、打磨，材料设计用量与标准不同时，可调整；打磨每增一遍，相应增加人工140.8元/100m²和打磨机0.88台班/100m²。如使用模板，套用本标准第十九章模板工程混凝土基础垫层模板子目，人工乘系数1.5。"

"在外墙保温层上贴面砖，按本章镶贴块料面层相应项目执行，打底及结合层材料由保温层专业施工方提供时，其子目应扣除预拌干混砂浆用量及人工费1600元/100m²。"

"轻钢龙骨上安装纸面石膏板，设计要求采用自攻螺钉固定，其螺钉采用防锈漆或腻子封闭处理，每100m²纸面石膏板增加人工费124.8元，其他材料费21元。"

"钢化夹胶玻璃雨篷项目爪件等用量可按设计调整；型钢如需喷氟碳漆，费用另计；连接铁件如为后置，增加520W电锤2.48台班/100m²，化学锚栓费用另计；如设计有斜拉杆，高强销锚费用按设计用量另计；设计型钢用量不同时，可套用本标准第十二章墙柱面工程干挂石材钢骨架子目进行调整。"

2）换算特点。在此类换算中，人工、材料、机械都有换算的可能。

3）换算应用实例。

【例5-16】　根据瓦屋面消耗量标准项目表（表5-20），试计算黏土瓦屋面穿铁丝钉网钉的人工费和材料消耗量。

解：

1）消耗量标准套用。黏土瓦屋面属于屋面与防水工程中瓦屋面小节，套用消耗量标准子目"A8-1 黏土瓦 屋面板子上或椽子挂瓦条上铺设"。设计屋面瓦固定的施工方式为穿铁丝钉网钉，与消耗量标准不一致，需进行换算调整。

根据消耗量标准规定，黏土瓦若穿铁丝钉网钉，每100m²增加人工费1375元，增加镀锌低碳钢丝（22号）3.5kg、圆钉2.5kg。

2）人工费与材料消耗量。

人工费：　　　　　　　930元+1375元=2305.00元

材料消耗量：

黏土瓦38cm×24cm：1.670千块

黏土脊瓦：0.03千块

预拌干混地面砂浆DS M15：0.110m³

镀锌低碳钢丝（22号）：3.5kg

圆钉：2.5kg

其他材料费：34.721元

表 5-20　瓦屋面消耗量标准项目表

工作内容：1. 调制砂浆、运瓦、盖瓦、盖脊、抹梢头。
　　　　　2. 调制砂浆、铺瓦、修界瓦边、安脊瓦、檐口梢头坐灰、固定、清扫瓦面。
　　　　　3. 瓷质波纹瓦：清理修补基层、打底抹灰、选料、镶贴面层、修嵌缝隙及调运砂浆、清洁表面。

计量单位：100m²

编号			A8-1	A8-2	A8-3	A8-4
项目			黏土瓦	彩色水泥瓦	西班牙瓦	瓷质波纹瓦
			屋面板子上或椽子挂瓦条上铺设	屋面板上或椽子挂瓦条上铺设		搭接式
基价/元			2125.73	8631.61	5769.53	6383.14
其中	人工费		930.00	930.00	930.00	930.00
	材料费		1192.07	7628.49	4766.41	5365.40
	机械费		3.66	73.12	73.12	87.74
	名称	单位	单价	数量		
材料	黏土瓦 38cm×24cm	千块	627.41	1.670	—	—	—
	黏土脊瓦	千块	1490.83	0.030	—	—	—
	英红主瓦 420cm×332cm	块	5.52	—	1068.000	—	—
	西班牙瓦 310cm×310cm	块	1.73	—	—	1576.450	—
	瓷质波纹瓦 20cm×20cm	千块	1167.95	—	—	—	2.956
	预拌干混地面砂浆 DS M15	m³	589.52	0.110	2.563	3.075	2.880
	镀锌钢丝 ϕ1.2	kg	5.35	—	—	14.400	—
	扣钉	kg	11.68	—	—	0.900	—
	石料切割锯片	片	35.40	—	—	—	1.340
	水	t	4.39	—	—	—	2.600
	其他材料费	元	1.00	34.721	222.189	138.827	156.274
机械	灰浆搅拌机 200L	台班	182.80	0.020	0.400	0.400	0.480

5.1.4 补充定额的编制

工程建设日益发展，新技术、新材料不断得到采用，在一定时间范围内编制的消耗量标准，不可能包括施工中可能遇到的所有项目。当工程项目在定额中缺项，又不在调整换算范围之内时，可编制补充定额，经批准备案，一次性使用。

补充定额只能在指定的范围内使用，一般由施工企业提出测定资料，与建设单位或设计部门协商议定，只作为一次使用，并同时报主管部门备查，以后陆续遇到此种同类项目时，经过总结和分析，往往成为补充或修订正式统一定额的基本资料。

1. 消耗量标准出现缺项的原因

当设计图中的项目，在现行消耗量标准中缺项，又不属于换算范围，无消耗量标准子目可套时，应编制补充定额。消耗量标准出现缺项的原因有：

1）设计中采用了定额中没有选用的新材料。
2）设计中选用了定额中未编列的砂浆配合比或混凝土配合比。
3）设计中采用了定额中没有的新的结构做法。
4）施工中采用了定额中未包括的施工工艺等。

2. 编制补充定额的原则

1）定额的组成内容应与现行定额中同类分项工程相一致。
2）人工、材料、机械消耗量计算口径应与现行定额相统一。
3）工程主要材料的损耗率应符合现行定额规定，施工中用的周转性材料计算应与现行定额保持一致。
4）施工中可能发生的互相关联的可变性因素，要考虑周全，数据统计必须真实。
5）各项数据必须是实验结果或实际施工情况的统计，数据的计算必须实事求是。

3. 编制补充定额的要求

1）编制补充定额，特别要注重收集和积累原始资料，原始资料的取定要有代表性，必须深入施工现场进行全过程测定，测定数据要准确。
2）注意做好补充定额使用的信息反馈工作，并在此基础上加以修改、补充、完善。
3）经验指导与广泛听取意见相结合。
4）借鉴其他城市、企业、项目编制的有关补充定额，作为参考依据。

4. 补充定额的编制步骤

（1）资料搜集

1）现行的定额及有关资料。
2）现行的建筑安装工程施工及验收规范。
3）安全技术操作规程和现行有关劳动保护的政策法令。
4）国家设计标准规范。
5）新结构、新工艺、新材料、新机械、新技术用于工程实践的资料。
6）编制定额必须依据的其他有关资料。

（2）补充定额的编制

1）确定补充定额的子目名称。定额名称应简明扼要、通俗易懂，充分结合施工工艺、主要施工机械及主要材料。

2）确定补充定额项目的工作内容。工作内容应简单明了地反映正常施工条件下的主要工作内容。

3）确定补充定额的计量单位。计量单位的确定应与定额项目相适应，由于工作内容综合，补充定额的计量单位也应具有综合的性质。计量单位的选择主要是根据分项工程或结构构件的形体特征和变化规律，按法定或自然计量单位确定。

4）计算补充定额项目的人工、材料、机械台班消耗数量。根据工程实践的资料，经对查测记录数据进行分析研究，初步拟定人工工日、消耗性（含摊销）材料量及机械台班消耗量。可与2020年《湖南省房屋建筑与装饰工程消耗量标准（基价表）》中相关定额进行对比分析后，调整修正初拟的定额消耗量。

5）编制补充定额子目表。根据2020年《湖南省房屋建筑与装饰工程消耗量标准（基价表）》人工、材料、机械台班单价的标准，确定补充定额的人工费、材料费、机械费，得出补充定额的基价，编制补充定额子目表。

5. 编制补充定额实例

【例 5-17】 湖南省政府投资的某公益图书馆项目通过公开招标确定中标单位，招标文件规定以固定单价形式确定工程造价，工程的竣工结算价为中标价+设计变更+签证+索赔，2020 年 11 月 15 日签订合同，合同约定 2020 年 11 月 25 日开工，2022 年 3 月 10 日竣工。

施工过程中发包人提出部分窗玻璃增加贴太阳隔热膜，原清单中无该项目。而 2020 年《湖南省房屋建筑与装饰工程消耗量标准（基价表）》中也无相应子目可以套用，经发承包双方协商，同意由承包人编制一次性补充定额，并报工程所在地造价管理机构备案。

承包人对现场进行了测算，贴太阳隔热膜需要完成的工作有玻璃清洁、贴膜、清洗窗框等。

测算数据如下：

1) 人工：每铺贴 $10m^2$ 太阳隔热膜（实际铺贴面积）的基本工作时间为 2.5h（含 100m 内的材料水平运输），辅助工作时间、准备与结束时间、不可避免中断时间和休息时间分别占工作延续时间的比例为 3%、6%、2% 和 12%，人工幅度差为 10%。每个工日按 8h 计算。

2) 材料：太阳隔热膜的单价为 36 元/m^2，专用安装液的单价为 20 元/kg，清洁剂的单价为 10 元/kg；经测算，实际铺贴面积为 $500m^2$，共用太阳隔热膜 $535m^2$，专用安装液 11.5kg，清洁剂 14.6kg，其他材料费 77 元。

3) 机械：无。

试作为承包人根据上述资料编制一次性补充定额。

解：

1) 定额子目编码与名称。编码为：补子目 1，名称为：窗玻璃隔热 贴太阳隔热膜。

2) 工作内容：玻璃清洁、贴膜、清洗窗框等。

3) 计量单位。与 2020 年《湖南省房屋建筑与装饰工程消耗量标准（基价表）》中窗的子目对应，取 $100m^2$。

4) 确定消耗量。每铺贴 $10m^2$ 太阳隔热膜的人工消耗量：基本工作时间 = 2.5/8 = 0.313，即 0.313 工日/$10m^2$，时间定额 = 0.313 工日/$10m^2$/(1 - 3% - 6% - 2% - 12%) = 0.406 工日/$10m^2$，人工消耗量指标 = 0.406×(1+10%)×10 工日/$100m^2$ = 4.466 工日/$100m^2$。

每铺贴 $10m^2$ 太阳隔热膜的材料消耗量：

太阳隔热膜：　　　　　　$535m^2$/500×100 = $107m^2$

专用安装液：　　　　　　11.5kg/500×100 = 2.3kg

清洁剂：　　　　　　　　14.6kg/500×100 = 2.92kg

其他材料费：　　　　　　77 元/500×100 = 15.4 元

每铺贴 $10m^2$ 太阳隔热膜的机械消耗量：无。

5) 编制补充定额子目表。

人工费：根据现行消耗量标准，人工单价取 160 元/工日，人工费 = 4.466×160 元 = 714.56 元。

材料费：　　107×36 元 + 2.3×20 元 + 2.92×10 元 + 15.4 元 = 3942.60 元

机械费：0 元

定额基价=714.56元+3942.60元=4657.16元

表5-21即为窗玻璃隔热一次性补充定额子目表。

表5-21 窗玻璃隔热一次性补充定额子目表

工作内容：玻璃清洁、贴膜、清洗窗框等。　　　　　　　　　　　　　　　　计量单位：100m²

编号				补子目1
项目				窗玻璃隔热
				贴太阳隔热膜
基价/元				4657.16
其中	人工费			714.56
	材料费			3942.60
	机械费			—
材料	名称	单位	单价	数量
	太阳隔热膜	m²	36.00	107
	专用安装液	kg	20.00	2.3
	清洁剂	kg	10.00	2.92
	其他材料费	元	1.00	15.4

注：子目包含100m内的材料水平运输。

课证融通小测

一、单选题

1. 预算消耗量标准的应用类型不包括（　　）。
　A. 直接套用　　B. 换算套用　　C. 补充套用　　D. 替换套用

2. 当施工图的设计要求、（　　）与消耗量标准的项目内容完全一致时，可直接套用消耗量标准子目。
　A. 项目内容　　B. 施工方法　　C. 技术特征　　D. 组成材料

3. 当砂浆进行换算时，若仅强度等级或配合比变化，则砂浆消耗量（　　），单价发生变化。
　A. 变大　　　　　　　　　　B. 不变
　C. 变小　　　　　　　　　　D. 按比率变化

4. 当墙面抹灰砂浆厚度允许换算时，若墙面抹灰砂浆设计厚度为25mm，消耗量标准对应子目砂浆厚度为20mm，则增加的砂浆每增减1mm子目乘以系数（　　）。
　A. 1.0　　　B. 1.5　　　C. 5　　　D. 10

5. 预算消耗量标准中子目需进行机械系数换算，则该系数应计入（　　）。
　A. 材料基期单价　　　　　　B. 材料消耗量
　C. 材料市场单价　　　　　　D. 项目工程量

二、计算题

1. 某工程异形柱采用C30砾40商品混凝土泵送浇筑，檐高60m，工程量为20m³。试查询2020年《湖南省房屋建筑与装饰工程消耗量标准（基价表）》，求完成异形柱混凝土浇捣、养护等全部操作过程所需要的材料和机械的消耗量。

2. 试根据2020年《湖南省房屋建筑与装饰工程消耗量标准（基价表）》和2020年《湖南省建设工程计价办法及附录》计算换算后的消耗量标准子目基价。

1）某工程框架柱采用C35泵送混凝土（42.5级）浇筑，计算换算后消耗量标准子目基价。

2）某地面装饰工程，采用带嵌条的水磨石地面，厚18mm，计算换算后消耗量标准子目基价。

3）弧形梁钢筋$\phi 8$，计算换算后消耗量标准子目基价。

模块5　定额的应用

任务5.1　工作任务单

1. 学生任务分配表

班级		组号		指导教师	
组长		学号			
组员 （姓名、学号）					
任务分工					

2. 预算消耗量标准应用

组号		姓名		学号	
工作目标		（1）根据计算方案和任务分工，完成人、材、机的消耗量与费用计算 （2）讨论分析套用消耗量标准，计算数据，并进行修正			

（1）问题一 材料消耗量、机械消耗量

（2）问题二 材料消耗量、机械消耗量

（3）问题三 人工费、材料费、机械费

案例详解

3. 评价表

姓名：		组号：		任务：
评价内容	评价标准	自评	小组互评	教师评价
职业素养 （20分）	（1）学习态度积极，能主动思考问题，能有计划地组织小组成员完成工作任务，有良好的团队合作意识，遵章守纪，计20分 （2）学习态度较积极，能主动思考问题，能配合小组成员完成工作任务，遵章守纪，计15分 （3）学习态度端正，主动思考能力欠缺，能配合小组成员完成工作任务，遵章守纪，计10分 （4）学习态度不端正，不参与团队任务，计0分			
成果 （80分）	计算（校核、审核）无误，无返工，计算过程规范，字迹工整，计80分，如有错误按以下标准扣分，扣完为止： （1）计算（校核、审核）有错误，每返工一次扣20分 （2）计算过程不规范，每处扣5分 （3）字迹不工整，酌情扣分，最多扣10分			
综合得分				
备注：综合得分=自评分×30%+小组互评分×40%+教师评价分×30%				

任务 5.2　企业定额的应用

知识目标

1. 熟悉企业定额的用途。
2. 掌握利用企业定额进行内部成本核算。（重点、难点）
3. 熟悉利用企业定额进行投标报价。（难点）

能力目标

1. 具备利用企业定额进行内部成本核算的能力。
2. 具备利用企业定额确定人工、材料、机械台班消耗量及相关费用的能力。

任务导入

某施工企业响应国家政策改革，编制了企业定额，并广泛应用于企业的内部成本核算、材料管理、投标报价等活动中。

该施工企业的现浇混凝土基础企业定额见表 5-22。该施工企业某项目部实际完成 C25 混凝土独立基础、带形基础工程量分别为 200m³、80m³。已知市场人工和部分材料单价为：混凝土工 120/工日，普工 80 元/工日，C25 混凝土 165 元/m³。试计算上述基础的直接工程费用。

表 5-22　某施工企业现浇混凝土基础企业定额

工作内容：混凝土水平运输、搅拌、浇捣、养护等。　　　　　　　　　　单位：10m³

定额编号					4-1	4-2	4-3	4-4
项目			单位	单价	带形基础		独立基础	
					毛石混凝土	混凝土	毛石混凝土	混凝土
预算价格			元	—	1233.18	1346.57	1205.44	1443.19
其中	人工费		元	—	142.95	160.27	147.22	155.33
	材料费		元	—	991.58	1071.54	965.86	1073.1
	机械费		元	—	98.65	114.76	92.36	114.76
人工	R9	混凝土工	工日	23.15	4.30	4.91	4.45	4.74
	R1	普通工	工日	20.00	2.17	2.33	2.21	2.28
材料	P412	C15～C40 碎石	m³	104.27	8.63	10.15	8.12	10.15
	C6294	草袋	m³	1.85	2.27	2.17	2.76	2.83
	C1725	片石（毛石）	m³	28.67	2.74	—	3.65	—
	C5734	工程用水	m³	2.75	3.26	3.34	3.43	3.46
机械	J282	混凝土搅拌机 400L	台班	93.11	0.27	0.31	0.25	0.31
	J499	混凝土振捣器（插入式）	台班	11.44	0.53	0.63	0.5	0.63
	J243	机动翻斗车	台班	102.2	0.66	0.77	0.62	0.77

企业定额是施工企业完成工程实体消耗的各种人工、材料、机械和其他费用的标准，消耗量体现在定额消耗水平上，价则反映在实现工程报价的过程中。依据企业定额报价，能够较为准确地体现施工企业的实际管理水平和施工水平。企业定额对加强成本管理、挖掘企业降低成本潜力、提高经济效益具有重大意义。

5.2.1 企业定额在成本控制中的应用

1. 施工项目成本控制的意义和目的

施工项目的成本控制，通常是指在项目成本的形成过程中，对生产经营所消耗的人力资源、物质资源和费用开支，进行指导、监督、调节和限制，及时纠正将要发生和已经发生的偏差，把各项生产费用控制在计划成本的范围之内，以保证成本目标的实现。

2. 施工项目成本控制的对象和内容

（1）以施工项目成本形成的过程作为控制对象　根据对项目成本实行全面、全过程控制的要求，具体的控制内容包括：

1）在工程投标阶段，应根据工程概况、投标文件、企业定额进行项目成本的预测，提出投标决策意见。

2）在施工准备阶段，应结合设计图的自审、会审和其他资料（如地质勘探资料等），编制实施性施工组织设计，通过多方案的技术经济比较，从中选择经济合理、先进可行的施工方案，编制具体的成本计划，对项目成本进行事前控制。

3）在施工阶段，以施工图预算、施工预算、劳动定额、材料消耗定额和费用开支标准等，对实际发生的成本费用进行控制。

4）在竣工交付使用及保修期阶段，应对竣工验收过程发生的费用和保修费用进行控制。

（2）以分部分项工程作为项目成本的控制对象　为了把成本控制工作做得扎实、细致，落到实处，还应以分部分项工程作为项目成本的控制对象。在正常情况下，项目应该根据分部分项工程的实物量，按照施工定额，结合项目管理的技术素质、业务素质和技术组织措施的节约计划，编制包括工、料、机消耗数量、单价、金额在内的施工预算，作为对分部分项工程成本进行控制的依据。

3. 应用实例——在企业内部核算中的应用

企业定额在企业内部核算中的应用，主要指企业和班组核算，可以是成本核算，也可以是材料领用、结算等。此外，还可以利用企业定额确定人、材、机消耗量，人、材、机价格则按照市场行情执行。

（1）成本核算

【例5-18】　某公司的砌块墙企业定额见表5-23。该公司某项目部实际完成加气混凝土砌块墙工程量为90m³。市场人工及部分材料单价为：砖瓦工为100元/工日，普通工为80元/工日，加气混凝土砌块单价为180元/m³，试计算该部分的直接工程费用。

解：

1）分项工程单价按市场行情价格调整：

$$[1821.7+6.81\times(100-25.65)+1.53\times(80-20)+9.05\times(180-159.9)] 元/10m^3$$
$$=2601.73 元/10m^3$$

表 5-23 某公司砌块墙企业定额

工作内容：调运砂浆、铺砂浆、运砌块、砌砌块（包括墙体窗台虎头砖、腰线门窗套、安放木砖、铁件等）。

计量单位：10m³

定额编号					3-16	3-17	3-18
项目			单位	单价	水泥焦渣空心砖墙	硅酸盐砌块墙	加气混凝土砌块墙
预算价格			元	—	1374.34	1400.37	1821.70
其中		人工费	元	—	384.57	213.65	205.28
		材料费	元	—	975.63	1180.12	1605.11
		机械费	元	—	14.14	6.6	11.31
人工	R5	砖瓦工	工日	25.65	12.95	7.23	6.81
	R1	普通工	工日	20.00	2.62	1.41	1.53
材料	C166	水泥焦渣空心砖 390mm×190mm×190mm	千块	1267.00	0.559	—	—
	C1670	水泥焦渣空心砖 190mm×190mm×190mm	千块	617.00	0.114	—	—
	C1671	水泥焦渣空心砖 190mm×190mm×190mm	千块	292.00	0.043	—	—
	C1676	硅酸盐砌块 880mm×430mm×240mm	千块	11170.00	—	0.071	—
	C2150	加气混凝土砌块	m³	159.90	—	—	9.05
	C1661	机红砖 240mm×115mm×53mm	千块	109.02	0.400	0.400	0.405
	P231	混合砂浆 M5	m³	76.55	1.80	0.84	1.44
	C5734	工程用水	m³	2.75	1.12	1.14	1.32
机械	J303	砂浆搅拌机 200L	台班	47.13	0.30	0.14	0.24

2）直接工程费。加气混凝土砌块墙：

9×2601.73 元＝23415.57 元

（2）材料管理

【例 5-19】 某工程现场将进行基础梁钢筋绑扎，班组需领用 φ14 钢筋，根据施工图计算，φ14 钢筋工程量为 11.2t，试根据表 5-24 计算 φ14 钢筋定额用量，并填写表 5-25 限额领料单中加粗字体部分对应的内容。

模块5 定额的应用

表 5-24　某企业现浇构件钢筋工程企业定额

工作内容：钢筋配制、绑扎、安装。　　　　　　　　　　　　　　　　　　　　　　　　　单位：t

定额编号					6-5	6-6	6-7	6-8
项目			单位	单价	现浇混凝土构件			
					圆钢筋/mm			
					$\phi14$	$\phi16$	$\phi18$	$\phi20$
预算价格			元	—	2554.23	2594.49	2482.12	2456.16
其中	人工费		元	—	191.05	190.50	176.05	159.75
	材料费		元	—	2309.04	2321.31	2234.34	2235.56
	机械费		元	—	54.14	82.68	71.73	60.85
人工	R17	钢筋工	工日	27.50	5.10	2.54	4.70	4.26
	R1	普通工	工日	20.00	2.54	5.08	2.34	2.13
材料	C4	圆钢 14	kg	2.18	1050.00	—	—	—
	C5	圆钢 16	kg	2.18	—	1050.00	—	—
	C6	圆钢 18	kg	2.18	—	—	1010.00	—
	C7	圆钢 20	kg	2.18	—	—	—	1010.00
	C323	镀锌钢丝 0.7mm（22号）	kg	3.74	3.39	2.6	2.05	1.67
	C3295	电焊条/结 422	kg	3.68	2.00	5.98	6.63	7.37
	C5734	工程用水	m^3	2.75	—	0.21	0.17	0.14
机械	J320	钢筋调直机 $\phi14$	台班	38.88	0.21	0.17	—	—
	J321	钢筋切断机 $\phi40$	台班	39.52	0.11	0.11	0.11	0.11
	J322	钢筋弯曲机 $\phi40$	台班	23.99	0.42	0.42	0.35	0.35
	J425	直流电焊机功率 30kW	台班	105.15	0.30	0.41	0.42	0.34
	J430	对焊机容量 75kVA	台班	123.51	—	0.15	0.12	0.10

表 5-25　限额领料单

编号：　　　　　　　　　　　　　　　　　　　　　　　　　　　　　　　　　　日期：＿＿＿年＿＿＿月＿＿＿日

领料部门	钢筋班组		发料仓库		用途				
材料编号	材料名称及规格		计量单位	计划投产量	单位消耗定额	领用限额	实发		
							数量	单价	金额
日期（月/日）	领用记录				退料记录				限额结余数量
	数量	领料人		发料人	数量	退料人		收料人	
生产计划主管				物控主管			仓管员		

解：

φ14 钢筋定额用量：

$$1.050 \times 11.2t = 11.76t$$

限额领料单的填写见表 5-26。

表 5-26 限额领料单

编号：_____　　　　　　　　　　　　　　　　　　日期：____年____月____日

领料部门		钢筋班组		发料仓库		用途				
材料编号	材料名称及规格		计量单位	计划投产量		单位消耗定额	领用限额	实发		
								数量	单价	金额
C4	φ14		t	11.2		1.05	11.76			
日期（月/日）	领用记录					退料记录			限额结余数量	
	数量	领料人		发料人		数量	退料人	收料人		
生产计划主管				物控主管				仓管员		

(3) 确定人、材、机消耗量及人、材、机费用

【例 5-20】 某建筑施工企业通过公开投标承建长沙市某办公楼工程，通过计算已知该工程的 φ8 钢筋的图示用量为 100t，试根据表 5-27 完成以下计算：

1) 确定 φ8 钢筋配制、绑扎、安装的工、料、机用量。

2) 工、料、机的单价见表 5-28，试计算 φ8 钢筋配制、绑扎、安装所需人工费、材料费、机械费。

表 5-27 某企业钢筋工程企业定额

工作内容：钢筋配制、绑扎、安装。　　　　　　　　　　　　　　　　　　单位：t

项目		单位	单价	定额编号
				6-2
				现浇混凝土构件
				圆钢筋/mm
				φ8
预算价格		元		
其中	人工费	元		
	材料费	元		
	机械费	元		
人工	钢筋工	工日		14.2
材料	圆钢	kg		1015
	镀锌钢丝（22号）	kg		8.80
机械	钢筋调直机	台班		0.40
	钢筋切断机	台班		0.22
	钢筋弯曲机	台班		0.30

表 5-28　工、料、机单价

名称	单价
钢筋工	150 元/工日
φ8 钢筋	3000 元/t
镀锌钢丝（22 号）	2500 元/t
钢筋调直机	500 元/台班
钢筋切断机	200 元/台班
钢筋弯曲机	500 元/台班

解：

1）确定 φ8 钢筋配制、绑扎、安装的工、料、机用量。查表 5-27 知：

需要钢筋工：　　　　　14.2 工日/t×100t＝1420 工日

需要 φ8 钢筋：　　　　　1015kg/t×100t＝101500kg＝101.5t

需要镀锌钢丝（22 号）：　8.8kg/t×100t＝880kg＝0.88t

需要钢筋调直机：　　　0.4 台班/t×100t＝40 台班

需要钢筋切断机：　　　0.22 台班/t×100t＝22 台班

需要钢筋弯曲机：　　　0.3 台班/t×100t＝30 台班

2）计算 φ8 钢筋配制、绑扎、安装所需人工费、材料费、机械费。

人工费：　　　　　1420×150 元＝213000 元

材料费：　　　　　101.5×3000 元＋0.88×2500 元＝306700 元

机械费：　　　　　40×500 元＋22×200 元＋30×500 元＝39400 元

5.2.2　企业定额在计划管理中的应用

1. 企业定额是编制施工组织设计和施工作业计划的依据

（1）施工组织设计　施工组织设计是指导拟建工程进行施工准备和施工生产的技术经济文件，其基本任务是根据招标文件及合同协议的规定，确定经济合理的施工方案，在人力和物力、时间和空间、技术和组织上对拟建工程做出最佳安排。

各类施工组织设计的编制有三部分内容要用到定额，即所建工程的资源需要量、使用这些资源的最佳时间安排和施工现场平面规划。确定所建工程的资源需要量，要依据现行的企业定额；施工中实物工程量的计算，要以企业定额的分项和计量单位为依据；排列施工进度计划也要根据企业定额对施工力量（劳动力和施工机械）进行计算。施工组织设计的编制只有以企业定额为依据，才能保证其编制的科学性和计划的合理性。

（2）施工作业计划　施工作业计划是根据企业的施工计划、拟建工程施工组织设计和现场实际情况编制的，它是以实现企业施工计划为目的的具体执行计划，也是队、组进行施工的依据。

施工作业计划一般包括三部分内容，即本月（旬）应完成的施工任务、完成施工计划任务的资源需要量、提高劳动生产率和节约措施计划。编制施工作业计划要用企业施工定额对劳动力、施工机械和运输力量进行平衡，以及对材料构件等分期需用量和供应时间及施工进度进行安排。所以编制施工作业计划要用企业定额提供的数据作为依据。

2. 企业定额是组织和指挥施工生产的有效工具

项目队在组织和指挥施工班组进行施工时，是按照作业计划通过下达施工任务单和限额领料单来实现的。

施工任务单中列明应完成的施工任务,也记录班组实际完成任务的情况,并且进行班组工人的工资结算。施工任务单上的工程计量单位、产量定额和计件单位,均需取自企业的劳动定额,工资结算也要根据劳动定额的完成情况计算。

限额领料单是施工队随施工任务单同时签发的材料领取凭证,根据施工任务和材料定额填写。其中,领料的数量是班组为完成规定的工程任务所需消耗材料的最高限额。

5.2.3 在投标报价中的应用

1. 工程量清单综合单价组价

工程量清单综合单价是由投标人根据工程情况和企业自身经营管理水平,利用企业定额组合的分项工程单价。它包括人工费、材料费、机械费、企业管理费、利润、风险费用。

【例 5-21】 某企业的硬木扶手企业定额编号为 10-97H,计量单位为 10m,人工费为 5997.24 元,材料费为 11678.26 元,机械费为 160.42 元,企业管理费=(人工费+材料费+机械费)×费率,根据本企业的综合管理水平,成本测算按费率5%考虑;利润=(人工费+材料费+机械费+企业管理费)×费率,利润暂按6%考虑,风险费暂不考虑。试根据以上条件完成硬木扶手的工程量清单综合单价计算,见表5-29。

表 5-29 工程量清单综合单价计算表(1)

序号	编号	名称	计量单位	数量	综合单价						合计
					人工费	材料费	机械费	管理费	利润	风险费用	小计
1	011503003001	扶手	m	108						0	
	10-97H	硬木扶手	10m	10.8	5997.24	11678.26	160.42			0	

解:

$$管理费=(5997.24+11678.26+160.42)元×5\%=891.8 元$$
$$利润=(5997.24+11678.26+160.42+891.8)元×6\%=1123.66 元$$
$$小计=(5997.24+11678.26+160.42+891.8+11236.66)元=29964.38 元$$
$$合计=29964.38×10.8 元=323615.3 元$$

因此,硬木扶手的工程量清单综合单价计算见表5-30。

表 5-30 工程量清单综合单价计算表(2)

序号	编号	名称	计量单位	数量	综合单价						合计
					人工费	材料费	机械费	管理费	利润	风险费用	小计	
1	011503003001	扶手	m	108	599.72	1167.83	16.04	89.18	112.37	0	2996.44	323615.3
	10-97H	硬木扶手	10m	10.8	5997.24	11678.26	160.42	891.8	1123.66	0	29964.38	323615.3

2. 无价项目的企业定额补充

在实际工程实践中,经常会遇到预算定额缺项或企业定额缺项的分项工程,这时候需要组合新的企业定额子目。

按照前述企业定额编制方法,首先根据工程内容确定人工、材料、机械台班消耗量,然后依据企业的预算单价组合该项目单价。

模块5 定额的应用

任务5.2 工作任务单

1. 学生任务分配表

班级		组号		指导教师	
组长		学号			
组员 （姓名、学号）					
任务分工					

2. 企业定额的应用计算

组号		姓名		学号	
工作目标		（1）根据计算方案和任务分工，完成企业定额的应用计算 （2）讨论分析计算数据，并进行修正			

（1）分项工程单价按市场行情价格调整

（2）直接工程费

案例详解

3. 评价表

姓名：		组号：		任务：	
评价内容	评价标准	自评	小组互评	教师评价
职业素养（20分）	（1）学习态度积极，能主动思考问题，能有计划地组织小组成员完成工作任务，有良好的团队合作意识，遵章守纪，计20分 （2）学习态度较积极，能主动思考问题，能配合小组成员完成工作任务，遵章守纪，计15分 （3）学习态度端正，主动思考能力欠缺，能配合小组成员完成工作任务，遵章守纪，计10分 （4）学习态度不端正，不参与团队任务，计0分			
成果（80分）	计算（校核、审核）无误，无返工，计算表格规范，字迹工整，计80分，如有错误按以下标准扣分，扣完为止： （1）计算（校核、审核）有错误，每返工一次扣20分 （2）表格填写不规范，每处扣5分 （3）字迹不工整，酌情扣分，最多扣10分			
综合得分				
备注：综合得分＝自评分×30%+小组互评分×40%+教师评价分×30%				

任务5.3 概算定额、概算指标、投资估算指标的应用

知识目标

1. 掌握概算定额的内容及应用方法。
2. 掌握概算指标和投资估算指标的内容及应用方法。（重点、难点）

能力目标

1. 具有应用概算定额的能力。
2. 具有应用概算指标和投资估算指标的能力。

任务导入

某企业响应国家号召，竞标获得一房建项目，拟在某市向一些住房困难的家庭建设提供一栋社会保障性质的住宅楼。现需查阅类似工程的概算指标来确定一些相关费用。

查阅得到以下数据：某市一住宅楼为混合结构，建筑面积为 3500m^2，建筑工程直接费为 680 元/m^2，其中块石基础为 45 元/m^2。拟建住宅楼的建筑面积为 5000m^2，基础采用钢筋混凝土带形基础为 65 元/m^2，其他结构相同。试确定该拟建住宅楼工程的直接费。

5.3.1 概算定额

1. 概算定额的定义及作用

概算定额是在预算定额基础上根据有代表性的通用设计图和标准图等资料，以主要工序为准，综合相关工序，进行综合、扩大和合并而成的定额。例如，砖基础概算定额项目以砖基础为主，综合了平整场地、挖地槽、铺设垫层、砌砖基础、铺设防潮层、回填土及运土等预算定额中的分项工程。

概算定额的作用：

1) 概算定额是扩大初步设计阶段编制设计概算和技术设计阶段编制修正概算的依据。工程建设程序规定：采用两阶段设计时，其初步设计阶段必须编制概算；采用三阶段设计时，其技术设计阶段还需编制修正概算，对拟建项目进行总估价，以控制工程建设投资额。而概算定额是编制初步设计概算和技术设计修正概算的重要依据。

2) 概算定额是对设计项目进行技术经济分析和比较的基础资料之一。设计方案比较就是对设计方案的可行性、技术先进性和经济合理性进行评估；在满足使用功能的条件下，尽可能降低造价和资金消耗。概算定额的综合性及其所反映的实物消耗量指标，为设计方案比较提供了方便的条件。

3) 概算定额是编制建设项目主要材料计划的参考依据。

4）概算定额是编制概算指标的依据。概算定额是从设计概算或施工图预（决）算文件中取出有关数据和资料进行编制的，而概算定额是编制概算文件的主要依据，因此，概算定额也是编制概算指标的重要依据。

5）概算定额是编制招标控制价和投标报价的依据。

2. 概算定额的内容

概算定额的内容一般由总说明、分部说明、概算定额项目表及有关附录组成。

（1）总说明　总说明是对定额的使用方法及共同性的问题所做的综合说明和规定，它一般包括以下 5 点：

1）概算定额的性质和作用。

2）定额的使用范围、编制依据和指导思想。

3）有关使用方法的统一规定。

4）有关人工、材料、机械台班的规定和说明。

5）有关定额的解释和管理。

（2）建筑面积计算规范　建筑面积是以平方米（m^2）为计量单位，反映房屋建设规模的实物量指标。建筑面积计算规范由国家统一编制，是计算工业与民用建筑面积的依据。

（3）扩大分部工程定额　每一扩大分部定额均有章节说明、工程量计算和定额表。章节说明是对本章节的编制内容、编制依据、使用方法所做的说明和规定。工程量计算规则是对本章节各项目工程量计算的规定。

例如，某省概算定额将单位工程分成 12 个扩大分部。其顺序如下：

```
第一章    土方工程
第二章    打桩工程
第三章    基础工程
第四章    墙体工程
第五章    柱、梁工程
第六章    楼地面、顶棚工程
第七章    屋盖工程
第八章    门窗工程
第九章    构筑物工程
第十章    附属工程及零星项目
第十一章  脚手架、垂直运输、超高施工增加费
第十二章  大型施工机械进（退）场费
```

（4）概算定额项目表　概算定额项目表是定额最基本的表现形式，内容包括计量单位、定额编号、项目名称、项目消耗量、定额计价及工料指标等。表 5-31 是某省概算定额表示例。

表 5-31 某省框架墙概算定额表

工作内容：砌筑、浇捣钢筋混凝土圈过梁，内墙面抹灰。 定额单位：m³

定额编号				4-30	4-31	4-32
项目				多孔砖墙厚1砖	加气混凝土砌墙砖200mm厚	混凝土小型砌块砖190mm
				双面普通抹灰		
基价/元				53.04	60.81	54.88
其中	人工费			15.57	16.92	17.31
	材料费			36.83	43.43	37.01
	机械费			0.64	0.46	0.56
预算定额编号	项目名称	单位	单价	消耗量		
3-35	砌多孔砖墙厚1砖	m³	164.00	0.197	—	—
3-66	混凝土小型砌块墙	m³	188.30	—	—	0.160
3-67	加气混凝土砌块墙	m³	219.60	—	0.164	—
4-36	现浇混凝土直形圈过梁复合木模	m³	17.26	0.035	0.029	0.028
4-136	C20现浇现拌混凝土圈、过梁浇捣	m³	239.30	0.005	0.004	0.004
4-394	现浇构件螺纹钢制作安装	t	2607.00	0.001	0.001	0.001
11-66	砖或混凝土墙面界面处理	m³	2.22	—	2.000	2.000
11-6	砖墙、砌块墙面水泥砂浆抹灰	m³	8.72	0.600	0.600	0.060
11-11	砖墙、砌块墙面混合砂浆抹灰厚200mm	m³	8.16	1.400	1.400	1.400
	名称	单位	单价/元	消耗量		
人工	人工一类	工日	26.00	0.255	0.195	0.210
	人工二类	工日	30.00	0.298	0.395	0.395
材料	多孔砖 240mm×115mm×90mm		319.00	0.067	—	—
	水		1.95	0.152	0.187	0.190
	复合模板		32.54	0.005	0.005	0.004
	木模		915.00	0.000	0.000	0.000
	32.5级水泥		0.271	22.374	16.62	20.832
	综合净沙		41.37	0.128	0.089	0.102
	低合金螺纹钢综合		2301.00	0.001	0.001	0.001
	混凝土小砌块 390mm×190mm×190mm		145.00	—	—	0.143
	加气混凝土砌块		185.00	—	0.158	—
	标准砖 240mm×115mm×53mm		211.00	—	0.004	0.004
	碎粒粒径40mm以内		32.90	0.006	0.005	0.013

3. 概算定额与预算定额的区别和联系

1）概算定额表达的主要内容、表达的主要方式及基本使用方法都与预算定额相近。

2）概算定额与预算定额的不同之处在于，项目划分和综合扩大程度上的差异。

3）概算定额基价与预算定额基价一样，都只包括人工费、材料费和机具费。

4）概算定额用于设计概算的编制。

5）概算定额水平与预算定额水平之间应有一定的幅度差，幅度差一般在5%以内。

4. 概算定额的编制依据、编制原则及编制步骤

（1）概算定额的编制依据

1）现行的全国通用设计规范、施工验收规范、标准图集等。

2）现行的建筑安装工程预算定额或综合预算定额。

3）现行的人工工资标准、机械台班费用、材料预算价格等。

4）现行的建筑安装工程统一劳动定额，以及标准设计和具有代表性的设计图纸。

5）现行的有关规定及有关设计预算、施工预算等建筑经济资料。

（2）概算定额的编制原则

1）概算定额的编制深度，要适应设计、计划、统计和拨款的要求。在保证具有一定准确性的前提下，应做到简明易懂、项目齐全、计算简单、准确可靠。

2）概算定额在综合过程中，与预算定额之间可以留有余地，即两者之间可以有一定的允许幅度差，一般应控制在5%以内，这样才能使设计概算起到控制施工图预算的作用。

3）为了稳定概算定额水平，统一考核和简化计算工作量，并考虑到扩大初步设计图的深度条件，概算定额的编制应尽量不留活口或少留活口。对于设计和施工变化多而影响工程量多、价差大的，应根据有关资料进行测算，综合取定常用数值。

（3）概算定额的编制步骤

1）准备阶段。该阶段首先成立编制小组，确定编制结构和人员组成，进行调查研究，拟订工作方案，了解现行概算定额执行情况和存在问题，明确编制的目的，制定概算定额的编制方案和确定概算定额的项目。

2）编制初稿阶段。该阶段是根据已经确定的编制方案和概算定额项目，收集和整理各种编制依据，对各种资料进行深入细致的测算和分析，确定人工、材料和机械台班的消耗量指标，最后编制概算定额初稿。该阶段要测算概算定额水平，内容包括两个方面：新编概算定额与原概算定额的水平测算，以及概算定额与预算定额的水平测算。

3）审查定稿阶段。该阶段的主要工作是测算概算定额水平，即测算新编制概算定额与原概算定额及现行预算定额之间的水平。测算的方法既要分项进行测算，又要通过编制单位工程概算以单位工程为对象进行综合测算。

5. 概算定额应用

（1）概算定额的应用原则

1）符合概算定额规定的应用范围。

2）工程内容、计量单位及综合程度应与概算定额一致。

3）必要的调整和换算应严格按定额的文字说明和附录进行。

4）避免重复计算和漏项。

5）参考预算定额的应用规则。

（2）概算定额的应用步骤　利用概算定额编制单位建筑工程概算的方法，与利用预算定额编制单位建筑工程施工图预算的方法基本相同。概算书所用表式与预算书表式基本相同。利用概算定额编制概算的具体步骤如下：

1）列出单位工程中分项工程的名称或扩大分项工程项目名称并计算其工程量。按照概算定额分部分项顺序，列出各分项工程的名称。工程量计算应按概算定额中规定的工程量计算规则进行，并将所得到的各分项工程量按概算定额编号顺序，填入工程概算表内。

2）确定各分部分项工程项目的概算定额单价。计算完工程量后，查概算定额的相应项目，逐项套用相应定额单价、人工和材料消耗指标。然后分别将其填入工程概算表和工料分析表中。

3）计算各分部分项工程的直接费用和总直接费用。将已算出的各分部分项工程项目的工程量及在概算定额中已查出的相应定额单价和单位人工、材料消耗指标分别相乘，即可得到各分项工程的直接费和人工、材料消耗量。汇总各分项工程的直接费和人工、材料消耗量，即可得到该单位工程的直接费和工料的总消耗量，再汇总其他直接费即可得该单位工程的总直接费。

4）计算间接费、利润和税金。根据总直接费、各项施工取费标准，分别计算间接费、利润和税金等费用。

5）计算单位工程概算造价：单位工程概算造价=总直接费+间接费+计划利润+税金。

6. 单位工程概算的编制方法

单位工程概算分建筑工程概算和设备及安装工程概算两大类。

（1）单位建筑工程概算编制方法

1）概算定额法，具体步骤如下：

① 按照概算定额分部分项顺序，列出各分项工程的名称。

② 确定各分部分项工程项目的概算定额单价（一般套用概算定额或经调整的指标）。计算概算定额单价的公式如下：

概算定额单价=概算定额人工费+概算定额材料费+概算定额机械台班使用费

=$\sum$（概算定额中人工消耗量×人工单价）+$\sum$（概算定额中材料消耗量×材料预算单价）+$\sum$（概算定额中机械台班消耗量×机械台班单价）

③ 计算单位工程直接工程费和直接费。

④ 根据直接费，结合其他各项取费标准，分别计算间接费、利润和税金。

⑤ 计算单位工程概算造价：

单位工程概算造价=直接费+间接费+利润+税金

2）概算指标法。概算指标法采用直接工程费指标，是将拟建工程的建筑面积或体积乘以技术条件相同或基本相同的概算指标而得出直接工程费，然后按规定计算措施费、间接费、利润和税金等。该方法适用于初步设计深度不够，不能准确地计算工程量，但工程设计是采用技术比较成熟而又有类似工程概算指标可以利用的情况。因此，其计算精度较低。在资产评估中，可作为估算建（构）筑物重置成本的参考方法。

① 拟建工程结构特征与概算指标相同时的计算。在直接套用概算指标时，拟建工程应

符合以下条件：拟建工程的建设地点与概算指标中的工程建设地点相同；拟建工程的工程特征和结构特征与概算指标中的工程特征、结构特征基本相同；拟建工程的建筑面积与概算指标中工程的建筑面积相差不大。

根据选用的概算指标内容，可选用两种套算方法：

套算方法一，以指标中所规定的工程每平方米（立方米）的造价，乘以报建单位工程建筑面积（体积），得出单位工程的直接工程费，再计算其他费用，即可求出单位工程的概算造价。直接工程费计算公式如下：

直接工程费＝概算指标每平方米（立方米）工程造价×拟建工程建筑面积（体积）

这种简化方法的计算结果参照的是概算指标编制时期的价值标准，未考虑拟建工程建设时期与概算指标编制时期的价差，因此，在计算直接工程费后还应用物价指数另行调整。

套算方法二，以概算指标中规定的每100m^2（或1000m^2）建筑物面积所耗人工工日数、主要材料数量为依据，首先计算拟建工程人工、主要材料消耗量，再计算直接工程费，并取费。在概算指标中，一般规定了100m^2（或1000m^2）建筑物面积所耗工日数、主要材料数量，通过套用拟建地区当时的人工费单价和主材预算单价，便可得到每100m^2（或1000m^2）建筑物的人工费和主材费而无须再做价差调整。其计算公式如下：

100m^2 建筑物面积的人工费＝指标规定的工日数×本地区工日单价

100m^2 建筑物面积的主要材料费＝$\sum$(指标规定的主要材料数量×相应的地区材料预算单价)

100m^2 建筑物面积的其他材料费＝主要材料费×其他材料费占主要材料费的百分比

100m^2 建筑物面积的机械使用费＝(人工费＋主要材料费＋其他材料费)×机械使用费所占百分比

$$每平方米建筑面积的直接工程费=\frac{人工费+主要材料费+其他材料费+机械使用费}{100}$$

根据直接工程费，结合其他各项取费方法，分别计算措施费、间接费、利润和税金。得到每平方米建筑面积的概算单价，乘以拟建单位工程的建筑面积，即可得到单位工程概算造价。

② 拟建工程结构特征与概算指标有局部差异时的调整。当拟建对象的结构特征与概算指标中规定的结构特征有局部不同时，须对概算指标进行调整后方可套用。

a. 调整概算指标中的每平方米（立方米）造价。将原概算指标中的单方造价进行调整，即扣除原概算指标中与拟建工程结构不同部分的造价，增加拟建工程与概算指标结构不同部分的造价，使其成为与拟建工程结构相同的工程单位直接工程费造价。结构变化修正概算指标（单位为元/m^2）的计算公式如下：

$$结构变化修正概算指标=J+Q_1P_1-Q_2P_2$$

式中　　J——原概算指标；

Q_1——概算指标中换入结构的工程量；

Q_2——概算指标中换出结构的工程量；

P_1——换入结构的直接工程费单价；

P_2——换出结构的直接工程费单价。

则拟建工程造价为：

直接工程费＝修正后的概算指标×拟建工程建筑面积（体积）

求出直接工程费后，再按照规定的取费方法计算其他费用，最终得到单位工程概算价值。

b. 调整概算指标中的工、料、机数量。这种方法是将原概算指标中每100m²（或1000m³）建筑面积（体积）中的工、料、机数量进行调整，扣除原概算指标中与拟建工程结构不同部分的工、料、机消耗量，增加拟建工程与概算指标结构不同部分的工、料、机消耗量，使其成为与拟建工程结构相同的工、料、机数量。其计算公式如下：

$$\text{结构变化修正概算指标的工、料、机数量} = \text{原概算指标的工、料、机数量} + \text{换入结构件工程量} \times \text{相应定额工、料、机消耗量} - \text{换出结构件工程量} \times \text{相应定额工、料、机消耗量}$$

以上两种方法，前者是直接修正概算指标单价，后者是修正概算指标工、料、机数量。

3）类似工程预算法。类似工程预算法是利用技术条件与设计对象相类似的已完工程或在建工程的工程造价资料来编制拟建工程设计概算的方法。该方法适用于拟建工程初步设计与已完工程或在建工程设计类似，又没有可用的概算指标的情况，但必须对建筑结构差异和价差进行调整。

① 建筑结构差异的调整。调整方法与概算指标法的调整方法相同，即先确定有差别的项目，然后分别按每一项目算出结构构件的工程量和单位价格（按编制概算工程所在地区的单价），最后以类似预算中相应（有差别）结构构件的工程数量和单价为基础，算出总差价。将类似预算的直接工程费总额减去（或加上）这部分差价，就得到结构差异换算后的直接工程费，再进行取费，即得到结构差异换算后的造价。

② 价差调整。类似工程造价的价差调整方法通常有两种：一是当类似工程造价资料有具体的人工、材料、机械台班的用量时，可按类似工程造价资料中的主要材料用量、工日数量、机械台班用量分别乘以拟建工程所在地的主要材料预算价格、人工单价、机械台班单价，计算出直接工程费，再进行取费，即得所需的造价指标；二是当类似工程造价资料只有人工、材料、机械台班费用和其他费用时，可按下式调整：

$$D = A \times K$$

$$K = a\% \times K_1 + b\% \times K_2 + c\% \times K_3 + d\% \times K_4 + e\% \times K_5$$

式中　　　　　　D——拟建工程单方概算造价；

　　　　　　　　A——类似工程单方预算造价；

　　　　　　　　K——综合调整系数；

$a\%$、$b\%$、$c\%$、$d\%$、$e\%$——类似工程预算的人工费、材料费、机械台班费、措施费、间接费占预算造价的比重；

K_1、K_2、K_3、K_4、K_5——报建工程地区与类似工程地区人工费、材料费、机械台班费、措施费、间接费价差系数，K_1、K_2计算公式如下，其他价差系数的计算思路与其相同。

$$K_1 = \frac{\text{拟建工程概算的人工费（或工资）}}{\text{类似工程预算人工费（或工资）}}$$

$$K_2 = \frac{\sum(\text{类似工程主要材料数量} \times \text{编制概算地区材料预算价格})}{\sum \text{类似地区各主要材料}}$$

（2）单位设备及安装工程概算编制方法

1）设备购置费概算。设备购置费由设备原价和运杂费两项组成，而设备运杂费的计算如下：

$$设备运杂费 = 设备原价 \times 运杂费率$$

2）设备及安装工程概算的编制方法。

① 预算单价法。当初步设计较深，有详细的设备清单时，可直接按安装工程预算定额单价编制设备及安装工程概算，概算程序与安装工程施工图预算程序基本相同。

② 扩大单价法。当初步设计深度不够，设备清单不完备，只有主体设备或仅有成套设备重量时，可采用主体设备、成套设备的综合扩大安装单价来编制概算。

③ 设备价值百分比法。当初步设计深度不够，只有设备出厂价而无详细规格、重量时，安装费可按其占设备费的百分比计算。此种方法常用于价格波动不大的定型产品和通用设备产品。其计算公式为：

$$设备安装费 = 设备原价 \times 安装费率$$

④ 综合吨位指标法。此种方法常用于设备价格波动较大的非标准设备和引进设备的安装工程概算。其计算公式为：

$$设备安装费 = 设备吨重 \times 每吨设备安装费指标$$

5.3.2 概算指标

1. 概算指标的定义

建筑安装工程概算指标通常是以单位工程为对象，以建筑面积、体积或成套设备装置的台或组为计量单位而规定的人工、材料、机具台班的消耗量标准和造价指标。

2. 概算指标的内容及作用

概算指标比概算定额更加综合扩大，其主要内容包括5部分：

1）总说明：说明概算指标的编制依据、适用范围、使用方法等。

2）示意图：说明工程的结构形式。工业项目中还应表示出起重机规格等技术参数。

3）结构特征：详细说明主要工程的结构形式、层高、层数和建筑面积等。

4）经济指标：说明该项目每100m^2或每座构筑物的造价指标，以及其中土建、水暖、电器照明等单位工程的相应造价。

5）分部分项工程构造内容及工程量指标：说明该工程项目各分部分项工程的构造内容，相应计量单位的工程量指标，以及人工、材料消耗指标。

某地区装配车间每100m^2建筑面积材料的概算参考指标，见表5-32。

表5-32 某地区装配车间每100m^2建筑面积材料的概算参考指标

材料名称	单位	消耗量
钢材	t	3.75
水泥	t	16.15
塑钢	m^2	3.93
砖	千块	22.12

(续)

材料名称	单位	消耗量
玻璃	m²	35.02
生石灰	t	4.15
砂	m³	31.12
碎石	m³	32.89
油毡	m²	235.72
沥青	t	0.62
圆钉	kg	11.80
钢丝	kg	110.89

表 5-32 中，某地区装配车间的概算参考指标主要表示了材料消耗指标。应注意，材料消耗指标是概算指标中的基本指标。由于市场上的材料价格有地区差价和时间差价，所以通常是根据材料消耗指标，按当时和当地的材料价格进行计算。

表 5-33 为某市住宅建筑工程单项形式概算指标参考示例。

表 5-33 某市住宅建筑工程单项形式概算指标参考示例

结构		砖混结构	造价/(元/m²)		工料用量/m²		
地耐力		0.159MPa	级别	施工企业	项目	单位	数量
层数		6 层	造价	1359.80			
层高		3.3m	土建	1183.03	人工费	元	36.48
			水暖	142.10	用工	工日	4.75
梯户数		一梯两户	电气照明	34.47	钢筋	kg	15.95
建筑工程特点	基础	条形板式钢筋混凝土基础，上部毛石基础，基础埋深2.5m，局部4.2m	其中：		水泥	kg	155.00
	地下室	占建筑面积的 4.2%			木材	m³	0.033
	墙壁	外墙 2 砖厚；内墙 1~1.5 砖厚	土方	94.08	红砖	块	310
	门窗	木制	基础	140.34	净砂	m³	0.44
	地面	水泥抹面	门窗	99.54	砾石	m³	0.23
	楼板	预制钢筋混凝土空心板	地面	33.0	白灰	kg	32
	屋面保温	散铺珍珠岩 12cm	屋面	28.68	白石子	kg	1.5
	屋面防水	三毡四油一砂	外装修	15.3	沥青	kg	2.05
	内装修	中级抹灰，刷白	暖气片	31.28	油毡	m²	0.80
	外装修	阳台、雨篷、檐头水刷石，其余墙面勾缝	大便器	20.3	铁钉	kg	0.20
	楼梯	现浇钢筋混凝土楼梯	洗手盆	13.3	8号线	kg	0.40
	给水排水	集中供热，M132 暖气片	灯具	3.7	珍珠岩	m³	0.025
	电气照明	塑料管暗配，普通灯具，木制电表箱			玻璃	m²	0.28

注：造价中包括了取费。

概算指标的作用：

1）可以作为编制投资估算的参考。
2）是初步设计阶段编制概算书，确定工程概算造价的依据。
3）概算指标中的主要材料指标可以作为匡算主要材料用量的依据。
4）是设计单位进行设计方案比较、设计技术经济分析的依据。
5）概算指标是编制固定资产投资计划，确定投资额和主要材料计划的主要依据。
6）是建筑企业编制劳动力、材料计划、实行经济核算的依据。

3. 概算指标的分类和表现形式

（1）概算指标的分类
1）建筑工程概算指标。
2）设备及安装工程概算指标。

（2）组成内容及表现形式
1）组成内容：文字说明和列表形式、必要的附录。

① 建筑工程列表形式：建筑、构筑物一般以建筑面积、建筑体积、"座""个"为计算单位，综合指标的形式为：元/m²、元/m³……

② 安装工程的列表形式：设备以"t""台"，或以设备购置费或原价的百分比表示；工艺管道以"t"为计算单位；通信电话站安装以"站"为计算单位。

2）表现形式：

① 综合概算指标，是指按照工业或民用建筑及其结构类型而制定的概算指标。综合概算指标的概括性较大，其准确性、针对性不如单项概算指标。

② 单项概算指标，是指为某种建筑物或构筑物而编制的概算指标。单项概算指标的针对性较强，故指标中对工程结构形式要做介绍。

4. 概算指标的编制依据

1）标准设计图和各类工程典型设计。
2）国家颁发的建筑标准、设计规范、施工规范等。
3）各类工程造价资料。
4）现行的概算定额、预算定额及补充定额。
5）人工工资标准、材料预算价格、机械台班预算价格及其他价格资料。

5. 概算指标的编制方法

1）计算工程量，以每平方米建筑面积为计算单位，换算出所含的工程量指标。
2）根据计算出的工程量和预算定额等资料，编制预算书，得出每百平方米建筑面积的预算造价及人工、材料、施工机具使用费和材料消耗量指标。构筑物是以"座"为单位，在计算完工程量后，不必进行换算，预算书确定的价值就是每座构筑物概算指标的经济指标。

6. 概算指标的应用

（1）直接应用概算指标编制概算

主要材料消耗量的计算：

$$材料消耗量 = \frac{拟建建筑面积 \times 概算指标中100m^2材料消耗量}{100}$$

【例5-22】 拟建操作车间，建筑面积为2000m²。如拟建建筑物的特征和主要结构条件，与表 5-32 所依据的建筑物的条件基本相同，请直接利用该表的概算指标计算拟建建筑物的主要材料的消耗量。

解：

$$钢材消耗量 = (2000 \times 3.75/100) t = 75 t$$

$$水泥消耗量 = (2000 \times 16.15/100) t = 323 t$$

$$塑钢消耗量 = (2000 \times 3.93/100) m^3 = 78.6 m^3$$

$$砖消耗量 = (2000 \times 22.12/100) 千块 = 442.4 千块$$

$$玻璃消耗量 = (2000 \times 35.02/100) m^2 = 700.4 m^2$$

（2）修正概算指标编制概算　由于局部工程内容在套用现成的概算指标时常常会出现不一致的情况，故此时需把不同的局部工程内容的单位造价从单位综合造价中减去，然后把代替它的工程内容的单位造价加入到单位综合造价中。其计算公式如下：

建筑物的造价 = 拟建建筑面积 ×（概算指标中的建筑物单方造价 −
概算指标中不同工程内容的单方造价 + 拟改用的工程内容单方造价）

【例 5-23】 拟建一幢六层住宅楼，建筑面积为 1800m²，与表 5-33 概算指标的工程内容对照，仅地面不同。拟建住宅楼为水磨石地面，造价为 46.5 元/m²，而概算指标中的水泥地面造价为 16.5 元/m²，求拟建建筑物的造价。

解：

拟建六层住宅楼的造价 = 1800 ×（1359.80 − 16.5 + 46.5）元 = 1800 × 1389.8 元 = 2501640 元。

5.3.3　投资估算指标

1. 投资估算指标的定义

投资估算指标以独立的建设项目、单项工程或单位工程为对象，综合项目全过程投资和建设中的各类成本和费用，反映出其扩大的技术经济指标，既是定额的一种表现形式，但又不同于其他的计价定额。

2. 投资估算指标的内容

投资估算指标是确定和控制建设项目全过程各项投资支出的技术经济指标，其范围涉及建设前期、建设实施期和竣工验收交付使用期等各个阶段的费用支出，内容因行业不同而各异，一般可分为建设项目综合指标、单项工程指标和单位工程指标三个层次。

（1）建设项目综合指标　建设项目综合指标是指按规定应列入建设项目总投资的从立项筹建开始至竣工验收交付使用的全部投资额，包括单项工程投资、工程建设其他费用和预备费等。建设项目综合指标一般以项目的综合生产能力单位投资表示，如"元/吨""元/千瓦"，或以使用功能表示，如医院的"元/床"。

（2）单项工程指标　单项工程指标是指按规定应列入能独立发挥生产能力或使用效益的单项工程内的全部投资额，包括建筑工程费、安装工程费、设备、工器具及生产家具购置费和其他费用。单项工程一般划分原则如下：

1）主要生产设施，是指直接参加生产产品的工程项目，包括生产车间或生产装置。

2）辅助生产设施，是指为主要生产车间服务的工程项目，包括集中控制室，中央实验室，机修、电修、仪器仪表修理及木工（模）等车间，原材料、半成品、成品及危险品等仓库。

3）公用工程，包括给水排水系统（给水排水泵房、水塔、水池及全厂给水排水管网）、供热系统（锅炉房及水处理设施、全厂热力管网）、供电及通信系统（变配电所、开关所及全厂输电、电信线路），以及热电站、热力站、煤气站、空压站、冷冻站、冷却塔和全厂管网等。

4）环境保护工程，包括废气、废渣、废水等处理和综合利用设施及全厂性绿化。

5）总图运输工程，包括厂区防洪、围墙大门、传达及收发室、汽车库、消防车库、厂区道路、桥涵、厂区码头及厂区、大型土石方工程。

6）厂区服务设施，包括厂部办公室、厂区食堂、医务室、浴室、哺乳室、自行车棚等。

7）生活福利设施，包括职工医院、住宅、生活区食堂、俱乐部、托儿所、幼儿园、子弟学校、商业服务点及与之配套的设施。

8）厂外工程，如水源工程，厂外输电、输水、排水、通信、输油等管线及公路、铁路专用线等。

单项工程指标一般以单项工程生产能力单位投资，如"元/其他单位"表示。如变配电站的"元/kW"，锅炉房的"元/t"，办公室、仓库、宿舍、住宅等房屋则依据不同结构形式以"元/m²"表示。

（3）单位工程指标　单位工程指标是指按规定应列入能独立设计、施工的工程项目的费用，即建筑安装工程费用。单位工程指标一般以如下方式表示：如房屋区别不同结构形式以"元/m²"表示；道路区别不同结构层、面层以"元/m²"表示；水塔区别不同结构层、容积以"元/座"表示；管道区别不同材质、管径以"元/m"表示。

3. 投资估算指标的特点

投资估算指标具有较强的综合性、概括性，往往以独立的单项工程或完整的工程项目为计算对象。它的概略程度与可行性研究阶段相适应。它的主要作用是为项目决策和投资控制提供依据，是一种扩大的技术经济指标。投资估算指标虽然往往根据历史的预、决算资料和价格变动等资料编制，但其编制基础仍离不开预算定额、概算定额。

4. 投资估算指标的意义

工程建设投资估算指标是编制建设项目建议书、可行性研究报告等前期工作阶段投资估算的依据，也可以作为编制固定资产长远规划投资额的参考。投资估算指标为完成项目建设的投资估算提供依据和手段，它在固定资产的形成过程中起着投资预测、投资控制、投资效益分析的作用，是合理确定项目投资的基础。投资估算指标中的主要材料消耗量也是一种扩大材料消耗量指标，可以作为计算建设项目主要材料消耗量的基础。估算指标的正确制定对提高投资估算的准确度，对建设项目的合理评估、正确决策具有重要意义。

5. 投资估算指标的编制

投资估算指标的编制工作，涉及建设项目的产品规模、产品方案、工艺流程、设备选型、工程设计和技术经济等各个方面，既要考虑到现阶段技术状况，又要展望近期技术发展趋势和设计动向，从而可以指导后期建设项目的实践。投资估算指标的编制应当成立专业齐全的编制小组，编制人员应具备较高的专业素质，并应制定一个包括编制原则、编制内容、指标的层次相互衔接、项目划分、表现形式、计量单位、计算、复核、审查程序等内容的编制方案或编制细则，以便编制工作有章可循。

（1）投资估算指标的编制原则　投资估算指标属于项目建设前期进行估算投资的技术

经济指标，它不但要反映实施阶段的静态投资，还必须反映项目建设前期和交付使用期内发生的动态投资，这就要求投资估算指标比其他各种计价定额具有更大的综合性和概括性。

（2）投资估算指标的编制依据

1）设计文件。批准的项目建议书、可行性研究报告及其批文、设计方案（包括文字说明和图样）。

2）工程建设各类投资估算指标、概算指标及类似工程的实际投资资料。

3）设备现行出厂价格（含非标准设备）及运杂费率。

4）工程所在地主要材料价格实际资料、工业和民用建筑造价指标、土地征用价格和建设外部条件。

5）引进技术设备情况简介及询价、报价资料。

6）现行的建筑安装工程费用定额及其他费用定额指标。

7）资金来源及建设工期。

8）其他有关文件、合同、协议书等。

9）工程所在地地形、地貌、地质条件、水电气源、基础设施条件等现场情况，以及其他有助于编制投资估算的参考资料。

（3）投资估算指标的编制步骤　投资估算指标的编制一般分为三个阶段进行。

1）收集整理资料阶段。收集整理已建成或正在建设的符合现行技术政策和技术发展方向、有可能重复采用的、有代表性的工程设计施工图、标准设计及相应的竣工决算或施工图预算资料等，这些资料是编制工作的基础，资料收集得越广泛，反映出的问题越多，编制工作考虑得越全面，就越有利于提高投资估算指标的实用性和覆盖面。同时，对调查收集到的资料要选择占投资比例大、相互关联多的项目进行认真的分析整理，由于已建成或正在建设的工程的设计意图、建设时间和地点、资料的基础等不同，相互之间的差异很大，需要去粗取精、去伪存真地加以整理，才能重复利用。将整理后的数据资料按项目划分栏目加以归类，按照编制年度的现行定额、费用标准和价格，调整成编制年度的造价水平及相关比例。

2）平衡调整阶段。由于调查收集的资料来源不同，虽然经过一定的分析整理，但难免会由于设计方案、建设条件和建设时间上的差异带来某些影响，使数据失准或漏项等，因此，必须对有关资料进行综合平衡调整。

3）测算审查阶段。测算是将新编的指标和选定工程的概预算，在同一价格条件下进行比较，检验其"量差"的偏离程度是否在允许偏差的范围之内，如偏差过大，则要查找原因，进行修正，以保证指标的准确、实用。测算也是对指标编制质量进行的一次系统检查，应由专人进行，以保持测算口径的统一，在此基础上组织有关专业人员予以全面审查定稿。

由于投资估算指标的计算工作量非常大，在现阶段计算机已经广泛普及的条件下，应尽可能应用计算机进行投资估算指标的编制工作。

6. 投资估算的计算方法

（1）静态投资估算　静态投资估算是指不考虑物价上涨，技术、工艺的提高，建设周期长短，政策改动等因素，只根据建设初期的物价水平进行估算的方法，一般以开工前一年的价格为依据计算。

静态投资估算是建设项目投资估算的基础,所以应全面、准确地进行分析计算,既要避免少算漏项,又要防止高估冒算,力求切合实际。由于民用建筑与工业生产项目按静态投资估算的出发点及具体办法不同,一般情况下,工业项目的投资估算大多以设备费基础进行,民用项目则以建筑工程投资估算为基础。根据静态投资费用项目内容的不同,投资估算采用的方法和深度也不尽相同,以下将分别予以介绍。

1) 设备费用的估算方法。在项目规划和可行性研究中,对工程情况不完全了解,不可能将所有设备开出清单,但根据工业生产建设的经验,辅助生产设备、服务设施的装备水平与主体设备购置费之间存在一定的比例关系。类似地,设备安装费与设备购置费之间也存在一定的比例关系。因此,在对主体设备或类似工程情况已有所知的情况下,有经验的工程往往采用估算的方法来估算投资,且实用性很好。下面介绍 3 种常用的估算方法。

① 比例估算法。比例估算法分为两种。第一种是以拟建项目或装配的设备费为基数,按照已建成的同类项目或装配的建筑安装费和其他工程费用等占设备价值的百分比,求出相应的建筑安装费及其他工程费用等,再加上报建项目的其他有关费用,其总和即项目或装配的投资额。其计算公式为:

$$C = E(1 + f_1 p_1 + f_2 p_2 + f_3 p_3 + \cdots) + I$$

式中 　C——拟建项目投资额;
　　　　E——根据拟建项目设备清单按当时当地价格计算出的设备费的总和;
f_1、f_2、f_3——定额、价格、费用标准等变化的综合调整系数;
p_1、p_2、p_3——已建项目中,安装及其他工程费用等占设备费的百分比;
　　　　I——拟建项目的其他费用。

第二种是以拟建项目中的最主要、投资比重较大并与出产能力直接相关的工艺设备的投资数为基数,按照同类型的已建成项目的有关统计资料,计算出拟建项目的各专业工程占工艺设备投资的百分比,据以求出各专业的投资,相加求和,再加上工程其他有关费用,即项目的总费用。其计算公式为:

$$C = E(1 + f_1 p'_1 + f_2 p'_2 + f_3 p'_3 + \cdots) + I$$

式中 　p'_1、p'_2、p'_3——已建项目中各专业工程费用等占设备费的百分比;
其余符号含义同前。

② 朗格系数法。朗格系数法是以设备费用为基本,乘以恰当系数来推算项目的建设费用。其计算公式为:

$$C = E(1 + \sum K_i) K_c$$

式中 　C——总建设费用;
　　　　E——主要设备费用;
　　　　K_i——管线、仪表、建筑物等项费用的估算系数;
　　　　K_c——包括管理费、合同费及间接费在内的总估算系数。
总建设费用与设备费用之比为朗格系数 K_L,即

$$K_L = (1 + \sum K_i) K_c$$

这种方法简单,但没有考虑设备规格、材质的差异,所以精确度不高。

③ 生产能力指数法。生产能力指数法又称指数估算法,它是根据已建成的类似项目生产能力和投资额来粗略估算拟建项目投资额的方法。其计算公式如下:

$$C_2 = C_1(Q_2/Q_1)^m f$$

式中 C_1——已建类似项目投资额；
　　C_2——拟建项目投资额；
　　Q_1——已建类似项目生产能力；
　　Q_2——拟建项目生产能力；
　　m——不同时期、不同地点的定额、单价、费用变更等的综合调整系数；
　　f——生产能力指数。

若已建类似项目的生产规模与拟建项目生产规模相差不大，Q_1与Q_2的比值为0.5~2，指数m取值近似为1。若已建类似项目的生产规模与拟建项目生产规模相差不大于50倍，当拟建项目生产规模的扩大仅靠增大设备规模来达到时，m取值为0.6~0.7；当拟建项目生产规模的扩大靠增加相同规格设备的数量达到时，m取值为0.8~0.9。

【例5-24】 已知建设日产200t水泥装置的投资额为2000万元，试估算建设日产500t水泥装置的投资额（生产能力指数$m=0.52$，综合调整系数$f=1$）。

解：

日产500t水泥装置的投资额$C_2 = C_1(Q_2/Q_1)^m f = 2000 \times (500/200)^{0.52} \times 1$万元$= 3220.76$万元。

生产能力指数法主要应用于拟建装置或项目与用来参考的已知装置或项目的规模不同的场合。生产能力指数法与单位生产能力估算法相比精确度略高，其误差可控制在±20%以内。尽管其估价误差仍较大，但有其独特的好处，即不需要详细的工程设计资料，只需知道工艺流程及规模；对于总承包工程而言，可作为估价的旁证，在总承包工程报价时，承包商大都采用这种方法估价。

2）房屋建筑物造价的估算方法。

① 投资估算指标法。这种方法是按照各类具体的估值投资估算指标对拟建工程所进行的投资估算。投资估算指标是各地主管部门编制和公布的，一般以元/m、元/m²、元/m³、元/t等形式表示。按照这些投资估算指标，乘以相应的长度（m）、面积（m²）、体积（m³）、质量（t）等，就可以求出拟建项目相应的土建工程、给水排水工程、电气照明工程、采暖通风工程、变配电工程等单位工程的投资估算额。

采用这种估算投资时，要注重以下两方面的问题：一是要注重所使用的估算指标，若与拟建工程的尺度或前提有差异，应加以必要的换算或调整；二是要注重所使用的估算指标及单位，应适合拟建工程的特点，切勿盲目乱用估算指标。此外，投资估算应在某一特定的时刻内进行，一般是在开工前。

② 其他方法。

a. 设备与厂房系数法。这种方法是根据设备的投资额来确定厂房的投资额。对于一个生产性项目，如设计方案中已确定了生产工艺，并选定了生产设备，则可利用设备与厂房间的比例关系估算厂房的投资额。

b. 主要车间系数法。这种方法是根据已计算出的主要车间的投资额来确定辅助设施的投资额。对于生产性项目，在设计中若采用适当的方法估算出主要生产车间的投资额后，就可以利用已建类似工程项目的投资比例计算出辅助设施等占主要生产车间投资的系数并估算出总投资额。

（2）动态投资估算　建设投资动态部分主要包括价格变动可能增加的投资额和建设期利息两部分内容，如果是国外项目，还应该计算汇率的影响。动态部分的估算应以基准年静态投资的资金使用计划为基础来计算，而不是以编制的年静态投资为基础计算。

1）价差预备费的估算。价差预备费（PF）的估算可按国家或部门（行业）的具体规定执行，一般按下式计算：

$$PF = \sum_{t=1}^{n} I_t \left[(1+f)^m (1+f)^{0.5} (1+f)^{t-1} - 1 \right]$$

式中　PF——价差预备费；

n——建设期年份数；

I_t——建设期第 t 年的静态投资额；

f——年涨价率；

m——建设前期年限（从编制投资估算到开工建设）。

2）汇率变化对涉外建设项目动态投资的影响及计算方法。

① 外币对人民币升值。项目从国外市场购买设备材料所支付的外币金额不变，但换算成人民币的金额增加；从国外借款，本息所支付的外币金额不变，但换算成人民币的金额增加。

② 外币对人民币贬值。项目从国外市场购买设备材料所支付的外币金额不变，但换算成人民币的金额减少；从国外借款，本息所支付的外币金额不变，但换算成人民币的金额减少。

估计汇率变化对建设项目投资的影响，是通过预测汇率在项目建设期内的变动程度，以估算年份的投资额为基数计算求得的。

3）建设期贷款利息的估算。建设期贷款利息是指项目贷款在建设期内发生并计入固定资产投资的利息。对于有多种借款资金来源，每笔借款的年利率各不相同的项目，既可分别计算每笔借款的利息，也可先计算出各笔借款加权平均的年利率，并以此利率计算全部借款的利息。

① 对于贷款总额一次性贷出且利率固定的款项，可按下式计算：

$$F = P(1+i)^n$$

式中　F——建设期还款时的本息和；

P——一次性贷款金额；

i——年利率；

n——贷款期限。

② 当总贷款分年均衡发放时，建设期利息的计算可按当年借款在年中支用考虑。当年借款按半年计息，即上年度借款按全年计息，计算公式为：

$$Q_j = \left(P_{j-1} + \frac{1}{2}A_j\right)i$$

式中　Q_j——建设期第 j 年应计利息；

P_{j-1}——建设期第 $(j-1)$ 年末累计贷款本金与利息之和；

A_j——建设期第 j 年贷款金额；

i——年利率。

课证融通小测

一、单选题

1. 关于概算指标的编制，下列说法中正确的是（ ）。
   A. 概算指标分为建筑安装工程概算指标和设备工器具概算指标
   B. 综合概算指标的准确性高于单项概算指标
   C. 单项形式的概算指标对工程结构形式可不做说明
   D. 构筑物的概算指标以预算书确定的价值为准，不必进行建筑面积换算

2. 下列工程中，属于概算指标编制对象的是（ ）。
   A. 分项工程　　　　B. 单位工程　　　　C. 分部工程　　　　D. 整个建筑物

3. （ ）是指生产按一定计量单位规定的扩大分部分项工程或扩大结构部分的人工、材料和机械台班的消耗量标准和综合价格。
   A. 概算指标　　　　B. 概算定额　　　　C. 预算定额　　　　D. 施工定额

4. （ ）是以独立的建设项目、单项工程或单位工程为对象，综合项目全过程投资和建设中各类成本和费用，反映出扩大的技术经济指标。
   A. 设计概算书　　　B. 投资估算指标　　C. 工期定额　　　　D. 概算指标

二、多选题

1. 概算定额是（ ）的依据。
   A. 编制设计概算
   B. 项目设计方案选优
   C. 编制主要材料消耗量
   D. 编制概算指标

2. 概算定额的编制依据包括（ ）。
   A. 现行的建筑工程预算定额、施工定额
   B. 现行的人工工资标准、材料单价、机械台班使用单价
   C. 现行的设计标准、规范、施工标准、验收规范
   D. 典型的、有代表性的标准设计图、标准图集、通用图集及其他设计资料

3. 概算定额与预算定额的不同点有（ ）。
   A. 编制精度不同
   B. 使用阶段不同
   C. 定额幅度差不同
   D. 工程项目数量不同

任务5.3　工作任务单

1. 学生任务分配表

班级		组号		指导教师	
组长		学号			
组员 （姓名、学号）					
任务分工					

建设工程定额编制原理与实务

2. 概算定额的应用计算

组号		姓名		学号	
工作目标		(1) 根据计算方案和任务分工,完成概算定额的应用计算 (2) 讨论分析计算数据,并进行修正			

(1) 拟建住宅楼建筑工程直接费

(2) 拟建住宅楼工程的直接费

3. 评价表

姓名：		组号：	任务：	
评价内容	评价标准	自评	小组互评	教师评价
职业素养（20分）	（1）学习态度积极，能主动思考问题，能有计划地组织小组成员完成工作任务，有良好的团队合作意识，遵章守纪，计20分 （2）学习态度较积极，能主动思考问题，能配合小组成员完成工作任务，遵章守纪，计15分 （3）学习态度端正，主动思考能力欠缺，能配合小组成员完成工作任务，遵章守纪，计10分 （4）学习态度不端正，不参与团队任务，计0分			
成果（80分）	计算（校核、审核）无误，无返工，计算表格规范，字迹工整，计80分，如有错误按以下标准扣分，扣完为止： （1）计算（校核、审核）有错误，每返工一次扣20分 （2）表格填写不规范，每处扣5分 （3）字迹不工整，酌情扣分，最多扣10分			
综合得分	备注：综合得分＝自评分×30%＋小组互评分×40%＋教师评价分×30%			

任务 5.4　工期定额的应用

知识目标

1. 了解工期定额的概念和作用。
2. 熟悉工期定额的编制原则及其影响因素。
3. 熟悉工期定额的基本结构和内容。
4. 掌握工期定额的应用方法。（重点、难点）

能力目标

1. 具备计算民用建筑±0.000m 以下工程施工工期的能力。
2. 具备计算民用建筑±0.000m 以上工程施工工期的能力。
3. 具备计算民用建筑单项工程施工工期的能力。
4. 具备计算工业化建筑装配式混凝土结构工程施工工期的能力。

任务导入

某地区为进一步鼓励和吸引高层次人才来该地区创新创业，大力实施保障型住房重点改造和新建项目。

某建筑公司同时承包了 4 栋住宅工程和 1 栋商店工程，其中 2 栋住宅为现浇框架结构，±0.000m 以上 18 层，建筑面积为 12000m²，±0.000m 以下 1 层，建筑面积为 660m²；另 2 栋均为砖混结构 6 层，无地下室，带形基础，每栋建筑面积均为 4200m²，其中首层建筑面积为 700m²。商店为框架结构，±0.000m 以下 1 层，建筑面积为 1200m²，±0.000m 以上 6 层，建筑面积为 7200m²。该工程地处Ⅱ类地区，土壤类别为Ⅲ类土。试计算该工程的施工工期。（有地下室工程工期定额见表 5-34，住宅建筑工期定额见表 5-35 和表 5-36，商业建筑工期定额见表 5-37）

表 5-34　有地下室工程工期定额

编号	层数/层	建筑面积/m²	工期/d		
			Ⅰ类	Ⅱ类	Ⅲ类
1-25	1	1000 以内	80	85	90
1-26	1	3000 以内	105	110	115
1-27	1	5000 以内	115	120	125
1-28	1	7000 以内	125	130	135
1-29	1	10000 以内	150	155	160
1-30	1	10000 以外	170	175	180

表 5-35 住宅建筑工期定额（一）

结构类型：现浇框架结构

编号	层数/层	建筑面积/m	工期/d		
			Ⅰ类	Ⅱ类	Ⅲ类
1-157	16 以下	15000 以内	375	395	430
1-158		20000 以内	390	410	445
1-159		25000 以内	410	430	465
1-160		30000 以内	430	450	485
1-161		30000 以外	455	475	510
1-162	20 以下	20000 以内	430	450	490
1-163		25000 以内	450	470	510
1-164		30000 以内	475	495	535
1-165		40000 以内	515	535	575
1-166		40000 以外	540	560	600

表 5-36 住宅建筑工期定额（二）

结构类型：砖混结构

编号	层数/层	建筑面积/m	工期/d		
			Ⅰ类	Ⅱ类	Ⅲ类
1-81	6	4000 以内	160	170	195
1-82		6000 以内	175	185	210
1-83		8000 以内	190	200	225

表 5-37 商业建筑工期定额

结构类型：现浇框架结构

编号	层数/层	建筑面积/m²	工期/d		
			Ⅰ类	Ⅱ类	Ⅲ类
1-514	4 以下	2000 以内	170	180	195
1-515		4000 以内	185	195	210
1-516		6000 以内	200	210	225
1-517		6000 以外	220	230	245
1-518	6 以下	3000 以内	210	220	235
1-519		6000 以内	230	240	255
1-520		9000 以内	245	255	270
1-521		9000 以外	260	270	285

5.4.1 工期定额概述

1. 工期定额的概念

工期定额是指在一定经济和社会条件下,在一定时期内建设行政主管部门制定并发布的工程项目建设消耗的时间标准。工程质量、工程进度和工程造价是工程项目管理的三大目标,而工程进度的控制就必须依据工期定额,它是具体指导工程建设项目工期的法律性文件。

工期定额是针对各类工程项目规定的施工期限的定额天数,包括建设工期定额和施工工期定额两个层次。

(1) 建设工期定额 建设工期定额一般是指建设项目中构成固定资产的单项工程、单位工程从正式破土动工、按设计文件建成至竣工验收交付使用过程所需要的时间标准。

(2) 施工工期定额 施工工期定额是指单项工程从基础破土动工(或自然地坪打基础桩)起至完成建筑安装工程施工全部内容,并达到国家验收标准之日止的全过程所需的日历天数。工期定额以日历天数为计量单位,而不是有效工作天数,也不是法定工作天数。具体开始施工的日期规定如下:

1) 没有桩基础的工程以正式破土挖槽为准。
2) 有桩基础的工程以自然地坪打正式桩为准。

应特别注意的是,以下情况不能算正式开工日期:

1) 在单项工程正式开始施工以前的各项准备工作,如平整场地、地上地下障碍物的处理、定位放线等。
2) 在自然地坪打试验桩、打护坡桩。

2. 工期定额的作用

1) 工期定额是编制招标文件的依据。工期在招标文件中是主要内容之一,是业主对拟建工程时间上的期望值。而合理的工期是根据工期定额来确定的。

2) 工期定额是签订建筑安装工程施工合同,确定合理工期的基础。建设单位与施工安装单位双方在签订合同时可以采用定额工期,也可以与定额工期不一致。因为确定工期的条件、施工方案不同都会影响工期。工期定额是按社会平均建设管理水平、施工装备水平和正常建设条件来制定的,它是确定合理工期的基础,合同工期一般围绕定额工期上下波动来确定。

3) 工期定额是施工企业编制施工组织设计、确定招标工期、安排施工进度的参考依据。

4) 工期定额是施工企业进行施工索赔的基础。

5) 工期定额是工程工期提前时,计算赶工措施费的基础。

5.4.2 工期定额的编制

1. 工期定额的编制原则

(1) 合理性与差异性原则 工期定额从有利于国家宏观调控,有利于市场竞争及当前工程设计、施工和管理的实际出发,既要坚持定额水平的合理性,又要考虑各地区自然条件等差异对工期的影响。

(2) 地区类别划分的原则 我国幅员辽阔，各地自然条件差别较大，同类工程在不同地区的实物工程量和所采用的建筑机械设备等存在差异，所需的施工工期也就不同。为此《建筑安装工程工期定额》（TY 01—89—2016）按各省省会所在地或直辖市近十年的平均气温和最低气温，将全国划分为Ⅰ、Ⅱ、Ⅲ类地区。

Ⅰ类地区：省会所在地或直辖市近十年的平均气温在15℃以上，最冷月份平均气温在0℃以上，全年日平均气温等于（或小于）5℃的天数在90d以内的地区。主要包括上海、江苏、浙江、安徽、福建、江西、湖北、湖南、广东、广西、四川、贵州、云南、重庆、海南。

Ⅱ类地区：省会所在地或直辖市近十年的平均气温为8～15℃，最冷月份平均气温为-10℃～0℃之间，全年日平均气温等于（或小于）5℃的天数在90～150d之间的地区。主要包括北京、天津、河北、山西、山东、河南、陕西、甘肃、宁夏。

Ⅲ类地区省会所在地近十年的平均气温在8℃以下，最冷月份平均气温在-11℃以下，全年日平均气温等于（或小于）5℃的天数在150d以上的地区。主要包括内蒙古、辽宁、吉林、黑龙江、西藏、青海、新疆。

(3) 定额水平应遵循平均、先进、合理的原则 确定工期定额水平，应从正常的施工条件，多数施工企业装备程度，合理的施工组织、劳动组织和平均时间消耗水平的实际出发，也要考虑近年来设计、施工技术进步的情况，确定合理工期。

(4) 定额结构要做到简明适用 定额的编制要遵循社会主义市场经济原则，从有利于建立全国统一市场，有利于市场竞争出发，简明适用，以规范建筑安装工程工期的计算。

2. 影响工期定额确定的主要因素

(1) 时间因素 春、夏、秋、冬开工时间不同对施工工期有一定的影响，冬季开始施工的工程，有效工作天数相对较少，施工费用高，工期也较长。春、夏季开工的项目可赶在冬季到来之前完成主体，冬季则进行辅助工程和室内工程施工，可以缩短建设工期。

(2) 空间因素 空间因素也就是地区不同的因素。如北方地区冬季较长，南方则较短，南方雨量较多，而北方雨量较少。

(3) 施工对象因素 施工对象因素是指结构、层次、面积不同对工期的影响。在工程项目建设中，同一规模的建筑由于其结构形式不同，如采用钢结构、预制钢筋混凝土结构、现浇钢筋混凝土结构或砖混结构，其工期均不同。

(4) 施工方法因素 机械化、工厂化施工程度不同，也影响着工期的长短。机械化水平较高时，相应的工期会缩短。

(5) 资金使用和物资供应方式的因素 一个建设项目获得批准后，若采取不同的资金使用方式和物资供应方式，对工期也将产生不同的影响。政府投资建设的工程，由于资金提供的时间和数量的不同，也会对建设工程带来不同的影响。资金提供及时，项目能顺利进行，否则就会影响工期。自筹资金项目在发生资金筹措困难时，或在资金提供拖延时，将直接延缓建设工期。

3. 工期定额的编制方法

(1) 网络法 网络法也称关键线路法（CPM），是运用网络技术，建立网络模型，揭示建设项目在各种因素的影响下，建设过程中工程或工序之间相互连接、平行交叉的逻辑关系，通过优化确定合理的建设工期。

（2）评审技术法（PERT） 对于不确定的因素较多、分项工程较复杂的工程项目，主要是根据实际经验，结合工程实际，估计某一项目最大可能的完成时间，以及最乐观、最悲观可能完成时间，用经验公式求出建设工期。通过评审技术法，可以将一个非确定性的问题，转化为一个确定性的问题，从而取得一个合理的工期。

（3）曲线回归法 通过对单项工程的调查整理、分析处理，找出一个或几个与工程密切相关的参数与工期，建立平面直角坐标系，再把调查获得的数据经过处理后反映在坐标系内，运用数学回归的原理，求出所需要的数据，用以确定建设工期。

（4）专家评估法（德尔菲法） 给工期预测的专家发调查表，用书面方式联系。对专家的数据进行综合、整理后，再匿名反馈给各专家，请专家再提出工期预测意见。经多次反复沟通，使意见趋于一致，从而获得工期定额的依据。

5.4.3　工期定额的基本内容

1. 《建筑安装工程工期定额》（TY 01—89—2016）简介

1）《建筑安装工程工期定额》（以下简称"本定额"）是在 2000 年发布的《全国统一建筑安装工程工期定额》基础上，依据国家现行产品标准、设计规范、施工及验收规范、质量评定标准和技术、安全操作规程，按照正常施工条件、常用施工方法、合理劳动组织及平均施工技术装备程度和管理水平，并结合当前常见结构及规模建筑安装工程的施工情况编制的。

2）本定额适用于新建和扩建的建筑安装工程。

3）本定额是国有资金投资工程在可行性研究、初步设计、招标阶段确定工期的依据，非国有资金投资工程参照执行；是签订建筑安装工程施工合同的基础。

4）本定额工期，是指自开工之日起，到完成各章、节所包含的全部工程内容并达到国家验收标准之日止的日历天数（包括法定节假日）；不包括三通一平、打试验桩、地下障碍物处理、基础施工前的降水和基坑支护时间、竣工文件编制所需的时间。

5）本定额建筑面积按照《建筑工程建筑面积计算规范》（GB/T 50353—2013）计算；层数以建筑自然层数计算，设备管道层计算层数，凸出屋面的楼（电）梯间、水箱间不计算层数。

6）本定额字目中凡注明"××以内（下）"者，均包括"××"本身，"××以外（上）"者，则不包括"××"本身。

2. 章节划分

工期定额的章节按民用建筑工程、工业及其他建筑工程、构筑物工程、专业工程四部分划分。

5.4.4　民用建筑工程工期定额的应用

1. 民用建筑工程工期定额的内容

1）本部分包括民用建筑±0.000m 以下工程、±0.000m 以上工程、±0.000m 以上钢结构工程和±0.000m 以上超高层建筑四部分。

2)±0.000m 以下工程划分为无地下室和有地下室两部分。无地下室项目按基础类型及首层建筑面积划分，有地下室项目按地下室层数（层）、地下室建筑面积划分。其工期包括±0.000m 以下全部工程内容，但不含柱基工程。

3)±0.000m 以上工程按工程用途、结构类型、层数（层）及建筑面积划分。其工期包括±0.000m 以上结构、装修、安装等全部工程内容。

4）本部分装饰装修是按一般装修标准考虑的，低于一般装修标准按照相应工期乘以系数 0.95；中级装修按照相应工期乘以系数 1.05；高级装修按照相应工期乘以系数 1.20 计算。一般装修、中级装修、高级装修的划分标准见表 5-38。

表 5-38 装修标准划分表

项目	一般	中级	高级
内墙面	一般涂料	贴面砖、高级涂料、贴墙纸、镶贴大理石、木墙裙	干挂石材、铝合金条板、镶贴石材、乳胶漆三遍及以上、贴壁纸、锦缎软包、镶板墙面、金属装饰板、造型木墙裙
外墙面	勾缝、水刷石、干粘石、一般涂料	贴面砖、高级涂料、镶贴石材、干挂石材	干挂石材、铝合金条板、镶贴石材、弹性涂料、真石漆、幕墙、金属装饰板
天棚	一般涂料	高级涂料、吊顶、壁纸	高级涂料、造型吊顶、金属吊顶、壁纸
楼地面	水泥、混凝土、塑料、涂料、块料地面	块料、木地板、地毯	大理石、花岗石、木地板、地毯
门、窗	塑钢门、钢木门（窗）	彩板、塑钢、铝合金、普通木门（窗）	彩板、塑钢、铝合金、硬木、不锈钢门（窗）

注：1. 高级装修：内外墙面、楼地面每项分别满足 3 个及 3 个以上高级装修项目，天棚、门窗每项分别满足 2 个及 2 个以上高级装修项目，并且每项装修项目的面积之和占相应装修项目面积 70%以上者。

2. 中级装修：内外墙面、楼地面、天棚、门窗每项分别满足 2 个及 2 个以上中级装修项目，并且每项装修项目的面积之和占相应装修项目面积 70%以上者。

2. 民用工期定额的计算

（1）±0.000m 以下工程工期

1）无地下室工程：按首层建筑面积计算。

2）有地下室工程：按地下室建筑面积总和计算。

（2）±0.000m 以上工程工期 按±0.000m 以上部分建筑面积总和计算。

（3）总工期 按±0.000m 以下工程工期与±0.000m 以上工程工期之和计算。

（4）单项工程

1）单项工程±0.000m 以下由 2 种或 2 种以上类型组成，按不同类型部分的面积查出相应工期，相加计算。

2）单项工程±0.000m 以上结构相同，使用功能不同：无变形缝时，按使用功能占建筑面积比重大的计算工期；有变形缝时，先按不同使用功能的面积查出相应工期，再以其中一个最大工期为基数，另加其他部分工期的 25%计算。

3）单项工程±0.000m 以上由 2 种或 2 种以上结构组成：无变形缝时，先按全部面积查出不同结构的相应工期，再按不同结构各自的建筑面积加权平均计算；有变形缝时，先按不同结构各自的面积查出相应工期，再以其中一个最大工期为基数，另加其他部分工期的

25%计算。

4)单项工程±0.000m以上层数(层)不同。有变形缝时,先按不同层数(层)各自的面积查出相应工期,再以其中一个最大工期为基数,另加其他部分工期的25%计算。

5)单项工程中±0.000m以上分成若干个独立部分。同期施工的群体工程中,一个承包人同时承包2个以上(含2个)单项(位)工程时,工期的计算以一个最大工期的单项(位)工程为基数,另加其他单项(位)工程工期总和乘以相应系数计算。其中,加1个乘以系数0.35;加2个乘以系数0.2;加3个乘以系数0.15;加4个及以上的单项(位)工程不另增加工期,即

加1个单项(位)工程:$T=T_1+T_2×0.35$。

加2个单项(位)工程:$T=T_1+(T_2+T_3)×0.2$。

加3个及以上单项(位)工程:$T=T_1+(T_2+T_3+T_4)×0.15$。

其中,T为工程总工期;T_1、T_2、T_3、T_4为所有单项(位)工程工期最大的前四个,且$T_1≥T_2≥T_3≥T_4$。如果±0.000m以上有整体部分,则将其并入工期最大的单项(位)工程中计算。

(5)工业化建筑中的装配式混凝土结构施工工期 仅计算现场安装阶段,工期按照装配率50%编制。装配率40%、60%、70%按本定额相应工期分别乘以系数1.05、0.95、0.90计算。

(6)钢-混凝土组合结构的工期 钢-混凝土组合结构的工期参照相应项目的工期乘以系数1.10计算。

(7)超高层建筑 ±0.000m以上超高层建筑单层平均面积按主塔楼±0.000m以上总建筑面积除以地上总层数计算。

【例5-25】 某建筑公司承包了一住宅工程,为装配式混凝土结构,±0.000m以上18层,局部19层为电梯间,建筑面积20000m²(不包括电梯间面积);±0.000m以下2层地下室,建筑面积1000m²;地基采用钻孔灌注桩,已知桩径为600mm,桩深15m,一共220根。该工程处于Ⅱ类地区,土壤类别为Ⅲ类土。试计算该工程施工工期。

解:

住宅工程属于民用建筑工程,桩基础属于专业工程,施工工期为±0.000m以下和±0.000m以上两部分工期之和。

1)±0.000m以下工程工期。

① 桩基工程。钻孔灌注桩,桩径600mm,桩深15m,220根,Ⅲ类土,由此可查工期定额,见表5-39。

表5-39 钻孔灌注桩工期定额

编号	桩深/m	直径/cm	工程量/根	工期/d		
				Ⅰ、Ⅱ类土	Ⅲ类土	Ⅳ类土
4-210	16以内	60	100以内	10	11	12
4-211			150以内	12	13	16
4-212			200以内	15	16	19
4-213			250以内	18	19	22

(续)

编号	桩深/m	直径/cm	工程量/根	工期/d		
				Ⅰ、Ⅱ类土	Ⅲ类土	Ⅳ类土
4-214	16 以内	60	300 以内	22	23	26
4-215			350 以内	25	27	30
4-216			400 以内	29	31	35
4-217			450 以内	33	35	38
4-218			500 以内	37	39	42
4-219			550 以内	40	43	47
4-220			600 以内	45	48	52
4-221			650 以内	49	52	55
4-222			700 以内	53	56	60
4-223			750 以内	58	61	64
4-224			800 以内	61	64	67
4-225			850 以内	65	68	72
4-226			900 以内	69	72	76
4-227			950 以内	74	77	80
4-228			1000 以内	77	80	83

从表 5-39 可知，定额编号为 4-213，钻孔灌注桩工期 $T_1 = 19\mathrm{d}$。

② 地下室工程。2 层地下室，建筑面积 $1000\mathrm{m}^2$，Ⅱ类地区，由此可查工期定额，见表 5-40。

表 5-40 有地下室工程工期定额

编号	层数/层	建筑面积/m²	工期/d		
			Ⅰ类	Ⅱ类	Ⅲ类
1-31	2	2000 以内	120	125	130
1-32		4000 以内	135	140	145
1-33		6000 以内	155	160	165
1-34		8000 以内	170	175	180
1-35		10000 以内	185	190	195
1-36		15000 以内	210	220	230
1-37		20000 以内	235	245	255
1-38		20000 以外	260	270	280

从表 5-40 可知，定额编号为 1-31，地下室工程工期 $T_2 = 125d$。

故±0.000m 以下工程工期施工工期为 $T_{地下} = T_1 + T_2 = 19d + 125d = 144d$。

2) ±0.000m 以上工程工期。±0.000m 以上工程共 18 层，局部电梯间按定额说明不计层数。装配式混凝土结构，建筑面积 20000m²，Ⅱ类地区，由此可查工期定额，见表 5-41。

表 5-41 居住建筑±0.000m 以上工程工期定额

结构类型：装配式混凝土结构

编号	层数/层	建筑面积/m²	工期/d		
			Ⅰ类	Ⅱ类	Ⅲ类
1-200	20 以下	20000 以内	335	350	385
1-201		25000 以内	335	375	405
1-202		30000 以内	380	400	430
1-203		35000 以内	405	425	460
1-204		40000 以内	435	455	490
1-205		40000 以外	455	475	510

从表 5-41 可知，定额编号为 1-200，±0.000m 以上工程工期 $T_3 = 350d$。

综上所述，该住宅工程总工期为 $T = T_{地下} + T_3 = 144d + 350d = 494d$。

【例 5-26】 某建筑公司同时承包了五项单项工程，分别为 5 层现浇框架结构教学楼，建筑面积为 4000m²；4 层现浇剪力墙结构办公楼，建筑面积为 2000m²；10 层现浇框架结构宿舍楼，建筑面积为 10000m²；现浇剪力墙结构图书馆，檐高 20m，建筑面积为 3500m²；现浇框架结构体育馆，檐高 15m，建筑面积为 150000m²。所有建筑都没有地下室，教学楼、宿舍楼和体育馆采用独立柱基础，办公楼和图书馆采用带形基础，该工程处于Ⅰ类地区。试计算工程施工工期。

解：

1) ±0.000m 以下工程工期。根据不同建筑的基础形式及建筑面积，可查工期定额得到±0.000m 以下工程工期，见表 5-42。

表 5-42 ±0.000m 以下工程（无地下室工程）工期定额

编号	基础类型	首层建筑面积/m²	工期/d		
			Ⅰ类	Ⅱ类	Ⅲ类
1-1	带形基础	500 以内	30	35	40
1-2		1000 以内	36	41	46
1-3		2000 以内	42	47	52
1-4		3000 以内	49	54	59
1-5		4000 以内	64	69	74
1-6		5000 以内	71	76	81
1-7		10000 以内	90	95	100
1-8		10000 以外	105	110	115

(续)

编号	基础类型	首层建筑面积/m²	工期/d		
			Ⅰ类	Ⅱ类	Ⅲ类
1-9	筏板基础、满堂基础	500 以内	40	45	50
1-10		1000 以内	45	50	55
1-11		2000 以内	51	56	61
1-12		3000 以内	58	63	68
1-13		4000 以内	72	77	82
1-14		5000 以内	76	81	86
1-15		10000 以内	105	110	115
1-16		10000 以外	130	135	140
1-17	框架基础、独立柱基础	500 以内	20	25	30
1-18		1000 以内	29	34	39
1-19		2000 以内	39	44	49
1-20		3000 以内	50	55	60
1-21		4000 以内	59	64	69
1-22		5000 以内	63	68	73
1-23		10000 以内	81	86	91
1-24		10000 以外	100	105	110

由表 5-42 可知，±0.000m 以下工程工期如下：

教学楼定额编号为 1-18，$T_{上教}=29$d。

宿舍楼定额编号为 1-18，$T_{上宿}=29$d。

体育馆定额编号为 1-24，$T_{上体}=100$d。

办公楼定额编号为 1-1，$T_{上办}=30$d。

图书馆定额编号为 1-5，$T_{上图}=64$d。

2）±0.000m 以上工程工期。首先通过查工期定额得到各建筑的工期，见表 5-43～表 5-47。

表 5-43 居住建筑工期定额

结构类型：现浇框架结构

编号	层数/层	建筑面积/m²	工期/d		
			Ⅰ类	Ⅱ类	Ⅲ类
1-134	3 以下	1000 以内	140	155	170
1-135		2000 以内	150	165	180
1-136		4000 以内	165	180	195
1-137		6000 以内	185	200	215
1-138		6000 以外	205	220	240

(续)

编号	层数/层	建筑面积/m²	工期/d		
			Ⅰ类	Ⅱ类	Ⅲ类
1-139	6以下	3000以内	190	205	225
1-140		6000以内	215	230	250
1-141		8000以内	235	250	270
1-142		10000以内	250	265	285
1-143		10000以外	285	300	325
1-144	8以下	5000以内	235	250	275
1-145		8000以内	255	270	295
1-146		10000以内	270	285	315
1-147		15000以内	290	305	335
1-148		15000以外	320	335	365
1-149	10以下	8000以内	275	290	320
1-150		10000以内	290	305	335
1-151		15000以内	310	325	355
1-152		15000以外	365	380	410

表 5-44 办公建筑工期定额

结构类型：现浇剪力墙结构

编号	层数/层	建筑面积/m²	工期/d		
			Ⅰ类	Ⅱ类	Ⅲ类
1-229	6以下	3000以内	175	185	205
1-230		6000以内	200	210	230
1-231		9000以内	220	230	250
1-232		9000以外	245	255	275

表 5-45 文化建筑工期定额

结构类型：现浇剪力墙结构

编号	檐高/m	建筑面积/m²	工期/d		
			Ⅰ类	Ⅱ类	Ⅲ类
1-586	15以内	1000以内	175	185	200
1-587		2000以内	190	200	215
1-588		3000以内	205	215	230
1-589		5000以内	225	235	250
1-590		5000以外	255	265	280

（续）

编号	檐高/m	建筑面积/m²	工期/d		
			I类	II类	III类
1-591	30 以内	2000 以内	230	240	255
1-592		3000 以内	255	270	290
1-593		5000 以内	280	295	315
1-594		7000 以内	310	325	345
1-595		7000 以外	345	360	380

表 5-46 教育建筑工期定额

结构类型：现浇框架结构

编号	层数/层	建筑面积/m²	工期/d		
			I类	II类	III类
1-697	5 以下	3000 以内	205	215	235
1-698		5000 以内	220	230	250
1-699		7000 以内	235	245	265
1-700		10000 以内	255	265	285
1-701		10000 以外	270	280	300
1-702	8 以下	8000 以内	270	285	310
1-703		12000 以内	290	305	330
1-704		15000 以内	310	325	350
1-705		15000 以外	335	350	375
1-706	12 以下	10000 以内	345	365	395
1-707		15000 以内	370	390	420
1-708		20000 以内	395	415	445
1-709		20000 以外	420	440	470

表 5-47 体育建筑工期定额

结构类型：现浇框架结构

编号	檐高/m	建筑面积/m²	工期/d		
			I类	II类	III类
1-744	30 以内	3000 以内	435	460	485
1-745		5000 以内	470	495	520
1-746		7000 以内	500	525	555
1-747		10000 以内	545	570	600
1-748		15000 以内	585	610	635
1-749		15000 以外	630	655	680

根据表 5-43~表 5-47，±0.000m 以上工程工期如下：

教学楼定额编号为 1-698，$T_{下教}=220d$。

办公楼定额编号为 1-229，$T_{下办}=175d$。

宿舍楼定额编号为 1-150，$T_{下宿}=290d$。

图书馆定额编号为 1-593，$T_{下图}=280d$。

体育馆定额编号为 1-748，$T_{下体}=585d$。

各栋建筑总工期为 ±0.000m 以下工程工期与 ±0.000m 以上工程工期之和，所以教学楼工期 $T_{教}=29d+220d=249d$；办公楼工期 $T_{办}=30d+175d=205d$；宿舍楼工期 $T_{宿}=29d+290d=319d$；图书馆工期 $T_{图}=64d+280d=344d$；体育馆工期 $T_{体}=100d+585d=685d$。

综上所述，总工期为

$$T_{总}=T_{体}+(T_{教}+T_{宿}+T_{图})\times0.15=685d+(249+319+344)\times0.15d=821.8d$$

5.4.5 工业及其他建筑工程工期定额的应用

1. 工业及其他建筑工程工期定额的内容

1）工业及其他建筑工程包括单层厂房、多层厂房、仓库、降压站、冷冻机房、冷库、冷藏间、空压机房、变电室、开闭所、锅炉房、服务用房、汽车库、独立地下工程、室外停车场、园林庭院工程。

2）本部分所列的工期不含地下室工期，地下室工期执行 ±0.000m 以下工程相应项目乘以系数 0.70。

3）工业及其他建筑工程施工内容包括基础、结构、装修和设备安装等全部工程内容。

4）本部分厂房指机加工、装配、五金、一般纺织（粗纺、制条、洗毛等）、电子、服装及无特殊要求的装配车间。

5）冷库工程不适用于山洞冷库、地下冷库和装配式冷库工程。

2. 工业及其他建筑工程工期的计算

（1）单层厂房

1）主跨高度以 9m 为界，高度在 9m 以上时，每增加 2m 增加工期 10d，不足 2m 者，不增加工期。（厂房主跨高度指自室外地坪至檐口的高度。）

2）单层厂房的设备基础体积超过 100m³ 时，另增加工期 10d。

3）单层厂房的设备基础体积超过 500m³ 时，另增加工期 15d。

4）单层厂房的设备基础体积超过 1000m³ 时，另增加工期 20d。

5）带钢筋混凝土隔振沟的设备基础，隔振沟长度超过 100m 时，另增加工期 10d。

6）带钢筋混凝土隔振沟的设备基础，隔振沟长度超过 200m 时，另增加工期 15d。

7）带钢筋混凝土隔振沟的设备基础，隔振沟长度超过 500m 时，另增加工期 20d。

（2）多层厂房 层高在 4.5m 以上时，每增加 1m 增加工期 5d，不足 1m 者，不增加工期，每层单独计取后累加。

（3）带站台的仓库（不含冷库工程） 工期按本定额中仓库相应子目项乘以系数 1.15 计算。

（4）园林庭院工程 园林庭院工程的面积按占地面积计算（包括一般园林、喷水池、花池、葡萄架、石椅、石凳等庭院道路、园林绿化等）。

表 5-48 为仓库工程工期定额。

表 5-48 仓库工程工期定额

结构类型：砖混结构

编号	层数/层	建筑面积/m²	工期/d		
			Ⅰ类	Ⅱ类	Ⅲ类
2-46	1	500 以内	70	80	90
2-47		1000 以内	75	85	95
2-48		2000 以内	80	90	100
2-49		3000 以内	85	95	105
2-50		3000 以外	100	110	120
2-51	2	1000 以内	85	95	105
2-52		2000 以内	90	100	110
2-53		3000 以内	100	110	120
2-54		5000 以内	110	120	130
2-55		5000 以外	130	140	150
2-56	3	1000 以内	100	110	120
2-57		2000 以内	110	120	130
2-58		3000 以内	115	125	135
2-59		5000 以内	130	140	150
2-60		10000 以内	140	150	160
2-61		10000 以外	160	170	180

5.4.6 构筑物工期定额的应用

1）本部分包括烟囱、水塔、钢筋混凝土储水池、钢筋混凝土污水池、滑模筒仓、冷却塔等工程。

2）烟囱工程工期是按照钢筋混凝土结构考虑的，如采用砖砌体结构工程，其工期按相应高度钢筋混凝土烟囱工期定额乘以系数 0.8。

3）水塔工程按照不保温结构考虑的，如增加保温内容，工期应增加 10d。

表 5-49 为烟囱工期定额。

表 5-49 烟囱工期定额

编号	名称	规格	工期/d		
			Ⅰ类	Ⅱ类	Ⅲ类
3-1	钢筋混凝土烟囱	高 30m 以内	60	65	70
3-2		高 45m 以内	75	80	85
3-3		高 60m 以内	95	100	110
3-4		高 80m 以内	120	125	135
3-5		高 100m 以内	150	155	160

(续)

编号	名称	规格	工期/d		
			Ⅰ类	Ⅱ类	Ⅲ类
3-6	钢筋混凝土烟囱	高120m以内	180	190	205
3-7		高150m以内	220	230	250
3-8		高180m以内	250	260	280
3-9		高210m以内	285	300	325
3-10		高240m以内	330	340	365

5.4.7 专业工程工期定额的应用

1）本部分包括机械土方工程、桩基工程、装饰装修工程、设备安装工程、机械吊装工程、钢结构工程。

2）机械土方工程工期按不同挖深、土方量列项，包含土方开挖和运输。除基础采用逆作法施工的工期由甲、乙双方协商确定外，实际采用不同机械和施工方法时，不做调整。开工日期从破土开挖起开始计算，不包括开工前的准备工作时间。

3）桩基工程工期依据不同土的类别条件编制，土的分类参照《房屋建筑与装饰工程工程量计算标准》（GB/T 50854—2024），见表5-50。

表5-50 土的分类表

土的分类	土的名称
Ⅰ、Ⅱ类土	粉土、砂土（粉砂、细砂、中砂、粗砂、砾砂）、粉质黏土、弱中盐渍土、软土（淤泥质土、泥炭、泥炭质土）、软塑红黏土、冲填土
Ⅲ类土	黏土、碎石土（圆砾、角砾）混合土、可塑红黏土、硬塑红黏土、强盐渍土、素填土、压实填土
Ⅳ类土	碎石土（卵石、碎石、漂石、块石）、坚硬红黏土、超盐渍土、杂填土

注：1. 冲孔桩、钻孔桩穿岩层或入岩层应适当增加工期。
2. 钻孔扩底灌注桩按同条件钻孔灌注桩工期乘以系数1.10计算。
3. 同一工程采用不同成孔方式同时施工时，各自计算工期取最大值。

打桩开工日期以打第一根桩开始计算，包括桩的现场搬运、就位、打桩、压桩、接桩、送桩和钢筋笼制作安装等工作内容；不包括施工准备、机械进场、试桩、检验检测时间。

预制混凝土桩的工期不区分施工工艺。

4）装饰装修工程按照装饰装修空间划分为室内装饰装修工程和外墙装饰装修工程。

住宅、其他公共建筑及科技厂房工程按照设计使用年限、功能用途、材料设备选用、装饰工艺、环境舒适度划分为三个等级，分别为一般装修、中级装修和高级装修，等级标准详见表5-38。宾馆（饭店）装饰装修工程装修标准按《中华人民共和国星级酒店评定标准》确定。装饰装修工程不包括超高层。

对原建筑室内、外墙装饰装修有拆除要求的室内、外墙改造或改建的装饰装修工程，拆除原装饰装修层及垃圾外运工期另行计算。

① 室内装饰装修工程工期说明。

a. 工程内容包括：建筑物内空间范围的楼地面、天棚、墙柱面、门窗、室内隔断、厨房及厨具、卫生间及洁具、室内绿化等，以及与室内装饰装修工程有关的相应项目。

b. 建筑面积是指装饰装修施工部分范围空间内的建筑面积。

c. 室内装饰装修工程已综合考虑建筑物的地上、地下部分和楼层层数对施工工期的影响。

d. 室内装饰装修工程按使用功能用途分为以下三类来计算工期：住宅装饰装修工程，包括住宅、公寓等建筑物室内装饰装修工程；宾馆、酒店、饭店装饰装修工程，包括宾馆、酒店、饭店、旅馆、酒吧、餐厅、会所、娱乐场所等建筑物的室内装饰装修工程；公共建筑装饰装修工程，包括办公楼、写字楼、商场、学校、幼儿园、养老院、影剧院、体育馆、展览馆、机场航站楼、火车站、汽车站等建筑物的室内装饰装修工程。

② 外墙装饰装修工程工期说明。

a. 工程内容包括：外墙抹灰，外墙保温层、涂料、油漆、面砖、石材、幕墙、门窗、门楼雨篷、广告招牌、装饰造型、照明电气等外墙装饰装修形式。

b. 外墙装饰装修高度是指室外地坪至外墙装饰装修最高点的垂直高度，外墙装饰装修面积是指进行装饰装修施工的外墙展开面积。

c. 外墙装饰装修工程是按一般装修编制的，中级装修按照相应工期乘以系数 1.20 计算，高级装修按照相应工期乘以系数 1.40 计算。

表 5-51 为宾馆、酒店、饭店工程装饰装修工期定额。

表 5-51　宾馆、酒店、饭店工程装饰装修工期定额

装修标准：3 星级以内

编号	建筑面积/m²	工期/d		
		Ⅰ类	Ⅱ类	Ⅲ类
4-886	1000 以内	74	79	89
4-887	3000 以内	87	92	102
4-888	7000 以内	115	120	130
4-889	10000 以内	130	140	155
4-890	15000 以内	150	160	175
4-891	20000 以内	175	185	200
4-892	30000 以内	215	230	250
4-893	40000 以内	255	270	290
4-894	40000 以外	295	310	330

5）设备安装工程包括变电室、开闭所、降压站、发电机房、空压站、消防自动报警系统、消防灭火系统、锅炉房、热力站、通风空调系统、冷冻机房、冷库、冷藏间、起重机和金属容器安装工程。工期计算从专业安装工程具备连续施工条件起，至完成承担的全部设计内容的日历天数。设备安装工程中的给水排水、电气、弱电及预留、预埋工程已综合考虑在建筑工程总工期中，不再单独列项。本工期不包括室外工程、主要设备订货和第三方有偿检测的工程内容。

6）机械吊装工程包括构件吊装工程和网架吊装工程。构件吊装工程包括梁、柱、板、屋架、天窗架、支撑、楼梯、阳台等构件的现场搬运、就位、拼装、吊装、焊接等（后张法不包括开工前的准备工作、钢筋张拉和孔道灌浆）。网架吊装工程包括就位、拼装、焊接、架子搭设、安装等，不包括下料、喷漆。工期计算已综合考虑各种施工工艺，实际使用不做调整。

7）钢结构安装工程工期是指钢结构现场拼装和安装、油漆等施工工期，不包括建筑的现浇混凝土结构和其他专业工程如装修、设备安装等的施工工期，不包括钢结构深化设计、构件制作工期。

课证融通小测

一、单选题

1. 工期定额是为各类工程项目规定的施工期限的定额天数，包括建设工期定额和（　　）两个层次。
   A. 施工工期定额　　　　　　　　B. 工期定额
   C. 施工周期定额　　　　　　　　D. 主体施工工期定额

2. 黑龙江、吉林属于（　　）类地区。
   A. Ⅰ　　　　B. Ⅱ　　　　C. Ⅲ　　　　D. Ⅳ

3. 现行《建筑安装工程工期定额》（TY 01—89—2016）分为（　　）部分。
   A. 1　　　　B. 2　　　　C. 3　　　　D. 4

4. 民用建筑工程工期计算时，±0.000m 以下工程（无地下室工程），其工期由基础类型及（　　）决定。
   A. 首层建筑面积　　B. 总建筑面积　　C. 建筑物外形体积　　D. 首层使用面积

5. 单项工程从基础破土动工（或自然地坪打基础桩）起至完成建筑安装工程施工全部内容，并达到国家验收标准之日止的全过程所需的日历天数，称为（　　）。
   A. 建设工期定额　　B. 施工工期定额　　C. 工期定额　　D. 施工定额

6. 一个施工企业单独承包±0.000m 以下工程、结构工程或装修工程所需的工期，称为（　　）。
   A. 单项工程工期　　　　　　　　B. 单位工程工期
   C. 分部工程工期　　　　　　　　D. 分项工程工期

7. （　　）按±0.000m 以下工程与±0.000m 以上工程工期之和计算。
   A. 工程总工期　　　　　　　　　B. ±0.000m 以下工程工期
   C. ±0.000m 以上工程工期　　　　D. 基础工程工期

8. 通过对单项工程的调查整理、分析处理，找出一个或几个与工程密切相关的参数与工期，建立平面直角坐标系，再把调查来的数据经过处理后反映在坐标系内，运用数据回归的原理，求出所需要的数据，用以确定建设工期。这种方法称为（　　）。
   A. 网络法，也称关键线路法（CPM）　　B. 专家评审法（德尔菲法）
   C. 评审技术法　　　　　　　　　　　　D. 线性回归法

9. （　　）因素也就是地区不同的因素。如北方地区冬季较长，南方则较短，南方雨量较多，而北方雨量较少。

A. 空间　　　　　B. 时间　　　　　C. 温度　　　　　D. 湿度

10. 春、夏、秋、冬开工时间不同对施工工期有一定的影响，冬季开始施工的工程，有效工作天数相对较少，施工费用高，工期也较长。春、夏季开工的项目可赶在冬季到来之前完成主体，冬季则进行辅助工程和室内工程施工，可以缩短建设工期。这种对工期影响的因素称为（　　）因素。

A. 空间　　　　　B. 时间　　　　　C. 温度　　　　　D. 湿度

二、多选题

1. 《建筑安装工程工期定额》（TY 01—89—2016）分为（　　）部分。
  A. 民用建筑工程　　　　　　B. 工业及其他建筑工程
  C. 专业工程　　　　　　　　D. 基础工程
  E. 构筑物工程

2. 影响工期定额确定的主要因素有（　　）。
  A. 时间因素　　B. 空间因素　　C. 施工对象因素
  D. 施工方法因素　　E. 资金使用和物资供应方式因素

3. 工期定额编制的方法有（　　）。
  A. 网络法，也称关键线路法（CPM）　　B. 专家评审法（德尔菲法）
  C. 评审技术法　　　　　　　　　　　　D. 头脑风暴法
  E. 曲线回归法

4. 以下地区属于Ⅱ类地区的有（　　）。
  A. 宁夏　　　　　B. 西藏　　　　　C. 青海
  D. 新疆　　　　　E. 北京

5. 根据《建筑安装工程工期定额》（TY 01—89—2016），在民用建筑工程工期计算中以下说法正确的有（　　）。
  A. 凸出屋面的楼（电）梯间、水箱间不计层数
  B. 总工期按±0.000m以下工程工期与±0.000m以上工程工期之和计算
  C. 坑底打基础桩，不增加工期
  D. 单项工程±0.000m以上由2种或2种以上类型组成时，按不同类型部分的面积查出相应工期，相加计算
  E. 单项工程±0.000m以上层数（层）不同，有变形缝时，先按不同层数（层）各自的面积查出相应工期，再以其中一个最大工期为基数，另加其他部分工期的25%计算

任务5.4 工作任务单

1. 学生任务分配表

班级		组号		指导教师	
组长		学号			
组员 (姓名、学号)					
任务分工					

2. 工期定额的编制计算

组号		姓名		学号	
工作目标		（1）根据计算方案和任务分工，完成工程施工工期计算 （2）讨论分析计算数据，并进行修正			

（1）现浇框架结构住宅的工期

（2）砖混结构住宅工期

（3）框架结构商店工期

（4）总工期

案例详解

3. 评价表

姓名：		组号：		任务：
评价内容	评价标准	自评	小组互评	教师评价
职业素养 （20分）	（1）学习态度积极，能主动思考问题，能有计划地组织小组成员完成工作任务，有良好的团队合作意识，遵章守纪，计20分 （2）学习态度较积极，能主动思考问题，能配合小组成员完成工作任务，遵章守纪，计15分 （3）学习态度端正，主动思考能力欠缺，能配合小组成员完成工作任务，遵章守纪，计10分 （4）学习态度不端正，不参与团队任务，计0分			
成果 （80分）	计算（校核、审核）无误，无返工，计算过程规范，字迹工整，计80分，如有错误按以下标准扣分，扣完为止 （1）计算（校核、审核）有错误，每返工一次扣20分 （2）字迹不工整，酌情扣分，最多扣10分			
综合得分				
备注：综合得分=自评分×30%+小组互评分×40%+教师评价分×30%				

【拓展阅读】

造价工程师职业道德行为准则

造价工程师的职业道德又称职业操守，通常是指在职业活动中应遵守的行为规范的总称，是专业人士必须遵从的道德标准和行业规范。

为提高造价工程师的整体素质和职业道德水准，规范造价工程师的职业道德行为，促进行业健康持续发展，中国建设工程造价管理协会制定和颁布了《造价工程师职业道德行为准则》，具体要求如下：

第一条 遵守国家法律、法规和政策，执行行业自律性规定，珍惜职业声誉，自觉维护国家和社会公共利益。

第二条 遵守"诚信、公正、精业、进取"的原则，以高质量的服务和优秀的业绩，赢得社会和客户对造价工程师职业的尊重。

第三条 勤奋工作，独立、客观、公正、正确地出具工程造价成果文件，使客户满意。

第四条 诚实守信，尽职尽责，不得有欺诈、伪造、作假等行为。

第五条 尊重同行，公平竞争，搞好同行之间的关系，不得采取不正当的手段损害、侵犯同行的权益。

第六条 廉洁自律，不得索取、收受委托合同约定以外的礼金和其他财物，不得利用职务之便谋取其他不正当的利益。

第七条 造价工程师与委托方有利害关系的应当回避，委托方有权要求其回避。

第八条 对客户的技术和商务秘密负有保密义务。

第九条 接受国家和行业自律组织对其职业道德行为的监督检查。

模块 6

工程计价信息的确定

素养目标

1. 在收集工程计价资料的任务中,培养学生查阅标准规范的习惯。
2. 在学习如何测算工程造价指标中,培养学生严谨细致的工作作风。
3. 在学习如何测算工程造价指数中,培养学生解决问题时的联系观。
4. 科学测算指数指标,能指导和控制工程造价;工程造价文件编制规范,能为科学测算指标指数提供准确的数据保障。在对其理解中,培养学生解决问题时的辩证观。

任务 6.1　认识工程计价信息

1. 熟悉工程计价信息的特点。
2. 掌握工程计价信息的内容。
3. 熟悉工程计价信息的收集来源。

1. 具备收集查阅工程计价信息的能力。
2. 具备确定工程计价信息的能力。

当代大学生必须具备良好的信息素养,在当今信息化的社会,可以通过各种方便快捷的途径找到需要的信息资源。计价的合理性和准确性直接决定工程造价文件水平的高低,试利用图书馆和网络资源,收集工程建设中对工程造价的计价起作用的资料。

6.1.1　工程计价信息的概念

工程计价信息是指一切有关工程计价的特征、状态及其变动的消息的组合。在工程发承包市场和工程建设过程中，工程造价总是在不停地变化着，并呈现出种种不同特征。人们对工程发承包市场和工程建设过程中工程造价的动态变化，是通过工程计价信息来认识和掌握的。

在工程发承包市场和工程建设过程中，工程造价是最灵敏的调节器和指示器，无论是政府工程造价主管部门还是工程发承包双方，都要通过接收工程计价信息来了解工程建设市场动态，预测工程造价发展，决定政府的工程造价政策和工程发承包价。因此，工程造价主管部门和工程发承包双方都要接收、加工、传递和利用工程计价信息。工程计价信息作为一种社会资源在工程建设中的地位日趋明显，特别是随着我国工程量清单计价制度的推行，工程价格从政府计划的指令性价格向市场定价转化，而在市场定价的过程中，信息起着举足轻重的作用，因此工程计价信息资源开发的意义更为重要。

6.1.2 工程计价信息的特点

（1）区域性　建筑材料大多重量大、体积大、产地远离消费地点，因而运输量大，费用也较高。尤其不少建筑材料本身的价值或生产价格并不高，但所需要的运输费用很高，这都在客观上要求尽可能就近使用建筑材料。因此，这类建筑信息的交换和流通往往限制在一定的区域内。

（2）多样性　建设工程具有多样性的特点，要使工程计价管理的信息资料满足不同特点项目的需求，在信息的内容和形式上应具有多样性的特点。

（3）专业性　工程计价信息的专业性集中反映在建设工程的专业化上，如水利、电力、铁道、公路等工程所需的信息有其专业特殊性。

（4）系统性　工程计价信息是由若干具有特定内容和同类性质的、在一定时间和空间内形成的一连串信息。一切工程造价的管理活动和变化总是在一定条件下受各种因素的制约和影响。工程造价管理工作也同样是多种因素相互作用的结果，并且从多方面被反映出来，因而从工程计价信息源发出来的信息都不是孤立、紊乱的，而是大量的、有系统的。

（5）动态性　工程计价信息需要不断地收集和补充新的内容，进行信息更新，真实反映工程造价的动态变化。

（6）季节性　由于建筑生产受自然条件影响大，施工内容的安排必须充分考虑季节因素，使得工程计价的信息也不能完全避免季节性的影响。

6.1.3 工程计价信息的包含内容及收集

从广义上说，所有对工程造价的计价过程起作用的资料都可以称为工程计价信息。如各种定额资料、计价标准规范、政策文件等。但最能体现信息动态性变化特征，并且在工程价格的市场机制中起重要作用的工程计价信息主要包括价格信息、工程造价指标、工程造价指数。

1. 各种定额资料

工程建设定额按定额编制程序和用途分为施工定额、预算定额、概算定额、概算指标及投资估算。各类定额的编制、印发、解释、修改是由各省住房和城乡建设厅负责，各类定额电子档可通过当地计价软件进行查询。例如2020年《湖南省建设工程消耗量标准》的颁布通知可通过登录湖南省住房和城乡建设厅的网站——湖南省建设工程造价管理总站的"下载中心"中的"计价管理"模块进行查询。

2. 计价标准规范

计价标准规范是指工程造价计价工作者在确定工程造价时应遵守的各种标准规范。如从2020年10月1日开始，在湖南省行政区域内的建筑工程、装饰工程、安装工程、市政工程、市政排水设施维护工程、仿古建筑工程、园林绿化工程进行发承包及实施阶段的工程计价，必须按照2020年发布的《湖南省建设工程计价办法》和《湖南省建设工程消耗量标准》两个标准施行（详见湘建价〔2020〕56号文）。又如自2019年5月1日起，至2024年4月30日止，湖南省建设工程社会保险费计费标准为2.84%（详见湘建价〔2019〕61号文），凡在湖南省行政区域内相关工程进行了社会保险费计价的，必须按照该标准执行。计价标准规范可通过各省住房和城乡建设厅的网站进行查询。

3. 政策文件

以上定额资料和计价标准规范一般是通过各省住房和城乡建设厅颁布的相关文件发布，各类政策文件可通过各省住房和城乡建设厅的网站进行查询。

4. 价格信息

价格信息包括各种人工、材料、施工机具等的最新市场价格。这些信息是比较初级的，一般没有经过系统的加工处理，也可以称其为数据。

（1）人工价格信息　根据《关于开展建筑工程实物工程量与建筑工种人工成本信息测算和发布工作的通知》（建办标函〔2006〕765号），我国自2007年起开展建筑工程实物工程量与建筑工种人工成本信息的测算和发布工作。其成果是引导建筑劳务合同双方合理确定建筑工人工资水平的基础，是建筑企业合理支付工人劳动报酬和调解、处理建筑工人劳动工资纠纷的依据，也是工程招标投标中评定成本的依据。

1）建筑工程实物工程量人工价格信息。这种价格信息是按照建筑工程的不同划分标准为对象，反映了单位实物工程量人工价格信息。根据工程不同部位，体现作业的难易并结合不同工种作业情况将建筑工程划分为：土石方工程、架子工程、砌筑工程、模板工程、钢筋工程、混凝土工程、防水工程、抹灰工程、木作与木装饰工程、油漆工程、玻璃工程、金属制品制作及安装、其他工程共13项。其表现形式见表6-1。

表6-1　2024年第一季度某市建筑工程实物工程量人工单价

项目编码	项目名称	工程量计算规则	计量单位	人工单价/元
01003*	人工挖土方（三类土）	按实际挖方的天然密实体积计算	m³	85.00
01004*	人工挖沟槽、坑土方（三类土、深2m以内）		m³	85.00
02001*	外架搭拆（单排步距1.2m）	按实际搭设的垂直投影面积计算	m²	12.10
02003*	外架搭拆（双排步距1.2m）		m²	20.20
02005*	里架搭拆		m²	9.60
02006*	满堂架搭拆	按搭设的水平投影面积计算	m²	16.80

2）建筑工种人工成本信息。这种价格信息是按照建筑工人的工程分类，反映不同工种的单位人工日工资单价。建筑工种是根据《劳动法》和《职业教育法》的有关规定，对从事技术负责、通用性广、涉及国家财产、人民生命安全和消费者利益的职业（工种）的劳

模块6　工程计价信息的确定

动者施行就业准入的规定，结合建筑行业实际情况确定的。其表现形式见表6-2。

表6-2　2024年第一季度某市建筑工程人工成本价格

序号	工种	日工资/(元/工日)	说明
1	建筑、装饰工程普工	210.00	
2	木工（模板工）	390.00	
3	钢筋工	315.00	
4	混凝土工	255.00	
5	架子工	335.00	
6	砌筑工（砖瓦工）	285.00	
7	抹灰工（一般抹灰）	265.00	
8	抹灰、镶贴工	355.00	
9	装饰木工	270.00	
10	防水工	410.00	

自2020年10月1日起，湖南省建设工程在发承包及实施阶段进行工程计价时，人工费实行动态调整（详见湘建价〔2020〕56号文）。人工费动态调整是指以2020年10月1日施行的《湖南省建设工程消耗量标准》的人工费为基期的计算基础，乘以当期指数计算人工费。人工费指数由湖南省建设工程造价管理总站原则上每年测算并发布一次。

【例6-1】　2024年湖南省建设工程人工费指数见表6-3，《湖南省建设工程消耗量标准》挖掘机挖槽、坑土方消耗量标准子目见表6-4，试确定湘潭地区2024年6月挖掘机挖槽、坑土方工程的人工费。

表6-3　2024年湖南省建设工程人工费指数

序号	市州	人工费指数
1	长沙	1.0000
2	株洲	0.9812
3	湘潭	0.9831
4	岳阳	0.9200
5	益阳	0.9505
6	衡阳	0.9300
7	常德	0.9470
8	娄底	0.9392
9	怀化	0.9580
10	郴州	0.9350
11	永州	0.9230

219

(续)

序号	市州	人工费指数
12	湘西	0.9550
13	张家界	0.9432
14	邵阳	0.9500

注：各市州建设工程人工费指数仅适用于本地区的建设工程项目，自2024年6月1日起执行。

表6-4　2020年《湖南省建设工程消耗量标准》挖掘机挖槽、坑土方子目

工作内容：挖土，装土，清理机下余土，清底修边。　　　　　　　　　计量单位：100m³

编号				A1-51
项目				挖掘机挖槽、坑土方
				装车
				普通土
基价/元				964.45
其中	人工费			590.00
	材料费			—
	机械费			374.45
名称		单位	单价	数量
机械	履带式单斗液压挖掘机0.6m³	台班	1474.22	0.254

解：

人工费 590.00×0.9831 元/100m³ = 580.03 元/100m³。

（2）材料价格信息　在材料价格信息的发布中，应写明材料规格型号、单位、单价等信息。表6-5为2024年2月某市钢材材料价格信息的示例。

表6-5　2024年2月某市钢材材料价格信息

序号	编码	名称	规格	单位	不含税价格/元
1	01010100005	热轧圆盘条（高线）	HPB300φ6.5	kg	3.980
2	01010100006	热轧圆盘条（高线）	HPB300φ8~φ10	kg	3.960
3	01010200001	热轧带肋盘螺	HRB400φ6	kg	4.140
4	01010200002	热轧带肋盘螺	HRB400φ8	kg	3.830
5	01010200003	热轧带肋盘螺	HRB400φ10	kg	3.810
6	01010300008	螺纹钢筋	HRB400φ14	kg	3.840
7	01010300009	螺纹钢筋	HRB400φ16	kg	3.780
8	01010300019	螺纹钢筋	HRB400φ18~φ25	kg	3.800
9	01010300014	螺纹钢筋	HRB400φ28	kg	3.920
10	01010300015	螺纹钢筋	HRB400φ30	kg	3.950

湖南省各地区材料价格可通过登录湖南省住房和城乡建设厅的网站——湖南省建设工程造价管理总站的"下载中心"中的"资料信息"模块进行查询,也可通过各市州建设工程造价站印发的《某地区建设工程信息价》书籍进行查询,还可通过计价软件进行查询。

在进行定额材料价格基础测算时,需要通过市场询价的方式来取得当下合理的价格基础,这些价格可以是当下的市场价格、信息价格或者已经签订的材料采购价格,在价格获取时,要注意获取价格的准确性。以下介绍3种不同的材料价格询价方案。

1)企业历史价格沉淀。

① 企业历史采购材料合同和企业材料数据库,这是企业进行价格测算的主要依据来源。实际采购材料单价相对于招标投标资料是更有参考价值的。

② 企业招标投标文件、项目部的材料采购协议、项目部的出入库台账等。

2)当地发布的造价信息。

① 信息价是指我国各个省、地市专门的工程造价管理机构(如定额站、造价站、建设工程造价管理协会等)定期发布的当地的材料价格信息。

② 信息价一般反映的是上个月当地建筑市场中各种材料的价格水平,在合同双方的工程结算中往往扮演"调差"的角色。

注意:定额中的材料调差所使用的工程量是工程实际消耗的工程量,而非图样工程量。此处经常会产生认知争议,建议在合同中明确约定调差工程量的确认。

③ 很多地方信息价所反映的价格水平往往是偏高的,在一些项目部与材料供应商的供需合同中,很多合同的价格是按每月信息价下浮若干个百分点来确定及结算的。

3)网络询价。主流的询价网站有广材网、慧讯网等,其中钢材可以在兰格钢铁网进行询价。

① 在询价前应准备要询价的所有信息,如型号、规格、材质等。

② 该材料所需要的数量。数量不同会导致单价存在浮动和偏差。

③ 是否含税。营改增之后是否含税、开票,会作为材料单价确定的条件之一。

④ 付款条件。明确付款周期、付款比例及其他付款条件。

⑤ 网络询价方案的小技巧——口头询价。在询价时,经常会有供应商知道客户仅仅是为了询价而不是真正采购,所以在报价时不会给客户真正报价,此时客户可以进行口头询价。

(3)施工机具价格信息 施工机具价格信息可分为机具购买市场价格信息和机具租赁市场价格信息两部分。相对而言,后者对于工程计价更为重要,发布的机具价格信息应包括机械种类、规格型号、租赁单价等内容。表6-6为某地区施工机具租赁价格的示例。

表6-6 2024年第一季度某地区设备租赁参考价

设备名称	机具类型	租赁价格/(元/月)	操作司机人工费/(元/台/月)	操作司机加班费/(元/人/h)
塔式起重机	QTZ63	17000~19000	8000	50
	QTZ80	22000~23000	8000	50
	MC120B	29000~32000	8000	50
	QTP140(6013-8)	27000~31000	8000	50

自2020年10月1日起,湖南省建设工程在发承包及实施阶段进行工程计价时,机械费实行动态调整。(详见湘建价〔2020〕56号文和湘建价〔2022〕146号文)

所谓机械费动态调整是指机械台班单价各组成部分的动态调整:

1)燃料动力费(含汽油、柴油、电、煤、木柴、水等)按各市州建设工程造价管理部门发布的信息价格调整。

2)台班人工费按发布的人工费系数调整。

3)施工机械的原价变化较大时,由总站统一发布施工机械台班费用组成中其他费用的调整系数。该调整指数由湖南省建设工程造价管理总站原则上每年测算并发布一次。自2022年7月2日到目前(2024年5月),机械其他费用的调整系数为1。(详见湘建价〔2022〕146号文)

【例6-2】 2020年《湖南省建设工程消耗量标准》中的履带式单斗液压挖掘机(斗容量$0.6m^3$)台班单价组成见表6-7、挖掘机挖槽、坑土方子目见表6-4、湘潭人工费指数见表6-3,《2024年6月湘潭地区建设工程信息价》中柴油不含税市场单价7.74元/kg、机械其他费用的调整系数为1,试确定湘潭地区2024年6月挖掘机挖槽、坑土方工程的机械费。

表6-7 履带式单斗液压挖掘机(斗容量$0.6m^3$)台班单价组成

编码	机械名称	规格型号	机型	台班单价/(元/台班)	费用组成									
					折旧费	检修费	维护费	安拆费及场外运费	其他费用	人工费	汽油 8.72	柴油 7.16	电 0.80	煤 0.80	木柴 0.39	水 4.39
					元	元	元	元	元	元	kg	kg	kW·h	kg	kg	m^3
J1-6	履带式单斗液压挖掘机	斗容量/m^3	0.6	大	1474.22	491.949	129.977	291.149			320.000		33.680			

解:

2024年6月履带式单斗液压挖掘机台班单价为:

(491.949+129.977+291.149+320.000×0.9831+33.680×7.74)元/台班=1488.35元/台班

挖掘机挖槽、坑土方工程的机械费:1488.35×0.254元/100m^3=378.04元/100m^3。

一、单选题

1. 某类建筑材料本身的价值不高,但所需的运输费用很高,该类建筑材料的价格信息一般具有较明显的（　　）。

　　A. 专业性　　　　B. 季节性　　　　C. 区域性　　　　D. 动态性

2. 最能体现信息动态变化特征，并且在工程价格的市场机制中起重要作用的工程计价信息主要包括（　　）。

　　A. 工程造价指数、在建工程信息和已完工程信息

　　B. 价格信息、工程造价指数和工程造价指标

　　C. 人工价格信息、材料价格信息、机械价格信息

　　D. 价格信息、工程造价指数及刚开工的信息

二、多选题

工程计价信息的特点包括（　　）。

　　A. 专业性　　　B. 季节性　　　C. 区域性
　　D. 动态性　　　E. 保密性

任务6.1 工作任务单

1. 学生任务分配表

班级		组号		指导教师	
组长		学号			
组员（姓名、学号）					
任务分工					

2. 工程计价资料的收集

组号		姓名		学号	
工作目标		利用图书馆和网络资源,收集工程建设中对工程造价的计价起作用的资料			

3. 评价表

姓名：		组号：		任务：	
评价内容	评价标准	自评	小组互评	教师评价
职业素养（20分）	（1）学习态度积极，能主动思考问题，能有计划地组织小组成员完成工作任务，有良好的团队合作意识，遵章守纪，计20分 （2）学习态度较积极，能主动思考问题，能配合小组成员完成工作任务，遵章守纪，计15分 （3）学习态度端正，主动思考能力欠缺，能配合小组成员完成工作任务，遵章守纪，计10分 （4）学习态度不端正，不参与团队任务，计0分			
成果（80分）	定额资料收集完整丰富，分类正确，字迹工整，计80分，如有错误按以下标准扣分，扣完为止： （1）定额资料收集不足，每少一类扣5分 （2）分类不正确，每个扣5分 （3）字迹不工整，酌情扣分，最多扣10分			
综合得分				
备注：综合得分=自评分×30%+小组互评分×40%+教师评价分×30%				

任务 6.2　工程造价指标的确定

知识目标

1. 掌握工程造价指标的概念。
2. 掌握工程造价指标的分级分类。
3. 熟悉工程造价指标的测算方法及原理。

能力目标

1. 具备区分工程造价指标的能力。
2. 具备用数据统计法确定工程造价指标的能力。

任务导入

为贯彻落实国家工程造价改革工作方案，提高工作造价文件编制的规范性，为科学测算指数指标提供准确的数据，推动××省建设工程造价信息数字化发展，××省建设工程造价管理总站组织制定了《××省房屋建筑工程造价文件数据编制标准》。

试调查收集现阶段××省的工程造价指标，并对收集到的工程造价指标进行分类。

6.2.1　工程造价指标的概念及分级分类体系

工程造价指标是指根据已完或在建工程的各种造价信息，经过统一格式及标准化处理后的造价数值。

以下工程造价指标的分级分类体系内容是按照湖南省建设工程造价管理总站在2023年11月颁布的《湖南省房屋建筑工程指标指数测算标准》进行分级分类的。

1. 工程造价指标分级

工程造价指标分级分为五级：建设项目投资指标、建设项目建安造价指标、单项工程造价指标、单位工程造价指标、分部分项工程造价指标。

1）建设项目投资指标包括工程费用指标、工程建设其他费用指标、预备费指标等。建设项目投资指标示例见表6-8。

表 6-8　建设项目投资指标

序号	名称	投资指标	指标单位	占建设投资比例（%）
一	工程费用			
1	建筑安装工程费			
2	设备及工器具购置费			
	……			
二	工程建设其他费用			

(续)

序号	名称	投资指标	指标单位	占建设投资比例（%）
1	建设用地费			
2	项目建设管理费（代建管理费）			
3	施工图设计审查费			
	……			
三	预备费			
1	基本预备费			
2	价差预备费			
四	建设期利息			
五	建设投资总额			

注：1. 表中涉及的费用可根据各审批部门要求及项目实际情况进行增减。
2. 占建设投资比例是指各项费用占建设投资总额的比例，用百分比表示。

2）建设项目建安造价指标包括建筑工程费用指标、安装工程费用指标，或者项目下各单项工程造价指标加权计算构成。建设项目建安造价指标示例见表6-9。

表6-9 房屋建筑工程建设项目建安造价指标

序号	单项工程名称	造价指标	指标单位	占造价比例（%）
1	单项工程一			
2	单项工程二			
3	单项工程三			
4	……			
5	室外工程			
6	合计			

注：占造价比例是指各单项工程造价占建设项目造价的比例，用百分比表示。单项工程的单位造价按各单项工程建筑面积计算，室外工程按项目总建筑面积计算。

3）单项工程造价指标，如普通住宅建筑指标、办公楼建筑指标、酒店建筑指标、图书馆建筑指标、教学楼建筑指标、体育场建筑指标、住院楼建筑指标等。单项工程造价指标示例见表6-10。

表6-10 房屋建筑工程单项工程造价指标

序号	单位工程名称	造价指标	指标单位	占造价比例（%）
1	单位工程一			
2	单位工程二			
3	单位工程三			

(续)

序号	单位工程名称	造价指标	指标单位	占造价比例（%）
4	……			
5	合计			

注：占造价比例是指各单位工程造价占单项工程的比例，用百分比表示。

4）单位工程造价指标，如建筑工程指标、装饰工程指标、电气工程指标、给水排水工程指标、采暖工程指标、消防工程指标、燃气工程指标、智能化工程指标、电梯工程指标等。单位工程造价指标示例见表6-11。

表6-11 房屋建筑工程单位工程造价指标

序号	费用名称	造价指标	指标单位	占造价比例（%）
1	分部分项工程费			
1.1	人工费			
1.2	材料费			
1.3	机械费			
1.4	管理费			
1.5	利润			
2	措施项目费			
2.1	单价措施费			
2.1.1	人工费			
2.1.2	材料费			
2.1.3	机械费			
2.1.4	管理费			
2.1.5	利润			
2.2	总价措施费			
2.3	绿色施工防护措施项目费			
3	其他项目费			
4	税金			
5	合计			

注：占造价比例是指各费用占单位工程造价的比例，用百分比表示。

5）分部分项工程造价指标，如土石方工程指标、地基处理工程指标、桩基础工程指标、混凝土工程指标、钢筋工程指标、照明及动力系统指标、冷水系统指标、空调风系统指标、综合布线系统指标等。

2. 工程造价指标分类

工程造价指标分七类：建设项目投资指标、建设工程造价指标、工程经济指标、主要工程量指标、主要工程量单价指标、主要工料价格指标、主要工料消耗量指标。

建设项目投资指标是以建设项目总投资为计算内容；建设工程造价指标是以单项工程造价、单位工程造价为计算内容；工程经济指标是以分部工程造价为计算内容；主要工程量指标是以分部工程下的清单子目工程量为计算内容；主要工料价格指标是以工料的价格为计算内容；主要工料消耗量指标是以工料的消耗量为计算内容。

1）建设项目投资指标示例见表 6-8。
2）建设工程造价指标示例见表 6-11。
3）工程经济指标示例见表 6-12。
4）主要工程量指标示例见表 6-13。
5）主要工程量单价指标见表 6-13。
6）主要工料价格指标见表 6-14。
7）主要工料消耗量指标见表 6-14。

表 6-12 建筑工程经济指标

序号	项目名称	特征描述	经济指标	指标单位	占造价比例（%）	计算口径
1	地基处理工程	地基处理类型		元/m²		地基处理区域的占地面积
2	基坑土石方工程	(1) 主要土石方类别及场地类型 (2) 有无淤泥、流砂或溶洞				
3	基坑支护工程	(1) 基坑深度 (2) 基坑支护形式		元/m²		支护面积
4	桩基础工程	(1) 桩型、桩径、桩长 (2) 混凝土种类及强度等级 (3) 主要钢筋规格		元/m²		基底面积
5	基础工程	(1) 基础类型：条形基础、独立基础、满堂基础、其他 (2) 开挖土石比 (3) 有无淤泥、流砂或溶洞 (4) 抗浮锚杆 (5) 回填土来源及换填配合比		元/m²		基底面积
6	砌筑工程	砌体种类				
7	混凝土工程	混凝土种类				
8	钢筋工程	钢筋类别				
9	组合结构工程	(1) 钢种类 (2) 混凝土种类 (3) 构件种类				

（续）

序号	项目名称	特征描述	经济指标	指标单位	占造价比例（%）	计算口径
10	木结构工程	（1）结构体系 （2）围护结构 （3）防腐：涂料品种、防护材料、油漆品种 （4）油漆：油漆品种、喷刷遍数				
11	钢结构工程	（1）结构体系 （2）围护结构 （3）吊车梁 （4）防腐：涂料品种、防护材料 （5）防火涂料：涂料品种、喷刷遍数及厚度 （6）面漆：品种、喷刷遍数及厚度				

表 6-13　建筑工程主要工程量及单价指标

序号	工程名称	特征描述	工程量单位	工程量指标		单价指标		计算口径
				指标	单位	指标	单位	
1								
1.1	换填垫层	（1）材料种类及配比 （2）换填厚度	m^3		m^3/m^2		元$/m^3$	
1.2	强夯地基	（1）夯击能量 （2）夯击遍数	m^2		m^2/m^2		元$/m^2$	地基处理区域的占地面积
1.3	地基桩	（1）桩类型 （2）桩径 （3）桩长 （4）材质	m^3		m^3/m^2		元$/m^3$	
1.4	注浆地基	（1）注浆类型 （2）固化剂类型	m^3		m^3/m^2		元$/m^3$	
2	基坑土石方工程							
2.1	开挖土方	（1）外弃方量占比 （2）外弃运距	m^3				元$/m^3$	
2.2	开挖石方	（1）外弃方量占比 （2）外弃运距	m^3				元$/m^3$	
2.3	开挖淤泥	（1）外弃方量占比 （2）外弃运距	m^3				元$/m^3$	
2.4	回填方		m^3				元$/m^3$	
3	基坑支护工程							

（续）

序号	工程名称	特征描述	工程量单位	工程量指标		单价指标		计算口径
				指标	单位	指标	单位	
3.1	锚杆（锚索）	锚固形式：锚杆（索）规格型号、长度	m		m/m²		元/m	支护面积
3.2	土钉	锚固形式：规格型号、长度	m		m/m²		元/m	
3.3	喷护	(1) 厚度 (2) 混凝土（砂浆）类别、强度等级	m³		m²/m²		元/m²	
3.4	地下连续墙	(1) 墙体厚度 (2) 成槽深度 (3) 混凝土种类、强度等级	m³		m³/m²		元/m³	
3.5	旋喷桩	(1) 桩类型 (2) 桩径 (3) 成孔方法 (4) 材料种类、级配	m		m/m²		元/m	

表6-14 建筑工程主要工料价格及消耗量指标

序号	工料名称	单位	消耗量指标		价格指标		占造价比例（%）
			指标	单位	指标	单位	
1	人工费	元		元/m²		元	
2	钢筋	t		t/m²		元/t	
3	型钢	t		t/m²		元/t	
4	水泥	t		t/m²		元/t	
5	石子	m³		m³/m²		元/m³	
6	石子	t		t/m²		元/t	
7	砂	m³		m³/m²		元/m³	
8	砂	t		t/m²		元/t	
9	砌块	m³		m³/m²		元/m³	
10	砖	块		块/m²		元/块	
11	砖	m³		m³/m²		元/m³	
12	装配式混凝土构件（PC构件）	m³		m³/m²		元/m³	
13	钢筋混凝土预制件	m		m/m²		元/m	
14	原木和锯材	m³		m³/m²		元/m³	
15	原木和锯材	m		m/m²		元/m	

(续)

序号	工料名称	单位	消耗量指标		价格指标		占造价比例（%）
			指标	单位	指标	单位	
16	板材	m^2		m^2/m^2		元/m^2	
17	模板	m^2		m^2/m^2		元/m^2	
18	模板	t		t/m^2		元/t	
19	涂料	t		t/m^2		元/t	
20	防水卷材	m^2		m^2/m^2		元/m^2	
21	绝热保温材料	m^3		m^3/m^2		元/m^3	
22	砂浆	t		t/m^2		元/t	
23	普通混凝土	m^3		m^3/m^2		元/m^3	
24	沥青混凝土	m^3		m^3/m^2		元/m^3	
25	特种混凝土	m^3		m^3/m^2		元/m^3	
26	水	t		t/m^2		元/t	
27	电	度		度/m^2		元/度	

6.2.2 工程造价指标的测算

1. 工程造价指标测算时应注意的问题

1）数据的真实性。用于测算指标的数据无论是整体数据还是局部数据，都必须是采集实际的工程数据。实际工程数据是指完成工程造价计价成果的实际工程计价数据，包括建设工程投资估算、设计概算、最高投标限价、合同价、工程结算、竣工决算等。

2）符合时间要求。建设工程造价指标的时间应符合下列规定：
① 投资估算、设计概算、最高投标限价应采用成果文件编制完成日期。
② 合同价应采用工程开工日期。
③ 工程结算、竣工决算应采用工程竣工日期。

3）根据工程所在地区、工程类型、造价类型、时间进行测算。

2. 工程造价指标测算的方法

工程造价指标测算方法主要包括数据统计法、典型工程法和汇总计算法。

（1）数据统计法 当建设工程造价数据的样本数量达到数据采集最少样本数量时，应使用数据统计法测算建设工程造价指标，所获取的样本应具有相同或类似的工程特征信息。

1）工程造价指标采用动态样本池法进行测算时，采用的样本工程数据为标准化样本工程，通过建设规模权重法进行指标的测算。

2）动态样本池最小标准化样本工程数量为5，标准化样本工程信度应在95%以上。工程信度是指从样本序列两端各去掉5%的边缘项目。

3）标准化样本工程的材料价格采用报告期的材料加权平均价进行计算。

4）动态样本池中样本工程可进行动态增加，当样本工程代表性由于技术、工艺、安全等原因不满足要求时，可适时剔除。

【例 6-3】 现有30个某类建设工程造价数据，随机抽取7个项目的造价及相关数据，见表 6-15。试采用数据统计法测算该类工程造价指标。

表 6-15 项目的造价数据

项目编号	1	2	3	4	5	6	7
造价数据（单方造价）/（元/m^2）	2000	1800	1900	1850	2050	2200	1950
建设规模（建筑面积）/m^2	10万	50万	10万	20万	30万	50万	30万

解：

根据要求：动态样本池最小标准化样本工程数量为5，标准化样本工程信度应在95%以上。因此需要去掉项目编号6和2，剩下的5个项目按照建设规模权重法计算造价指标。

$$\left[\frac{2000\times10+1900\times10+1850\times20+2050\times30+1950\times30}{10+10+20+30+30}\right] 元/m^2 = 1960 \ 元/m^2$$

（2）典型工程法　因样本工程数量达不到动态样本池要求，或者样本工程代表性不足时可以采用典型工程法进行测算。

1）典型工程应进行标准化后再进行指标加工，标准化后典型工程信度应在95%以上。

2）典型工程的材料价格采用报告期的材料加权平均价进行计算。

（3）汇总计算法　利用下一层级造价指标汇总计算上一层级造价指标时，应采用汇总计算法。

1）单项工程造价指标以上分类进行指标计算时，应优先采用标准权重法进行测算。

2）如没有标准权重，可采用建设规模权重法进行测算。

3）如建设规模单位不一致，可采用投资规模权重法进行测算。

6.2.3　工程造价指标的测算示例

1. 单个样本测算示例

样本工程建设项目建安造价指标计算示例见表 6-16。样本项目基本概况：项目总用地面积为 $31401m^2$，其中教学楼建筑面积为 $7595.41m^2$，综合楼建筑面积为 $13391.78m^2$，地下车库建筑面积为 $3532.58m^2$。样本工程所在地为长沙市，项目属于小学。示例只以教学楼、综合楼、地下车库、室外工程四部分进行计算。

表 6-16 某小学建设项目建安造价指标

序号	单项工程名称	造价指标	指标单位
1	教学楼	3597.08	元/m^2
2	综合楼	3193.65	元/m^2
3	地下车库	4582.84	元/m^2
4	室外工程	1536.00	元/m^2

样本教学楼单项工程造价指标计算示例见表 6-17。样本工程教学楼地上6层；檐口高度 20.1m；耐火等级为二级；抗震设防为6度设防；结构形式为框架结构。

表6-17 教学楼单项工程造价指标

序号	单位工程名称	单位造价	指标单位	占造价比例（%）
1	建筑工程	2073.47	元/m²	57.64
2	装饰工程	977.42	元/m²	27.17
3	电气工程	188.90	元/m²	5.25
4	给水排水工程	80.80	元/m²	2.25
5	通风空调工程	17.63	元/m²	0.49
6	智能化工程	186.42	元/m²	5.18
7	消防工程	51.97	元/m²	1.44
8	抗震支架	20.47	元/m²	0.57
9	合计	3597.08	元/m²	100

样本教学楼建筑工程造价指标计算示例见表6-18。

表6-18 教学楼建筑工程造价指标

序号	费用名称	单位造价	指标单位	占造价比例（%）
1	分部分项工程费	1471.26	元/m²	70.96
1.1	人工费	212.23	元/m²	10.24
1.2	材料费	1041.81	元/m²	50.24
1.3	机械费	24.47	元/m²	1.18
1.4	管理费	118.82	元/m²	5.73
1.5	利润	73.88	元/m²	3.56
2	措施项目费	422.33	元/m²	20.37
2.1	单价措施费	324.61	元/m²	15.66
2.1.1	人工费	158.68	元/m²	7.65
2.1.2	材料费	82.55	元/m²	3.98
2.1.3	机械费	38.43	元/m²	1.85
2.1.4	管理费	27.71	元/m²	1.34
2.1.5	利润	17.23	元/m²	0.83
2.2	总价措施费	2.82	元/m²	0.14
2.3	绿色施工防护措施费	94.89	元/m²	4.58
3	其他项目费	11.18	元/m²	0.54
4	税金	168.70	元/m²	8.14
5	合计	2073.47	元/m²	100

注：该表分部分项工程费与单价措施项目费之和为1795.87元/m²。

样本教学楼建筑工程经济指标计算示例见表 6-19。

表 6-19 教学楼建筑工程经济指标

序号	项目名称	特征描述	经济指标	指标单位	占造价比例（%）	备注
1	基坑土石方工程	主要土石方类别及场地类型：土方	1.87	元/m²	0.09	
2	基础工程	基础类型：独立基础	57.3	元/m²	2.76	
3	砌筑工程	砌体种类：砌块	150.77	元/m²	7.27	
4	混凝土工程	混凝土种类：预拌	467.12	元/m²	22.53	
5	钢筋工程	钢筋类别：高强	285.56	元/m²	13.77	
6	钢结构工程	（1）结构体系 （2）围护结构 （3）防腐 （4）涂料品种	18.68	元/m²	0.90	
7	屋面工程	（1）屋面构造及做法 （2）面层材质、规格、型号	42.97	元/m²	2.07	
8	防水工程	（1）防水等级 （2）屋面防水设防构造 （3）墙面防水设防构造 （4）楼地面防水设防构造 （5）其他防水设防构造	337.58	元/m²	16.28	
9	保温、隔热、防腐工程	（1）墙柱面主要保温系统 （2）有无楼地面或天棚保温 （3）防腐类型 （4）基础防腐类型	53.50	元/m²	2.58	
10	其他建筑工程	（1）主要项目名称及做法 （2）有无轻质隔断	55.90	元/m²	2.70	
11	模板及支架措施费	（1）工期 （2）模板类型 （3）层高 （4）其他特殊要求	217.33	元/m²	10.48	
12	脚手架措施费	脚手架类型：综合	57.32	元/m²	2.76	
13	垂直运输措施费	（1）结构形式 （2）檐口高度	46.57	元/m²	2.25	
14	其他单价措施费	（1）结构形式 （2）檐口高度 （3）其他特殊要求	3.39	元/m²	0.16	
	合计		1795.87	元/m²	86.6	

2. 同类样本测算示例

2022年1~2月份,工程分类中教学楼动态样本池中假设有6个教学楼单项工程,教学楼造价指标采用建筑规模权重法计算,计算过程如下。

1)先计算某个教学楼单项工程造价指标。假设某教学楼建筑面积为7595.41m²,单项工程费用为27321297.4元,单项工程费造价指标为3597.08元/m²,单项工程费用汇总情况见表6-20。

表6-20 教学楼1单项工程造价指标

序号	单位工程名称	单位造价	指标单位	占造价比例(%)
1	建筑工程	2073.47	元/m²	57.64
2	装饰工程	977.42	元/m²	27.17
3	电气工程	188.90	元/m²	5.25
4	给水排水工程	80.80	元/m²	2.25
5	通风空调工程	17.63	元/m²	0.49
6	智能化工程	186.42	元/m²	5.18
7	消防工程	51.97	元/m²	1.44
8	抗震支架	20.47	元/m²	0.57
9	合计	3597.08	元/m²	100

2)再计算同类型其他五个教学楼单项工程造价指标(见表6-21中单波浪线画线部分所示),并用建筑规模权重法计算出同类教学楼工程造价指标(见表6-21中双横线画线部分所示)。

表6-21 教学楼单项工程造价指标

样本	单项工程造价指标/(元/m²)	建筑面积/m²
教学楼1	3597.08	7595.41
教学楼2	3600.25	12312.00
教学楼3	3389.26	8312.12
教学楼4	3231.38	7952.15
教学楼5	3999.65	15216.36
教学楼6	3125.36	7852.48
合计		59240.52
加权平均单项工程造价指标	3560.36	

$$\text{加权平均单项工程造价指标} = \left[\frac{3597.08\times7595.41+3600.25\times12312+3389.26\times8312.12+3231.38\times7952.15+3999.65\times15216.36+3125.36\times7852.48}{(7595.41+12312+8312.12+7952.15+15216.36+7852.48)}\right]元/m²$$

$$= 3560.36 \text{ 元/m}²。$$

6.2.4 工程造价指标的用途

1. 作为对已完或在建工程进行造价分析的依据

工程造价指标的测算结果是对已完或在建工程进行造价分析，判断数据合理性的重要依据。利用工程造价指标对已完或在建工程进行造价分析可以从以下 4 个方面进行。

1）总体水平分析，是指反映项目造价状况的信息（工程量、资源消耗量、价格）与建设规模的适应程度分析。

2）构成分析，是指工程造价中各种构成的比例关系。以建设项目总造价分析为例，包括建筑工程费、设备及工器具购置费、安装工程费、工程建设其他费用等占总造价的比例。

3）影响因素与风险分析，是指对工程造价形成过程的主要影响因素、特征和可能导致的风险进行评价、分析。工程造价影响因素不但包括"量"和"价"，而且包括工程概况、建设条件、项目特征等。

4）变动分析，是指把分析对象同某一可比较性目标进行变动角度的分析。例如，同一个工程不同阶段经济指标的纵向比较，目的是分析工程造价在不同阶段的控制情况，并分析超支或节支状况；同一类工程不同时期经济指标的纵向比较，目的是分析工程造价经济指标在不同时期的变化趋势。

2. 作为拟建类似项目工程计价的重要依据

工程造价指标按照工程特征分门别类地进行测算和整理，在未来拟建类似项目的计价活动中，是重要的参考依据。

1）用作编制投资估算的重要依据。造价人员在编制估算时一般采用类比的方法，因此需要选择若干个类似的典型工程加以分解、换算和合并，并考虑到当前的设备与材料价格情况，最后得出工程的投资估算额。造价人员可以从造价指标中挑选出所需要的典型工程，通过适当的分解与换算，加上造价人员的经验和判断，最后得出较为可靠的工程投资估算额。

2）用作编制初步设计概算和审查施工图预算的重要依据。在编制初步设计概算时，有时要用类比的方式进行编制。这种类比法要比估算细致深入，可以具体到单位工程甚至分部工程水平。在限额设计和优化设计方案的过程中，设计人员可能要反复修改设计方案，每次修改都希望能得到相应的概算。因此，具有较多类型和层级的工程造价指标是十分有益的。多种工程组合的比较不仅有助于设计人员探索造价分配的合理方式，还为设计人员指出修改设计方案的可行途径。

施工图预算编制完成之后，需要有经验的造价管理人员来审查，以确定其正确性。此时，可以通过造价指标来实现。可从造价指标中选取类似资料，将其造价与施工图预算进行比较，从中发现施工图预算是否有偏差和遗漏。由于设计变更、材料调价等因素所带来的造价变化，在施工图预算阶段往往无法事先估计到，此时参考以往类似工程的数据，有助于预见这些因素发生的可能性。

3）用作确定最高投标限价和投标报价的参考资料。在为建设单位制定最高投标限价或施工单位投标报价的工作中，无论是用工程量清单计价法还是用定额计价法，工程造价指标都可以发挥重要作用，可以向甲乙双方指明类似工程的实际造价及其变化规律，使得双方都可以对未来将发生的造价进行预测和准备，从而避免最高投标限价和报价的盲目性。尤其是在采用工程量清单计价方式时，投标人自主报价，没有统一的参考标准，除了根据有关政府机构发布的人工、材料、机具价格指数外，更大程度上依赖于根据已完工程整理测算得到的工程造价指标。

3. 作为反映同类工程造价变化规律的基础资料

1）用作编制各类定额的基础资料。通过分析不同种类分部分项工程造价，了解各分部分项工程中各类消耗量指标，掌握各分部分项工程预算和结算的对比结果，造价管理部门就可以发现原有定额是否符合实际情况，从而提出修改方案。对于新工艺和新材料，也可以从工程造价指标中获得编制新增定额的有用信息。概算定额和估算指标的编制与修订，也可以从工程造价指标中得到参考依据。

2）用于研究同类工程造价的变化规律，编制造价指数。工程造价指标按照不同工程特征分为不同类别，不同时间同类项目的工程造价指标的变化情况，可以为工程造价指数的编制提供重要的数据支持。

一、单选题

1. 工程造价指标测算中，各类造价数据需符合造价指标的时间要求。下列造价数据的时间选取符合规定的是（　　）。

A. 投资估算采用投资估算书编制完成日期

B. 最高投标限价采用投标截止日期

C. 合同价采用合同签订日期

D. 结算价采用工程结算日期

2. 下列工程计价信息中，最能体现市场机制下信息动态性变化特征的是（　　）。

A. 工程价格信息　　　　　　　　B. 政策性文件

C. 计价标准和规范　　　　　　　D. 工程定额

3. 某类建筑材料本身的价值不高，但所需的运输费用很高，该类建筑材料的价格信息一般具有较明显的（　　）。

A. 专业性　　　　B. 季节性　　　　C. 区域性　　　　D. 动态性

二、多选题

根据工程造价指标的分级，工程造价指标包括（　　）。

A. 建设项目投资指标　　　　　　B. 分项工程造价指标

C. 单项工程造价指标　　　　　　D. 单位工程造价指标

E. 分部工程造价指标

任务 6.2　工作任务单

1. 学生任务分配表

班级		组号		指导教师	
组长		学号			
组员 （姓名、学号）					
任务分工					

2. 工程造价指标的收集与分类

组号		姓名		学号	
工作目标		调查收集现阶段湖南省的工程造价指标，并对收集到的工程造价指标进行分类			

3. 评价表

姓名：		组号：		任务：
评价内容	评价标准	自评	小组互评	教师评价
职业素养 （20分）	（1）学习态度积极，能主动思考问题，能有计划地组织小组成员完成工作任务，有良好的团队合作意识，遵章守纪，计20分 （2）学习态度较积极，能主动思考问题，能配合小组成员完成工作任务，遵章守纪，计15分 （3）学习态度端正，主动思考能力欠缺，能配合小组成员完成工作任务，遵章守纪，计10分 （4）学习态度不端正，不参与团队任务，计0分			
成果 （80分）	工程造价指标资料收集完整丰富，分类正确，字迹工整，计80分，如有错误按以下标准扣分，扣完为止： （1）工程造价指标资料收集不足，每少一类扣5分 （2）分类不正确，每个扣5分 （3）字迹不工整，酌情扣分，最多扣10分			
综合得分				
备注：综合得分＝自评分×30%＋小组互评分×40%＋教师评价分×30%				

任务6.3 工程造价指数的确定

知识目标

1. 掌握工程造价指数的概念。
2. 掌握工程造价指数的分级分类。
3. 熟悉工程造价指数的测算方法及原理。

能力目标

1. 具备区分工程造价指数的能力。
2. 具备确定工程造价指数的能力。

任务导入

为贯彻落实国家工程造价改革工作方案,提高工作造价文件编制的规范性,为科学测算指数指标提供准确的数据保障,推动××省建设工程造价信息数字化发展,××省建设工程造价管理总站组织制定了《××省房屋建筑工程造价文件数据编制标准》。

试调查收集现阶段××省的工程造价指数,并对收集到的工程造价指数进行分类。

6.3.1 工程造价指数的概念及用途

工程造价指数是指一定时期的建设工程造价相对于某一固定时期工程造价的比值,是以某一设定值为参照得出的同比例数值。

工程造价指数用来反映一定时期由于价格变化对工程造价的影响程度,它是调整工程造价价差的依据。工程造价指数反映了报告期与基期相比的价格变动趋势,利用它来研究实际工作中下列问题很有意义:

1) 可以利用工程造价指数分析价格变动趋势及其原因。
2) 可以利用工程造价指数预计宏观经济变化对工程造价的影响。
3) 工程造价指数是工程发承包双方进行工程估价和结算的重要依据。

6.3.2 工程造价指数的分级分类体系

以下工程造价指数的分级分类体系内容是按照湖南省建设工程造价管理总站在2023年11月发布的《湖南省房屋建筑工程指标指数测算标准》进行分级分类的。

1. 工程造价指数分级

工程造价指数分级分为五级:建设项目投资指数、建设项目建安造价指数、单项工程造价指数、单位工程造价指数、分部工程造价指数。

2. 工程造价指数分类

工程造价指数分三类:建设项目投资指数、建设工程造价指数、工料价格指数。

建设工程造价指数包括建设项目建安造价指数、单项工程造价指数、单位工程造价指数、分部工程造价指数。分部工程造价指数可再分为人工费造价指数、材料费造价指数、机械费造价指数。

工料价格指数中，人工价格指数包括建筑人工价格指数、装饰人工价格指数、安装人工价格指数；材料价格指数包括混凝土价格指数、钢筋价格指数。

6.3.3 工程造价指数的测算

工程造价指数需要设定固定基期，发布周期，并以指标为基础对指数进行加工。

1) 工料价格指数，指标 P_j 作为基期，基期价格指数数值为100，报告期造价指数按下式计算：

$$A = \frac{P_a}{P_j} \times 100$$

式中 A——报告期造价指数；
　　　P_a——报告期造价指标；
　　　P_j——基期造价指标。

2) 单项工程造价指数，指标 P_j 作为基期，基期造价指数数值为100，报告期造价指数按下式计算：

$$A = \frac{P_a}{P_j} \times 100$$

式中 A——报告期造价指数；
　　　P_a——报告期造价指标；
　　　P_j——基期造价指标。

【例6-4】 2020年某水泥厂建设工程的建筑安装工程造价为7.31亿元。其中，矿山工程造价为7800万元，定额编制期同类项目的矿山工程造价为6000万元。该水泥厂建设工程造价综合指数为1.20，试计算该矿山工程的造价指数。

解：
该矿山工程的造价指数为 7800/6000 = 1.3。

3) 报告期工程造价综合指数应采用标准权重法进行指标的测算。

【例6-5】 某地区新建学校的教学楼、宿舍楼、实验楼、办公楼、其他建筑的报告期指数及相关投资数据见表6-22。若学校项目基期造价综合指数为1，试计算学校报告期的建设工程造价综合指数。

表6-22 某学校建设项目的造价数据

项目	教学楼	宿舍楼	实验楼	办公楼	其他建筑
总投资/亿元	28	36	3	1	2
报告期单项工程造价指数	1.1	1.05	1.3	1.15	1.2

解：
学校报告期的建设工程造价综合指数：

$$\frac{(1.1 \times 28 + 1.05 \times 36 + 1.3 \times 3 + 1.15 \times 1 + 1.2 \times 2)}{(28 + 36 + 3 + 1 + 2)} = 1.086$$

6.3.4 工程造价指数的测算示例

工程造价指数计算需要以指标为基础，固定基期，设定周期，按照不同指数的测算方法进行测算。以下为单项工程造价指数测算示例。

已知条件 1：某报告期为 2023 年 3~4 月，教学楼动态样本池中造价指标。计算示例见表 6-23。

表 6-23 报告期（2023 年 3~4 月）教学楼造价指标

样本	单项工程造价指标/(元/m²)	建筑面积/m²
教学楼 1	3697.08	7595.41
教学楼 2	3690.25	12312.00
教学楼 3	3489.26	8312.12
教学楼 4	3331.38	7952.15
教学楼 5	4099.65	15216.36
教学楼 6	3215.36	7852.48
合计		59240.52
加权平均单项工程造价指标	3656.96	

注：报告期各单项工程指标计算，按照任务 6.2 中 6.2.3 小节中单个样本测算示例的方法可以计算出报告期各单项工程指标。

已知条件 2：教学楼造价指数测算周期为双月一期，教学楼各报告期造价指标。计算示例见表 6-24。

表 6-24 各期教学楼造价指标

年	报告期	指标/(元/m²)
2022	1~2 月	3560.36
2022	3~4 月	3572.88
2022	5~6 月	3579.53
2022	7~8 月	3588.98
2022	9~10 月	3592.55
2022	11~12 月	3602.99
2023	1~2 月	3650.33
2023	3~4 月	3656.96
2023	5~6 月	3658.59
2023	7~8 月	3660.06

计算教学楼单项工程造价指数：以 2022 年 1~2 月为基期，工程所在地为长沙市，工程

分类为教学楼，每两个月进行一次报告期指数测算，测算结果见表 6-25。

表 6-25　教学楼单项工程造价指数

年	报告期	指数
2022	1~2 月	100.00
2022	3~4 月	100.35
2022	5~6 月	100.54
2022	7~8 月	100.80
2022	9~10 月	100.90
2022	11~12 月	101.20
2023	1~2 月	102.53
2023	3~4 月	102.71
2023	5~6 月	102.76
2023	7~8 月	102.80

2022 年 1 月至 2023 年 8 月教学楼单项工程造价指数示例如图 6-1 所示。

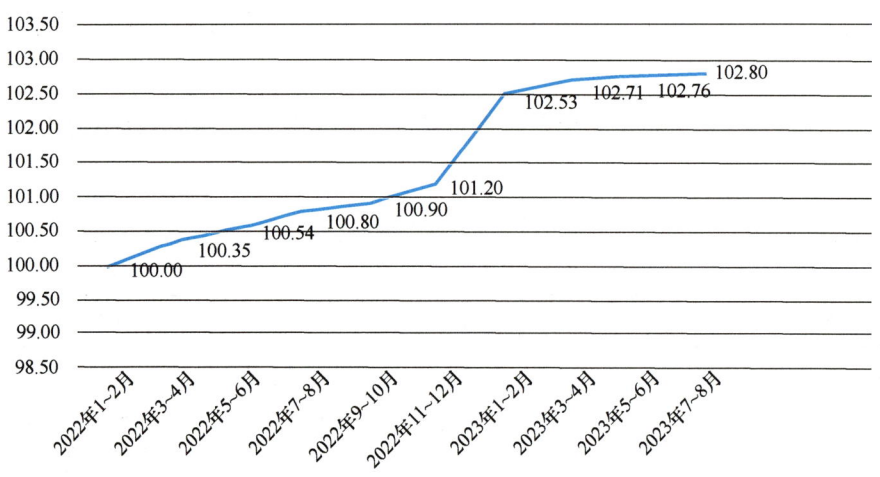

图 6-1　2022 年 1 月至 2023 年 8 月教学楼单项工程造价指数

课证融通小测

一、单选题

1. 关于建设工程造价综合指数的计算方法，下列说法正确的是（　　）。
   A. 按报告期与基准期建设工程造价的比值计算
   B. 按报告期与基期各类单项工程造价指数之和的比值计算
   C. 用同期各类单项工程造价指数汇总计算
   D. 用同期各类单项工程造价指数加权汇总计算

2. 某建筑工程报告期各项费用构成和各单项价格指数见表6-26，则该工程的建筑安装工程造价指数为（   ）。

A. 0.995　　　　B. 0.996　　　　C. 0.997　　　　D. 0.998

表 6-26　某建筑工程报告期各项费用构成和各单项价格指数

项目	人工费	材料费	施工机具使用费	企业管理费	利润、规费、税金
报告期费用/（万元）	1520	3200	580	600	700
价格指数	1.08	0.95	1.01	1.03	1

3. 以下不是工程造价指数的计算条件的是（   ）。

A. 相关造价指标　　B. 确定基期　　C. 报告期周期　　D. 消耗量

二、多选题

1. 根据工程造价指数的分级，工程造价指数包括（   ）。

A. 建设项目投资指数　　　　　　B. 分项工程造价指数
C. 单项工程造价指数　　　　　　D. 单位工程造价指数
E. 分部工程造价指数

2. 根据工程造价指数的分类，工程造价指数包括（   ）。

A. 建设项目投资指数　　　　　　B. 建设工程造价指数
C. 工程经济指数　　　　　　　　D. 工程量指数
E. 工料价格指数

任务 6.3　工作任务单

1. 学生任务分配表

班级		组号		指导教师	
组长		学号			
组员 （姓名、学号）					
任务分工					

2. 工程造价指数的收集与分类

组号		姓名		学号	
工作目标		调查收集现阶段湖南省的工程造价指数，并对收集到的工程造价指数进行分类			

3. 评价表

姓名：		组号：	任务：	
评价内容	评价标准	自评	小组互评	教师评价
职业素养 （20分）	（1）学习态度积极，能主动思考问题，能有计划地组织小组成员完成工作任务，有良好的团队合作意识，遵章守纪，计20分 （2）学习态度较积极，能主动思考问题，能配合小组成员完成工作任务，遵章守纪，计15分 （3）学习态度端正，主动思考能力欠缺，能配合小组成员完成工作任务，遵章守纪，计10分 （4）学习态度不端正，不参与团队任务，计0分			
成果 （80分）	工程造价指数资料收集完整丰富，分类正确，字迹工整，计80分，如有错误按以下标准扣分，扣完为止： （1）工程造价指数资料收集不足，每少一类扣5分 （2）分类不正确，每个扣5分 （3）字迹不工整，酌情扣分，最多扣10分			
综合得分				
备注：综合得分=自评分×30%+小组互评分×40%+教师评价分×30%				

【拓展阅读】

工程造价改革工作方案

为贯彻落实《住房和城乡建设部办公厅关于印发工程造价改革工作方案的通知》（建办标〔2020〕38号）文件，提高工作造价文件编制的规范性，以及科学测算指数指标提供准确的数据保障，推动我省建设工程造价信息数字化发展，根据有关规定，我省建设工程造价管理总站组织制定了《湖南省房屋建筑工程造价文件数据编制标准》，于2022年1月14日颁布。

《湖南省房屋建筑工程指标指数测算标准》是湖南省房屋建筑工程造价管理领域的一项重要标准，旨在规范房屋建筑工程指标指数的测算方法，提高工程造价的准确性和合理性，对于规范房屋建筑工程的造价测算具有重要意义。该标准的发布对湖南省房屋建筑工程的投资决策、设计、招标投标、施工和结算等各个环节产生了重要影响，成为湖南省的建筑行业提供科学、规范、可操作的测算标准，有利于提高工程造价管理的水平，推动建筑行业的健康发展。

参 考 文 献

［1］中华人民共和国住房和城乡建设部. 建设工程工程量清单计价标准：GB/T 50500—2024［S］. 北京：中国计划出版社，2024.
［2］中华人民共和国住房和城乡建设部. 房屋建筑与装饰工程工程量计算标准：GB/T 50854—2024［S］. 北京：中国计划出版社，2024.
［3］湖南省建设工程造价管理总站. 湖南省建设工程计价办法［M］. 北京：中国建材工业出版社，2020.
［4］湖南省建设工程造价管理总站. 湖南省建设工程计价办法及附录［M］. 北京：中国建材工业出版社，2020.
［5］湖南省建设工程造价管理总站. 湖南省房屋建筑与装饰工程消耗量标准（基价表）［M］. 北京：中国建材工业出版社，2020.
［6］中华人民共和国住房和城乡建设部标准定额研究所. 建筑安装工程工期定额：TY 01—89—2016［S］. 北京：中国计划出版社，2016.
［7］湖南省建设工程造价管理总站. 湖南省房屋建筑工程造价文件数据编制标准2.0版［Z］. 2024.
［8］湖南省建设工程造价管理总站. 湖南省房屋建筑工程指标指数测算标准［Z］. 2023.
［9］全国造价工程师职业资格考试培训教材编审委员会. 建设工程计价［M］. 北京：中国计划出版社，2023.
［10］吴志超，陈蓉芳. 建设工程计量与计价实务：土木建筑工程［M］. 北京：中国建筑工业出版社，2020.
［11］何辉，吴瑛. 工程建设定额原理与实务［M］. 4版. 北京：中国建筑工业出版社，2024.
［12］袁建新，袁媛，李大平. 企业定额编制原理与实务［M］. 北京：中国建筑工业出版社，2022.
［13］欧阳洋，伍娇娇，姜安民. 定额编制原理与实务［M］. 武汉：武汉大学出版社，2020.
［14］李建峰，李晓钏，黄永刚. 建设工程定额原理与实务［M］. 3版. 北京：机械工业出版社，2023.
［15］孙嘉诚. 走出造价困境 后定额时代：如何组价套定额［M］. 北京：机械工业出版社，2022.